高效双玻晶硅光伏组件

罗学涛　牛海燕　著

北　京

冶　金　工　业　出　版　社

2022

内 容 提 要

本书主要介绍了无主栅双玻晶硅组件、叠瓦双玻晶硅组件、半片双玻晶硅组件和叠焊双玻晶硅组件等光伏组件新技术，包括 PERC 电池、TOPCon 电池、HIT 电池新技术。结合激光切割、减反射膜和焊带贴膜等电池提效方法，对组件生产制备工艺、可靠性、输出性能等方面的研究工作进行了详细的阐述。结合产线设备、实验室分析仪器与计算机模拟，从微观分析、数据模拟以及仪器测试等方面对各项新技术进行了较为全面的分析。

本书可供材料科学与工程、光伏工程、新能源材料与器件等专业的科研人员及高校教师阅读，可作为新能源新材料及光伏行业技术人员组件技术研发用的参考资料，也可作为有关专业研究生或大学生的参考书。

图书在版编目 (CIP) 数据

高效双玻晶硅光伏组件/罗学涛，牛海燕著 . —北京：冶金工业出版社，2022. 10

ISBN 978-7-5024-9283-0

Ⅰ. ①高…　Ⅱ. ①罗…　②牛…　Ⅲ. ①太阳能电池—生产工艺

Ⅳ. ①TM914. 4

中国版本图书馆 CIP 数据核字 (2022) 第 174827 号

高效双玻晶硅光伏组件

出版发行	冶金工业出版社	**电　话**	(010)64027926
地　　址	北京市东城区嵩祝院北巷 39 号	**邮　编**	100009
网　　址	www.mip1953.com	**电子信箱**	service@ mip1953.com

责任编辑　刘小峰　赵缘园　美术编辑　彭子赫　版式设计　郑小利
责任校对　李　娜　责任印制　禹　蕊
北京捷迅佳彩印刷有限公司印刷
2022 年 10 月第 1 版，2022 年 10 月第 1 次印刷
710mm×1000mm　1/16；20 印张；391 千字；310 页
定价 120.00 元

投稿电话　(010)64027932　投稿信箱　tougao@cnmip.com.cn
营销中心电话　(010)64044283
冶金工业出版社天猫旗舰店　yjgycbs.tmall.com
(本书如有印装质量问题，本社营销中心负责退换)

前　　言

传统化石能源的枯竭及其造成人类生存环境的恶化，正在推动全球使用可持续的、环境友好的清洁能源。太阳能因取之不竭、用之不尽、安全可靠等优势，是最理想的可再生清洁能源。随着光伏产业不断发展和技术进步，我国已经成为世界光伏大国，在光伏组件的新增和累计装机量都连续多年保持全球第一。光伏组件是光伏产业链后端的关键产品，也是实现光伏发电降本提效的关键技术突破口。晶硅电池组件仍然是光伏组件的主流，光伏组件的降本提效，尤其是高效晶硅组件的效率提升和先进制造技术突破，是进一步推动光伏平价发电和平价上网的重要途径。

近几年，随应用市场对光伏组件发电效率要求逐年提高，晶硅电池已由常规 P 型衬底晶硅电池，快速向局部背面接触钝化电池（PERC）、隧穿氧化层钝化接触电池（TOP-Con）、背面接触电池（IBC）及异质结电池（HIT）等高效电池发展，相应的光伏组件发电效率要求越来越高。为了加强产教融合和实现研究成果产业化，厦门大学罗学涛教授研究团队与青岛瑞元鼎泰科技有限公司、宁波瑞元天科新能源材料有限公司牛海燕总经理带领的技术团队组建了厦门大学材料学院-瑞元天科新能源材料联合研发中心，针对光伏行业最先进的双玻晶硅组件制备技术及工艺进行了多年的产学研合作与交流，取得了双玻晶硅组件制造和工艺等各方面的技术突破。基于双方十余年项目合作和研究成果，结合目前行业关于双玻晶硅光伏组件的各项新技术新工艺，以及光伏发电的相关工艺流程和技术原理，以降本提效为主题撰写了本书。

　　本书覆盖了双玻晶硅光伏组件新制备工艺和技术的各个方面，具体可分为八个章节。第1章主要介绍了晶硅太阳能电池及其组件的发展和现状以及光伏发电系统的应用，并分析了当前整个光伏产业链的现状以及发展前景；第2章主要介绍无主栅双玻晶硅光伏组件的制备技术、无主栅电池焊接缺陷及组件在湿热老化和热循环中的失效形式；第3章主要介绍 TiO_2-SiO_2/SiO_2/SiN_x 减反射膜及其应用到组件的制备工艺和各项性能；第4章重点阐述半片电池中电池片激光切割工艺对组件性能的影响和贴膜双玻晶硅组件的提效特点；第5章重点阐述 N 型双面半片双玻晶硅组件的制备工艺、可靠性以及实际应用的发电效果；第6章围绕叠瓦双玻晶硅组件的制备工艺和可靠性，重点探索导电胶互联的稳定性以及叠瓦组件的发电优势；第7章对多主栅叠片双玻晶硅组件进行了数值模拟和验证，并对其制备工艺、发电性能和可靠性进行了完整的阐述；第8章针对晶硅电池组件中叠瓦和半片技术在阴影遮挡下的实际发电效率进行了模拟仿真，并根据局部遮挡情况下对光伏组件进行性能优化。

　　关于晶硅电池及其组件制备工艺的书籍众多，但绝大多数都是对电池和组件的基本流程进行介绍以供从业人员学习实践。本书着眼于双玻晶硅光伏组件的最前沿技术以及原理的探索，从原理、制备流程、可靠性以及模拟仿真各个角度探索了双玻晶硅组件的提效技术。本书可作为从事晶硅光伏组件研究的科研工作者参考书和高校研究生教材及参考书。希望本书的出版能够对晶硅光伏组件的制备工艺以及组件提效技术的发展起到积极促进作用。

　　本书在撰写过程中得到业界多方的帮助和支持，参考了一些著作、研究报告以及学术论文等的图表和数据（见各章节参考文献），特向有关作者表示感谢。厦门大学罗学涛课题组熊华平硕士（第2章）、廖凯霖硕士（第3章和第8章前半部分）、唐天宇硕士（第4章）、夏磊硕士（第5章）、温兆冬硕士（第6章和第8章后半部分）、杨泽维硕士（第7章）参与了项目的基础研究工作以及本书的编写工作，杨泽维还参与部分图表绘制工作；宁波瑞元天科新能源材料有限公司牛海燕总经理对书稿提出建设性意见和生产现场条件支持、研发中心主任钟世泉给予了组件研发工艺指导；全书由牛海燕总经理审核和校对，在此一并表示感谢！

尽管在编写过程中力求内容阐述清晰、知识精准扼要，但由于作者学识所限，书中不足之处在所难免，恳请广大读者批评指正。

罗学涛　牛海燕

2022 年 5 月 6 日

目　　录

1 绪 论

随着经济社会与科技水平不断发展，自然资源的过度开发与环境恶化问题已经成为人类面临最为紧迫的两大挑战。然而，世界经济严重依赖传统化石燃料以满足社会经济发展的能源需求，正是造成温室气体排放的主要原因。传统能源的耗竭及其对人类生存环境的负面影响，正在推动全球寻找可持续的、环境友好的替代能源。因此，如何有效使用可再生清洁能源如太阳能、风能、生物质能等已经成为国际社会亟待解决的热点问题。太阳能因取之不尽、用之不竭、安全可靠等明显优势，是最理想的可再生清洁能源[1]。

太阳能利用的方式非常广泛，主要可以分为光热转化、光化学转化及光电转化三种。光热转化主要是利用集热装置将太阳辐射能收集并转化为热能，如太阳能蒸馏器、太阳能热水器、太阳灶和太阳炉等。光化学转化主要通过生物或化学反应将光能转化为电能等能量。自然界常见的有植物的光合作用，而人类主要通过太阳能分解水制氢或分解甲醇得到氢气和一氧化碳等能源[2]。光电转化则主要是借助光生伏特效应，将太阳能转化为电能。光电转化的主要转换器件是太阳能电池。按电池材料类型，主要可分为硅基太阳能电池、化合物半导体太阳能电池和有机太阳能电池。其中，硅基太阳能电池以其更高的转换效率、成熟的生产工艺及更大的技术提升空间，占据了超过90%的市场份额。

太阳能电池广泛应用于交通、户外和航天等众多领域，逐渐融入了我们的生活，成为现代社会能源结构不可或缺的一部分。光伏发电就是利用以太阳能电池为基础的组件将太阳能直接转化为电能，在近年来呈现出飞快的发展趋势。近10年来，在科学技术的快速发展和各国相关政策的大力支持和实施下，光伏发电已经在全球实现大规模的安装应用，装机量逐年增长。

根据《BP 世界能源年鉴（2021 年版）》统计，在全球流行性病毒对全球GDP 造成巨大冲击的情况下，一次能源消费和因此产生的碳排放量的下跌幅度均创造了 1945 年以来之最。而 2020 年太阳能装机总量仍大幅增长了超过120GW，实现了有史以来最大的增幅，增幅超过20%。可再生能源在发电领域的占比为 10.4%，这是可再生能源首次对核电完成了超越。根据预测，未来 30 年，石油需求将呈现下降趋势，以太阳能和风能为首的可再生能源将是未来增长最为迅速的能源，在能源结构中的占比将不断扩大[3]。可以预见，光伏发电将会成为未来最具潜力的能源产业之一。习近平总书记提出了"碳达峰碳中和"的"双碳"国家战略目标，并将之列为未来的重点任务之一，预示着光伏发电的高速发展[4]。

为了进一步推动新时代光伏能源大规模、高质量、市场化发展，研发低成本、高效率的光伏组件是光伏产业不断发展的必由之路。随着晶体硅太阳能电池及其组件的制备工艺的成熟、转换效率的提高及使用寿命的稳定，我国光伏能源的存储能力和发电能力节节攀升，为积极构建以新能源为主体的新型电力系统提供了强有力的保障。

1.1 太阳能及光伏发电

太阳能是由太阳内部氢原子发生氢氦聚变释放出巨大核能而产生的、来自太阳的辐射能量。人类所需能量的绝大部分都直接或间接来自太阳。植物通过光合作用释放氧气、吸收二氧化碳，并把太阳能转变成化学能在植物体内贮存下来。煤炭、石油、天然气等化石燃料也是由古代埋在地下的动植物经过漫长的地质年代演变形成的一次能源。地球本身蕴藏的能量通常指与地球内部的热能有关的能源和与原子核反应有关的能源。

太阳能是太阳内部连续不断的核聚变反应过程产生的能量。地球轨道上的平均太阳辐射强度为 $1369W/m^2$。地球赤道周长为 40076km，从而可计算出，地球获得的能量可达 173000TW。在海平面上的标准峰值强度为 $1kW/m^2$，地球表面某一点 24h 的年平均辐射强度为 $0.20kW/m^2$，相当于有 102000TW 的能量。尽管太阳辐射到地球大气层的能量仅为其总辐射能量的 22 亿分之一，但已高达173000TW，也就是说太阳每秒照射到地球上的能量就相当于 500 万吨煤，每秒照射到地球的能量则为 $1.465×10^{14}J$。地球上的风能、水能、海洋温差能、波浪能和生物质能都是来源于太阳；即使是地球上的化石燃料（如煤、石油、天然气等）从根本上说也是远古以来贮存下来的太阳能，所以广义的太阳能所包括的范围非常大，狭义的太阳能则限于太阳辐射能的光热、光电和光化学的直接转换。

光伏发电是根据光生伏特效应原理，利用太阳能电池将太阳光能直接转化为电能。无论是独立使用还是并网发电，光伏发电系统主要由太阳能电池板（组件）、控制器和逆变器三大部分组成，它们主要由电子元器件构成。所以，光伏发电设备极为耐用、可靠稳定、寿命长、安装维护简便。从理论上讲，光伏发电技术可以用于任何需要电源场合，上至航天器，下至家用电源；大到兆瓦级电站，小到玩具，光伏电源无处不在。由多个太阳能电池片组成的太阳能电池板称为光伏组件。

太阳能光伏发电分为独立光伏发电、并网光伏发电、分布式光伏发电。独立光伏发电系统也叫离网光伏发电系统，主要由太阳能电池组件、控制器、蓄电池组成。若要为交流负载供电，还需要配置交流逆变器。并网光伏发电系统就是太阳能组件产生的直流电经过并网逆变器转换成符合市电电网要求的交流电之后直接接入公共电网。并网光伏发电系统有集中式大型并网光伏电站，一般都是国家级电站，主要特点是将所发电能直接输送到电网，由电网统一调配向用户供电。但这种电站投资大、建设周期长、占地面积大，发展难度相对较大。而分散式小型并网光伏系统，特别是光伏建筑一体化发电系统，由于投资小、建设快、占地面积小、政策支持力度大等优点，是并网光伏发电的主流。分布式光伏发电系统，又称分散式发电或分布式供能，是指在用户现场或靠近用电现场配置较小的光伏发电供电系统，以满足特定用户的需求，支持现存配电网的经济运行，或者同时满足这两个方面的要求。分布式光伏发电系统的基本设备包括光伏电池组件、光伏方阵支架、直流汇流箱、直流配电柜、并网逆变器、交流配电柜等设备，另外还有供电系统监控装置和环境监测装置。其运行模式是在有太阳辐射的条件下，光伏发电系统的太阳能电池组件阵列将太阳能转换输出的电能，经过直流汇流箱集中送入直流配电柜，由并网逆变器逆变成交流电供给建筑自身负载，多余或不足的电力通过连接电网来调节。

传统的化石燃料能源正在一天天减少，对环境造成的危害日益突出，同时全球还有 20 亿人得不到正常的能源供应。这个时候，全世界都把目光投向了可再生能源，希望可再生能源能够改变人类的能源结构，维持长远的可持续发展。太阳能以其独有的优势而成为人们重视的焦点。丰富的太阳辐射能是重要的能源，是取之不尽、用之不竭、无污染、人类能够自由利用的能源。太阳每秒到达地面的能量高达 80 万千瓦，假如把地球表面 0.1% 的太阳能转为电能，转变率 5%，每年发电量可达 $5.6 \times 10^{12} kW \cdot h$，相当于世界上能耗的 40 倍。目前组件能达到的商用效率 20%，0.1% 地球表面的年发电量相当于世界上能耗的 160 倍。

近几年国际上光伏发电快速发展，世界上已经建成了 10 多座兆瓦级光伏发电系统，6 个兆瓦级的联网光伏电站。美国是最早制定光伏发电发展规划的国家。1997 年又提出"百万屋顶"计划。日本 1992 年启动了新阳光计划，到 2003 年日本光伏组件生产占世界的 50%，世界前 10 大厂商有 4 家在日本。而德国新可再生能源法规定了光伏发电上网电价，大大推动了光伏市场和产业发展，使德国成为继日本之后世界光伏发电发展最快的国家。瑞士、法国、意大利、西班牙、芬兰等国，也纷纷制定光伏发展计划，并投巨资进行技术开发和加速工业化进程。中国太阳能资源非常丰富，理论储量达每年 17000 亿吨标准煤。在国家"碳达峰碳中和"的"双碳"目标的驱动下，我国光伏发电正在快速发展，总装机容量已处于世界第一。

1.2　晶硅太阳能电池

1.2.1　太阳能电池的发电原理

太阳能电池主要利用半导体材料的光生伏特效应，如图 1-1 所示。图中表明 P 区的多数载流子为空穴，N 区的多数载流子为电子，当两区结合在一起时，载流子将发生扩散运动，由高浓度向低浓度扩散，从而在交界处形成 PN 结和内建电场使扩散运动达到平衡。当太阳光照射到具有 PN 结的半导体上时，光子激发半导体内的电子，从而形成电子-空穴对，获得能量的电子进入导带，受内建电场的影响，电子和空穴分别富集在 N 区和 P 区，使 PN 结两侧形成具有与内建电场电势相反的光生电场，在抵消内建电场后剩余的电动势称为光生电动势，这种现象就被称为光生伏特效应。如果在 P 区和 N 区通过导线外接负载形成外接电路，则此时半导体元件便相当于电池。这些电池可以通过串联、并联形成具有一定电压和电流的太阳能电池组件。

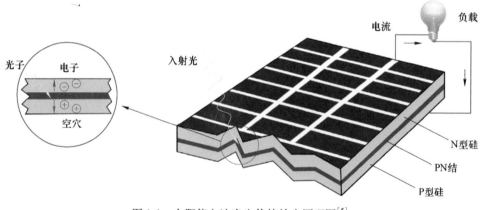

图 1-1　太阳能电池光生伏特效应原理图[5]

根据掺杂元素的不同，可分为 P 型硅和 N 型硅。当纯硅共价键中的电子受到能量激发后，电子脱离原来所处的共价键并成为可以在晶体中自由移动的电子，在原来的共价键处留下一个空穴，在外加电场的作用下，这些电子向反电场方向飘移，成为运载电流的载流子。如图 1-2 所示，当在硅中掺杂正五价的磷时，共价键外多余电子易受激发成为载流子，这种掺杂形态的硅被称为 N 型硅。当在硅中掺杂正三价的硼时，共价键未饱和产生空穴作为载流子，这种掺杂形态的硅称为 P 型硅。

1.2.2　晶硅太阳能电池的制造流程

晶硅太阳能电池主要包括单晶硅、多晶硅和非晶硅三类。其中，以单晶硅和

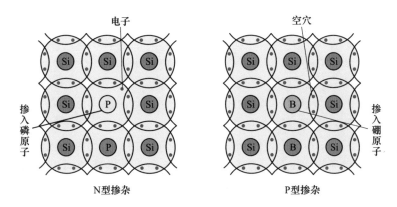

图 1-2　N 型硅与 P 型硅

多晶硅为原材料的太阳能电池具有较为成熟的制备工艺并且长期占据太阳能电池市场的主流地位，拥有大多数的市场份额。

晶硅太阳能电池的主要产业链流程如图 1-3 所示。首先，将硅矿石冶炼出工业硅（纯度 99.0%~99.9%，即 2N~3N，N 表示几个 9），再将工业硅经过一系列工艺提纯后，生成太阳能级的硅材料（6N~7N）。通过不同的工业方法，可以将太阳能级硅料制备成单晶硅棒或者多晶硅锭，再经多线切割机切割成符合尺寸标准的单晶硅片和多晶硅片。最后，将这些硅片作为衬底材料，制备 PN 结、前后电极和表面减反射膜等，经过一系列复杂的工艺制备成太阳能电池片。

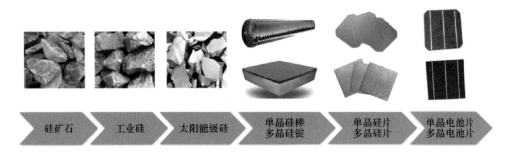

| 硅矿石 | 工业硅 | 太阳能级硅 | 单晶硅棒
多晶硅锭 | 单晶硅片
多晶硅片 | 单晶电池片
多晶电池片 |

图 1-3　晶硅太阳能电池的主要产业链流程

1.2.2.1　工业硅的制备

工业硅是通过矿热还原法制备的，主要以硅石（SiO_2）及碳质还原剂（油焦、木炭和树皮等）为原材料，通过矿热炉的高温电弧作用下将二氧化硅还原成工业硅。工业硅的纯度一般为 2N~3N，主要含有 Fe、Ca、Al 等金属杂质元素和 B、P 等非金属杂质元素。原材料、冶炼工艺和操作及炉外精炼都会对工业硅的品质产生非常重要的影响[6]。

1.2.2.2 太阳能级硅的制备

太阳能级硅的制备方法主要有西门子法、硅烷热分解法、流化床法和冶金法。西门子法是 1954 年由德国西门子（Siemens）公司发明的一种氢气还原 $SiHCl_3$ 的制备方法，经过改良和发展，有效解决了尾气等副产品的回收利用问题，产量和纯度高，且产品稳定性好，仍然是目前运用最广泛的方法。不过也存在能耗高、流程复杂等问题。

硅烷热分解法采用 SiH_4 替代 $SiHCl_3$ 作为中间产物，最初由英国标准电信实验所于 1956 年研发所得。此外，日本石冢研究所和美国碳联公司也推出了自己的硅烷法生产工艺。硅烷法简化了流程，省去了改良西门子法的精馏提纯步骤，但是硅烷的易燃性与毒性也意味着安全性更高的工艺与设备。

流化床法是利用流化床作为反应容器，将 $SiCl_4$ 或 SiF_4 等原料制备成颗粒状多晶硅的工艺过程。粒状的多晶硅为多晶硅铸锭的生产提供了便利，提高了产量，降低了能耗。但是，流化床的磨损和污染问题也是制约多晶硅产品纯度和质量的一大限制，在未来还有较大的改良空间。

冶金法制备太阳能级多晶硅主要是通过结合造渣精炼、酸洗、定向凝固、等离子氧化和电子束精炼等方式，依据硅与杂质物理性质的差异将冶金级硅中的杂质逐级去除。与化学法相比，冶金法的成本更低，能耗很小且污染小，但是由于材料的稳定性和差异性较大，多晶硅产品的纯度也受到一定的限制[7]。

1.2.2.3 单晶硅棒的制备

单晶硅的主要制备方法有直拉法（CZ 法）和区域熔炼法（FZ 法）。直拉法是在惰性保护气体或真空下，将具有一定晶向的籽晶插入坩埚中的硅熔液面，以一定速度旋转提拉，利用液固界面结晶前沿的过冷度驱动硅晶体以一定晶向生长出单晶硅棒的过程。区熔法是利用杂质分凝和蒸发效应，在不使用坩埚的情况下，将多晶硅锭分区熔化并熔接籽晶的方法。目前，商业化的太阳能电池主要采用成本相对较低的直拉单晶硅。

多晶硅锭主要采用定向凝固法，使熔化的多晶硅料在凝固过程中形成单方向的温度梯度，从一端向另一端逐渐凝固，最终得到柱状晶的方法。与直拉单晶硅技术相比，能耗和制备成本低，材料利用率高，但是杂质和缺陷较多，制备出的太阳能电池转换效率相对较低，目前逐渐被单晶硅所取代。

1.2.2.4 硅片的切割和加工

目前，用于光伏太阳能电池衬底的硅片大部分是由单晶硅棒或多晶硅锭经过多线切割技术制成的，而金刚石线切割是最常用的技术。金刚石多线切割是利用黏结有金刚石颗粒的金属线在高速往复运动下磨削脆性的硅晶体，从而实现切割的方法。切割过程中表面微裂纹损伤会影响硅片的断裂强度和断裂概率。加工参数、金刚线的性能都会对其产生较大的影响。随着光伏硅片尺寸的增大、厚度的减小，硅片的断裂强度越来越低，这也对硅片切割工艺提出了更高的要求[8]。

1.2.2.5 太阳能电池的基本制备流程

晶硅太阳能电池的基本制备流程如图 1-4 所示。首先，通过一些化学试剂清洗硅片表面，去除杂质脏污，刻蚀减薄去除损伤层，并在硅片表面制备具有陷光作用的绒面；然后，根据不同类型的衬底硅片，通过热扩散将磷或硼原子在硅片上扩散制备具有一定深度的 PN 结，并对表面和边缘刻蚀除去扩散产生的一些杂质。接下来在受光绒面上再沉积一层减反射膜，减反射膜可以进一步降低硅表面对光的反射率，从而吸收更多的入射光。最后，通过丝网印刷技术在硅片前后表面制备用于收集电流的金属电极，再经低温烘干，高温烧结形成良好的电极欧姆接触。

图 1-4　晶硅太阳能电池的基本制备流程

在此基础上，人们通过完善和创新电池工艺技术，制备出性能更加优异的新材料及不断提高设备的功能，降低设备成本来开发各类效率更高、成本更低的晶硅太阳能电池。

1.2.3 高效晶硅太阳能电池

1.2.3.1 背钝化系列太阳能电池

钝化发射极背场点接触电池（passivated emitter and rear cell，PERC）、钝化发射极背部局部扩散电池（passivated emitter and rear locally-diffused cell，PERL）、钝化发射极背部全扩散电池（passivated emitter and rear totally-diffused cell，PERT）是由新南威尔士大学 Martin Green 团队[9]研发的一系列高效太阳能电池，图 1-5 为三种电池的基本结构示意图。1989 年，该小组利用氧化硅对 P 型 FZ 衬底进行背面钝化以降低界面的复合速率，实现了晶体硅电池 22.8% 的实验室高转换效率。随后，又在此基础上对 PERC 电池背面的金属接触区进行局部重掺杂降低重组损耗并以 MgF_2/ZnS 作为减反射层研制出了 PERL 电池，进一步将转换效率提升至 25%[10]。为了减少高电阻率 MCZ 衬底上的电流拥挤效应，他们在电池背面重硼掺杂的金属接触区域外进行轻硼掺杂，降低了电池电阻和背面复合速率，从而提高了填充因子和开路电压。这种以 MCZ 为衬底的背部全掺杂的 PERT 电池实现了与 PERL 相近的转换效率[11]。

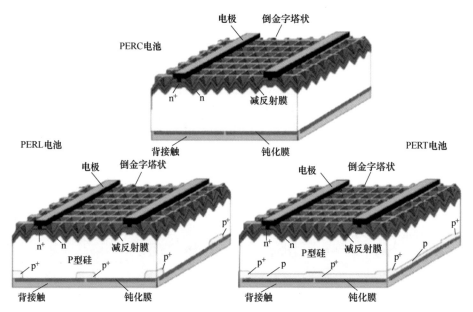

图 1-5 PERC 电池、PERL 电池和 PERT 电池[9-11]

与传统的 BSF 电池丝网印刷铝背场工艺相比，PERC 太阳能电池主要增加了三道工序：正面激光掺杂形成 SE 结构、背面钝化膜沉积及背面钝化膜激光开孔。在背部钝化膜材料的选择上，氧化铝逐步取代氧化硅成为主要材料。

截至 2020 年，隆基和晶科分别报道了 24.06% 和 23.95% 的正面转换效率，国内的企业产线平均转换效率也已经达到 22% 左右[12]。随着 PERC 电池效率不断刷新世界纪录，PERC 电池的产业化越来越成熟，已经成为应用最为广泛的商用高效太阳能电池。

1.2.3.2 隧穿氧化层钝化接触太阳能电池

隧穿氧化层钝化接触技术（tunnel oxide passivated contact，TOPCon）通过使用厚度极薄的 SiO_2 隧穿氧化层和掺磷的多晶硅层钝化晶体硅表面，抑制了金属-半导体接触区域少数载流子的复合，避免了开槽接触，在简化了制备工艺的同时提高了电池效率。2013 年，德国夫琅禾费太阳能系统研究所（Fraunhofer-ISE）[13]最早在 N 型电池背面采用了这种技术制备了超过 23% 效率的电池。随后，又通过改进前接触几何结构以及氧化层的制备方式，将转换效率提升到了25.7%[14]。在国内，2019 年天合光能利用量子隧道效应和表面钝化技术，在244.62cm² 电池上创造了效率为 24.58% 的新世界纪录。继 PERC 之后，TOPCon技术或成为下一个技术风口，TOPCon 太阳能电池结构示意图如图 1-6 所示。

隧穿氧化层和掺杂的多晶硅层无疑是这一技术的核心因素。研究表明，热氧化法制备隧穿氧化层能够更有效地阻止掺杂剂的渗透，并且在较高的退火温度下

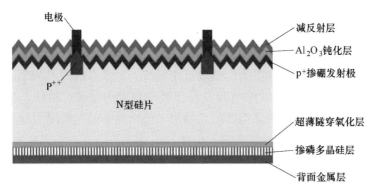

图 1-6 TOPCon 太阳能电池结构示意图[14]

仍能保持较低的饱和电流密度和接触电阻率，从而获得更好的钝化效果[15]。此外，实验和数值模拟都表明，载流子的选择性与氧化层的厚度有关，最佳厚度范围为 1.2~1.5nm，且存在一个最佳厚度点，该点在保证良好载流子传输的同时，表现出显著的载流子选择性。如果氧化层厚度太薄，则钝化接触中的载流子选择性将会消失。在过厚的隧穿氧化物的情况下，尽管载流子选择性增加，电子和空穴的隧穿电流将同时被抑制[16]。

1.2.3.3 叉指背接触太阳能电池

1975 年，为了在聚光器下提高太阳能电池的性能，避免传统电池栅线的遮光损失，Schwartz 和 Lammert[17]首次提出叉指背接触（interdigitated back contact，IBC）的概念。经过科研人员的不断开发，电池效率不断提升且已经可以量产。2014 年，美国 SunPower 公司[18]在 N 型 CZ 硅片上研发的第三代背接触电池，实现了 25.2%的转换效率。国内，2017 年天合光能已经在现有的 PERC 太阳能电池生产线上将 IBC 太阳能电池的转换效率提高到 24.13%。

如图 1-7 所示，IBC 太阳能电池最突出的结构特点是发射极和 BSF 掺杂层及

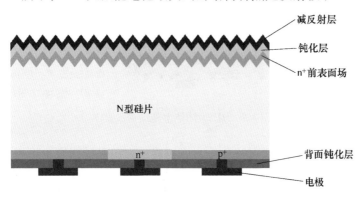

图 1-7 IBC 太阳能电池结构示意图

其相应的金属化栅极均位于太阳能电池背面的交叉结构中，完全消除了正面电极和栅线的阴影遮挡，使电池受光面积最大化。IBC 电池主要特点包括：

（1）由于没有正面金属电极，无需考虑正面接触电阻，为优化正面表面钝化性能提供了更多的空间和潜力。一般首先形成一个低掺杂的 n$^+$ 前表面场，随后再利用 SiO$_2$ 对其钝化到较低的前表面复合速率和表面反射。最后，结合金字塔绒面结构和减反射层在前表面形成陷光结构，使得光学损失被降到最小，提高短路电流。

（2）IBC 硅太阳能电池的背面由发射极和背表面场两个重掺杂区呈指交叉状交替排列。然后添加一层抑制载流子复合的 SiO$_2$ 钝化层并通过开孔的方式使电极和硅基底接触形成正负级。由于不用考虑前面的金属电极的阴影损失，可以使用更宽的栅线来减少背面金属接触的串联电阻，增大填充因子。

1.2.3.4　异质结太阳能电池

异质结（heterojunction with intrinsic thin-layer，HIT）太阳能电池，是以单晶硅（c-Si）为衬底、非晶硅（a-Si）为薄膜的硅基异质结（SHJ）太阳能电池，如图 1-8 所示。这种特殊的结构使得 HIT 太阳能电池结合了两种基质的优良特性，具有更稳定的温度特性和光照特性，作为新一代低成本高效太阳能电池而受到广泛的关注。日本 Sanyo 公司[19]于 1991 年率先开发出 HIT 太阳能电池并于 2014 年将效率提升至 24.7%。随后，日本松下公司[20]又创造了效率 25.6% 的世界纪录，证明 HIT 太阳能电池巨大的潜力。

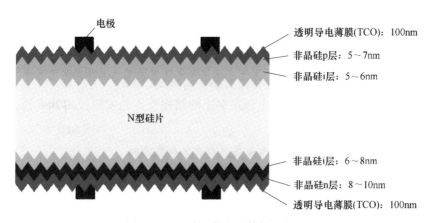

电极

透明导电薄膜(TCO)：100nm

非晶硅p层：5～7nm

非晶硅i层：5～6nm

N型硅片

非晶硅i层：6～8nm

非晶硅n层：8～10nm

透明导电薄膜(TCO)：100nm

图 1-8　HIT 太阳能电池结构示意图

HIT 太阳能电池采用单晶硅作为衬底材料，在单晶硅衬底上下表面沉积一层本征非晶硅（i-a-Si）薄膜及 p$^+$ 和 n$^+$ 非晶硅发射极层形成 PN 结，所有非晶硅膜层厚度控制在 5～10nm 左右。此外，还需要在上下表面沉积一层减反射透明导电（TCO）薄膜作为导电层。最后印刷栅状电极。与其他太阳能电池相比，HIT

太阳能电池具有独特的性质。

（1）低温工艺：传统晶硅太阳能电池制备 PN 结通常采用扩散法掺杂制备工艺，工艺温度在 800℃以上，相比之下，HIT 采用沉积非晶硅膜的方法，在低于 200℃的温度下即可制备 PN 结，不仅减少了高温引起的变形和热损伤，避免非晶硅晶化和晶体硅衬底的退化，而且能够精确地控制非晶硅薄膜的掺杂和厚度，更有利于电池的薄片化[21]。此外，较低的温度也有利于提高少子的寿命，进一步提高电池的性能。

（2）非晶硅层特性：由于 a-Si 比 c-Si 具有更宽的禁带宽度，所以 a-Si 作为表面钝化层，可以提高电池对于太阳光的吸收波长范围，能有效吸收和利用更多太阳能。本征非晶硅作为缓冲层对于异质结电池起到钝化异质结界面的作用，可以有效地减少载流子的复合速率，减少表面悬挂键，获得更高的开路电压，进而提升电池效率[22]。

（3）温度特性：温度是影响太阳能电池的重要因素之一，研究表明，HIT 太阳能电池比常规晶硅电池具有更为优异的温度系数，因而表现出更好的温度依赖性。并且，温度系数与开路电压（V_{oc}）之间存在良好的相关性，在实际运用中，具有更高 V_{oc} 的电池将获得更高的电能。因此，在户外高温工作条件下，HIT 太阳能电池的输出性能优于常规电池[23]。

（4）双面对称结构：由于 HIT 太阳能电池特有的双面对称结构，制作双面电池工艺相对简单。双面率也将高于传统双面晶硅电池。更高的双面率也意味着太阳能的利用率更高。

HIT 太阳能电池生产步骤较为简单，相比传统电池，只有 4 道工序。其主要技术工艺为非晶硅薄膜及透明导电膜 TCO 的镀制。非晶硅薄膜主要通过 PECVD 和 CAT-CVD 两种技术制备，制备 TCO 导电膜的方法有磁控溅射和等离子体沉积技术。此外，低温银浆烧结也是一大技术难点。HIT 太阳能电池以其高效率及优异的性能被认为是替代 PERC 电池的下一代高效电池技术。国内外相关企业纷纷投入大量的资金和研发力量将 HIT 太阳能电池产业化。除了日本三洋、Keneka 外，钧石、晋能、中微、汉能等国内企业也逐步迈向产业化，电池效率在 24%左右。

1.2.3.5 异质结背接触太阳能电池

异质结背接触电池（HBC）正面无栅线的设计保证了电池的较高短路电流，HIT 太阳能电池利用非晶硅高质量钝化使电池具有高的开路电压，为了在此基础上制备更高转化效率的太阳能电池，结合两种电池优势的异质结背接触电池就此出现。自 2014 年开始便常年占据晶硅电池榜首。2017 年，日本 Kaneka[24]进一步降低电池串联电阻，创造了 HBC 太阳能电池转换效率 26.6%的世界纪录。

图 1-9 所示为 HBC 太阳能电池的结构示意图。Kaneka 制备的 HBC 太阳能电池采用 N 型直拉单晶硅，用各向异性刻蚀法对前晶片表面进行织构，以减小光反

射。前表面由非晶硅钝化并沉积两层减反射膜。后表面先沉积一层本征非晶硅薄膜，再沉积叉指状交错的 P 型掺杂非晶硅和 N 型掺杂非晶硅，最后制作电极。整个工艺流程不存在高温扩散或者退火过程。

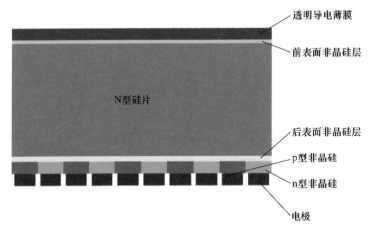

图 1-9　HBC 太阳能电池结构示意图[24]

此外，Procel 等人[25]对 HBC 太阳能电池的载流子输运机制进行了理论分析，通过考虑真实的沉积层和与低活化能相结合的宽带隙 p 型非晶硅层，模拟预测了转换效率为 27.2% 的 HBC 太阳能电池（最大填充因子（FF）为 86.8%，V_{oc} 为 754mV）。

1.2.3.6　双面太阳能电池

随着晶硅太阳能电池的效率逐渐接近理论极限，想要再进一步提升效率变得越发的困难，因此，利用电池背面发电成为提升组件发电量的另一条道路。

图 1-10 为单面和双面两种电池结构比较。由右图可看出，传统电池背面有一层金属背电极覆盖，阻挡了背面反射来的光线与电池硅表面的路径。而双面电池（左边）与单面电池不同之处主要在于电池背面采用高透过率的 SiN_x 钝化/减

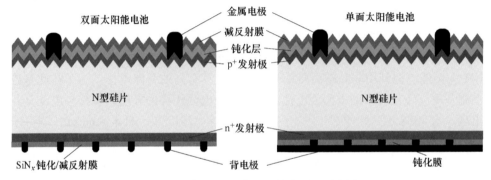

图 1-10　单双面太阳能电池结构对比示意图

反射膜覆盖在电池背表面，然后局部使用金属电极，而通过反射到达背面的光线产生更多的光生电子空穴，带来更多的发电效益。双面电池没有铝背面，所以近红外辐射可以直接透过电池，从而避免了铝背吸收热辐射，因此双面电池具有更低的工作温度[26]。

以 N 型电池为例，其主要工作原理为：通过重掺杂在硅基体正面形成 p^+ 发射极，而在背面形成 n^+ 发射极，前表面的 p^+-n 结与背表面的 n^+-n 高低结由于其内部存在着势垒电场，具有分离载流子的作用。在这两个内建电场的作用下，电子聚集在背电极，空穴聚集在前电极并通过外电路传输。

此外，常规铝背场电池中金属层和硅基地的热膨胀系数不同，在热处理制备工艺及电池封装时的焊接和层压过程中容易产生翘曲从而影响电池的性能，而双面电池设计可以有效地规避这一缺陷，有利于电池的薄片化和组件的封装。

1.3 晶硅光伏组件

1.3.1 光伏组件的结构及封装材料

由于晶硅太阳能电池是非常薄（约为 $150\sim200\mu m$）而脆的材料，容易受到空气和水汽的腐蚀，不能满足恶劣的外部环境，而且单个电池功率有限，因此在实际运用的过程中，需要将多个太阳能电池串联或并联，并通过封装保护起来，使单个晶硅太阳能电池组件的功率达到数百瓦，使用寿命达到 25~30 年。

传统光伏组件结构示意图如图 1-11 所示，除了太阳能电池，光伏组件的结构主要还包括焊带、封装胶膜、背板、玻璃、铝边框、接线盒及一些辅助材料。

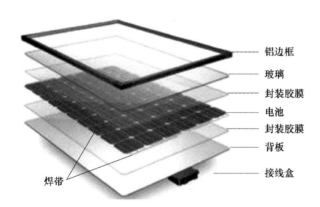

铝边框
玻璃
封装胶膜
电池
封装胶膜
背板
接线盒
焊带

图 1-11 传统光伏组件结构示意图

晶硅太阳能电池用的焊带又称为涂锡铜带，其主要功能是实现组件内部电池串联、传输电流的作用。涂锡铜带由内芯无氧铜和外层合金焊料组成。按照合金成分和配比不同，可分为锡铅焊带、无铅环保焊带和低温合金焊带。锡铅合金主

要使用 $Sn_{60}Pb_{40}$，熔点在 180℃ 左右。无铅焊带虽然不含铅，但是需要添加银，因此成本较高，使用较少。低温焊带主要是在锡铅合金或者锡银合金中加入铋元素来降低合金熔点，以降低焊接温度。HIT 异质结电池由于非晶硅层的低温特性，需要使用这种低温合金。涂锡铜带可以分为互联条和汇流条，互联条主要用于收集电池的电流并且连接相邻电池片的正负极，汇流条主要用于电池串的串并联。

封装胶膜主要有聚乙烯醇缩丁醛（PVB），聚乙烯-醋酸乙烯（EVA）及聚烯烃（POE）胶膜。PVB 具有优异的耐老化性能，与玻璃黏结能力强，但其价格高，需要在高压釜内层压固化，工艺效率低，耗能高，材料成本高，目前主要用于对胶膜的黏结强度要求高的 BIPV（建筑光伏一体化）领域。EVA 胶膜因其高性价比，是目前运用最为广泛的封装剂。EVA 具有优良的低温柔韧性，光学透明性（透过率高于 91%），高体积电阻率（0.2~1.4MΩ/cm），良好的黏着性及热密封性。聚烯烃 POE 胶膜由美国杜邦（Dow）化学公司通过茂金属催化实现乙烯与辛烯共聚产生。POE 树脂分子链均为饱和碳链，化学性能稳定，无极性基团，因此水汽透过率低，体积电阻率高，抗 PID（电位诱导衰减）性能优异，耐黄变性能突出，耐湿热性能强。

通过实验室和户外耐老化性能测试，发现 EVA 胶膜的主要可靠性问题为黄变、脱层及电极腐蚀现象。EVA 光热氧化降解产生共轭碳碳双键基团导致胶膜变黄，进而胶膜透光率降低[27]。环境老化和高温高湿促使硅烷偶联剂发生逆反应并且发生自身缩合反应均会导致 EVA 的黏结力降低，产生脱层现象。EVA 中的醋酸可以与玻璃中的钠盐反应引起钠离子迁移导致组件输出功率下降，出现电位诱导衰减（PID 衰减）现象，也可以腐蚀电极诱发蜗牛纹现象。

虽然 POE 抗老化性能更加有优异，但在过去 20 年间，POE 胶膜并未得到广泛应用。首先，POE 胶膜的原材料供应商少，产能少，成本比 EVA 贵约 30%；其次，对比 EVA 胶膜的层压工艺，POE 胶膜的工艺窗口较窄，层压时间长，层压温度高。另外，由于 POE 的极性低，结晶度高，因此其透过率不如 EVA。目前，POE 胶膜主要应用于对抗 PID 性能要求高的 N 型双面电池组件及对水汽阻隔要求高的水面光伏双玻组件。

光伏组件用玻璃采用镀有减反射膜的低铁压花半钢化压延玻璃。光伏玻璃中 Fe_2O_3 的含量要求比普通玻璃低，一般小于 0.015%，所以白度更高，对于特定范围波长太阳光的透过率更高。压花工艺可以减少阳光的反射，使玻璃与封装胶膜结合得更加紧密，降低脱层的风险。镀膜工艺不仅可以增加玻璃的透光率，还可以增加对表面污染如灰尘、泥沙的自清洁力度，最终增加组件的发电量。由于光伏组件实际工作环境较为恶劣，所以组件玻璃有着比普通玻璃更高的抗弯和抗重击的强度要求，半钢化工序是实现这一要求的重要方式。

光伏背板与玻璃一样，需要确保太阳能电池组件在规定的使用寿命内具有良好的抗老化性能（湿热、紫外），可以阻隔水蒸气及一些腐蚀性物质，并且具有良好的绝缘性，防止组件漏电。最常用的光伏背板是 TPT（聚氟乙烯复合膜）背板，一种热塑性的含氟复合膜。主要由中间的 PET（聚对苯二甲酸乙二醇酯）基材通过胶黏剂与 Tedlar 膜（聚氟乙烯聚合物，由美国杜邦公司生产）复合而成。含氟材料耐候性和耐腐蚀性强的主要原因是 C—F 键拥有高达 485kJ/mol 的键能、超高的电负性及特殊的螺旋形棒状分子链结构，使得 C—F 键具有强韧的长期稳定性，保护材料不受外部环境的干扰[28]。近年来，为了减少组件回收时焚烧含氟背板产生氟化氢有毒气体对环境的污染，无氟背板逐渐兴起并在日本和欧洲广泛使用。根据中国光伏可持续发展的要求，许多企业也投身到无氟背板的开发。

接线盒是连接组件正负极和外接电路的重要器件，通过硅胶与背板相互黏结在一起并利用灌封胶密封。接线盒中的二极管能够起到有效降低组件热斑损失、保护电路、减少功率损失的作用，是光伏组件必不可少的元件。

铝边框可以保障组件在强风暴雨及运输中具有足够的机械强度并且增强组件边缘密封防腐性能。随着硅片尺寸的提升，大型化组件对边框的要求更加严苛，如何在保证强度的前提下降低边框的重量是边框未来的发展方向。

晶硅太阳能电池组件封装的基本流程如图 1-12 所示，首先将太阳能电池分选，挑出有裂片、色差、印刷不良及低效的电池片，然后利用串焊机将符合要求的优质电池片通过焊带互相连接，并利用层叠机进行层叠，接着利用人工焊接或者汇流焊接机将电池串汇接起来，并盖上背部胶膜和背板。层叠好组件后，需要通过 EL（电致发光）检测仪检测组件存在的质量问题并及时返修，满足要求的组件方可送入层压机层压。层压是利用高分子封装胶膜在一定温度和压力的真空状态下的交联固化反应，使胶膜与电池、焊带、玻璃和背板相互黏结在一起的过

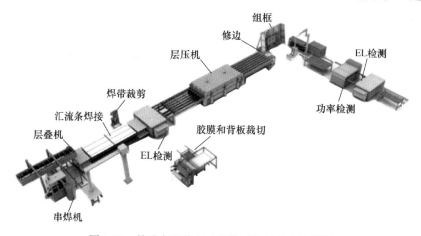

图 1-12　晶硅太阳能电池组件封装的基本流程图

程。层压后的组件需要安装接线盒、修边和组框并通过最终的 EL 和功率测试达
到质量和电性能要求后，才能成为成品。

1.3.2 光伏组件的失效形式

1.3.2.1 电势诱导衰减效应

电势诱导衰减（potential induced degradation，PID）效应是一种晶硅电池和
铝边框之间的高电势差，诱导漏电流流过组件，玻璃中的钠离子移动到电池表面
形成反向电场，导致光伏组件的电性能持续衰减的现象。如图 1-13 所示，在负
偏压下，钠离子 Na^+ 可能通过图中红色箭头的线路聚集到 P 型晶硅电池的表
面[29]。不同的气候条件和外部环境下都会出现 PID 效应。温度和湿度是产生
PID 效应主要的影响因素，而空气中盐雾和组件表面金属导电离子及酸碱性物质
的存在也会促进 PID 现象的发生。PID 效应的主要危害是光伏组件功率的大幅度
下降，最终导致组件失效，并且在 EL 图像上显示为组件由边缘逐渐向内部扩展
的电池片亮度的变暗变黑，如图 1-14 所示。

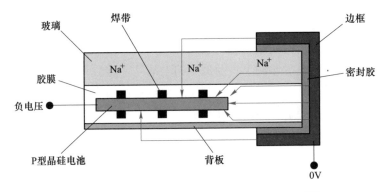

图 1-13 晶硅太阳能电池组件 PID 效应原理图[29]

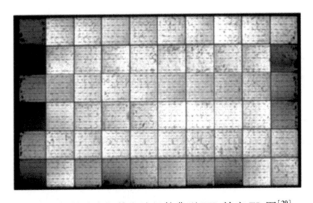

图 1-14 晶硅太阳能电池组件典型 PID 效应 EL 图[29]

在组件的实际服役过程中，根据不同的地点和外部环境，主要可以通过集中式逆变器的负极接地法、组串逆变器并联的单点接地法和 PID 夜间补偿法来预防和改善 PID 效应[30]。

1.3.2.2 热斑效应

热斑效应是晶硅太阳能电池组件在户外的实际服役过程中，由于组件中的个别太阳能电池受到遮挡（鸟粪、积灰或脏污局部等）或者电池本身存在质量问题（隐裂、断栅、黑斑或虚焊等），导致电池处于反向偏置的状态而成为消耗电路能量的负载，导致局部太阳能电池发生温度升高现象、从而使组件功率下降。电池工作状态的 I-V 曲线如图 1-15 所示。

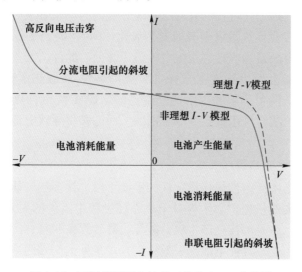

图 1-15　不同偏压下电池的工作状态 I-V 曲线图

从图 1-15 中可以看出，当电池工作在第一象限时，电池正常工作，产生光生电流。当电池工作在反偏电压下的第二象限时，电池消耗能量，随着反偏电压的增大，电池击穿的概率增加，电池温度升高，这也是热斑效应最严重的状态，局部温度过高可能会引起 EVA 的脱层、起泡甚至燃烧。短暂的遮挡会引起功率的下降，但是当这些遮挡不及时清理，或者某些电池损坏时间过长，长此以往就会大大增加组件损毁的概率。组件添加二极管是一种有效的预防措施，此外，对组件后期的运维和清理也是提高组件发电量和寿命的重要措施。

1.3.2.3 组件的湿热老化失效

许多学者探究光伏组件在高温高湿条件情况下的失效机理。Neelkanth[31] 关注了安装在高盐度、高湿度气候环境下的光伏组件，研究了电池片与 EVA 胶膜之间的剥离力及界面处的化学成分，发现电池片的腐蚀现象比 EVA 的变色现象要更早发生，这是因为水汽、钠离子和磷离子在界面的沉积。Park[32,33] 关注了温度和水汽凝结对暴露在户外晶硅组件长期稳定性的影响，结果显示高温、高湿环境会导致组件的加速衰减。Zhang[34]对比了单玻组件和双玻组件的长期稳定性，发现双玻组件具有更高的稳定性。Kim[35]通过软件模拟了光伏组件封装胶膜的水汽透过率，计算出 EVA 胶膜具有较高的水汽凝结率。Hülsmann[36]模拟计算了 EVA 的水汽透过率，发现在湿热老化过程中 EVA 水汽凝结率是在户外使用中 EVA 水汽凝结率的两倍。Peike[37]关注了在湿热老化过程电池片衰减的原因，发现金属银电极的腐蚀是引起衰减的主要原因。Kim[38]研究了缓解晶硅组件中焊料腐蚀的方法，发现电偶腐蚀是影响组件衰减的主要诱因。Kim[39]研究了水汽对多晶硅组件衰减机制的影响，发现电池片的腐蚀区域通常集中在焊接处。Oh[40]关注多晶硅组件在湿热老化过程的衰减，发现焊接处的焊条衰减会引起串联电阻的增加，水汽的凝结会导致银电极表面发生氧化。Oh[41]研究了锡、铅元素的迁移过程，发现锡铅合金最远可迁移至银电极最边缘处。此外，一些研究者发现 EVA 在特定环境下可能会发生热氧化降解[42]、光降解[43]和湿热水解[44]，而在 EVA 湿热老化过程容易发生热解和水解而产生乙酸。EVA 共聚物热解会产生不饱和直链烃和大量的乙酸，且水解也会产生乙酸，而乙酸将导致电池片及焊条发生严重腐蚀。

1.3.2.4　组件的热循环失效

热循环实验是考验组件焊接稳定性的重要手段，许多学者研究了常规组件在热循环过程中的失效机理。学术界对于热循环过程中组件的失效机理争议较大，主要有三种观点：一是焊接处产生疲劳破坏，导致焊条脱落；二是电池片中的隐裂在热循环过程扩展，致使电池片失效；三是焊接处的两端内应力较大，导致发生焊条脱落。Chaturvedi 等人[45]认为焊接过程锡铅合金会在主栅与细栅的交界处富集，导致细栅在热循环过程断裂。王国峰等人[46]发现焊接过程中细栅上有锡铅合金富集，这使银金属电极变厚。当热循环过程温度大幅变化时，变厚的银金属电极会增加其和硅界面间的内应力，从而产生细栅断裂现象。Park[47]基于 ANSYS 计算机模拟软件探讨了焊接处的内应力及其抗疲劳性能，结果显示热循环过程焊接处经常因裂纹的出现而发生破坏。焊条中部位置是蠕变应力及应变能最大处而破坏最严重。蠕变应变能密度主要取决于焊接处的参数，通过模拟计算获得焊接处最佳参数为：厚度 $20\mu m$、宽度 $1000\mu m$ 及 IMC 厚度 $2.5\mu m$。Cuddalorepatta[48]基于实验结果研究焊接处的破坏机理，发现焊接处的疲劳破坏是导致组件功率衰减的主要原因。无论何种焊条、银浆，焊接处都将因疲劳破坏而出现裂纹及间隙，严重者焊条与栅线会发生脱落。Cho 等人[49]的研究结果也表明，热循环过程中焊料与银电极间非常容易产生裂纹，且焊接区域容易产生裂口而导致焊条与电池片脱落。Jeon[50]认为热循环过程中组件功率的衰减是由断栅造成的，而断栅是由硅片中的裂纹引起的。功率的衰减主要是由于电池片表面破坏而导致收集电流能力减弱。Chung[51]研究了铝背板厚度、背电极长度和焊条厚度对热循环过程中组件破坏机理的影响，结果显示更厚铝背板、更短背电极长度是有助于组件克服热应力，厚焊条起到缓冲作用，有助于组件克服热应力。Meier[52]认为因栅线的束缚不会导致焊接区域焊条长度发生变化，但是两电池间非焊接区域焊条可自由伸缩，因此外部材料（如封装胶膜和玻璃）会对电池中内应力产生主要影响。

1.3.3 高效光伏组件技术

1.3.3.1 多主栅组件

随着光伏研发人员和生产企业对光伏组件的降本提效技术的不断探索下，组件功率和效率在近年来得到了大幅度的提高。层出不穷的组件技术结合高效电池给光伏组件带来的更大的功率提升空间。

目前光伏组件的太阳能电池互联技术以焊带互联为主，常规组件每个电池有 3~5 根主栅来收集电流，焊带为矩形，矩形焊带宽度为 0.9~1.5mm，厚度约为 0.2mm。多主栅（mulit-busbar，MBB）技术通常是指采用较多的主栅线（6~15 根）并结合直径为 0.2~0.5mm 圆形截面焊带来提高组件发电量的方法。图 1-16 为不同栅线太阳能电池发展历程。

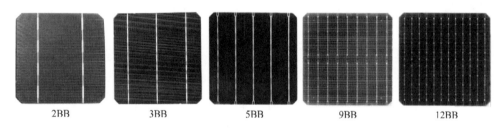

| 2BB | 3BB | 5BB | 9BB | 12BB |

图 1-16　不同栅线太阳能电池发展历程

与常规矩形扁焊带相比，多主栅电池使用圆形焊带焊接有以下好处：

（1）更高的光学利用率。如图 1-17 所示，圆形焊带由于直径比矩形焊带宽度小，对入射光的遮挡更小，此外，圆形结构聚光效果好，可以减少反射光的损失，使更多的光背反射到电池表面，增加了对入射光的利用，提高了组件的短路电流和输出功率[53]。

（2）更低的银浆消耗。银浆是封装材料比较昂贵的耗材。通过优化多主栅电极结构，可以在获得更高电池效率的同时减少银浆的消耗。同时，差异不大填充系数表明减少银浆的使用并不会影响电池的电学性能。这一优势表明，多主栅技术将会对降低组件成本提供更大的空间[54]。

（3）更低的电学损耗。由于多主栅电池中主栅细栅间的距离缩短，有效电流路径更短，串联电阻更低，分布更加均匀，组件中每块电池串联电阻降低超过

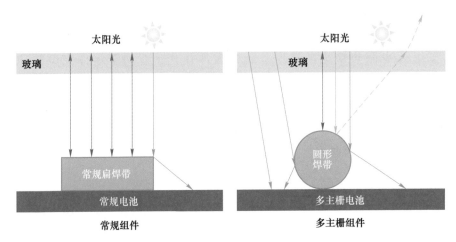

图 1-17　矩形焊带与圆形焊带的光学利用原理

20%。这也意味着多主栅组件将会具有更低的电学损耗[55]。

　　（4）更高的可靠性。如图 1-18 所示，多主栅较短的电极间距使电池表面电路收集被分成许多细小的网格，在电池产生隐裂时，隐裂附近的电流可以被附近的栅线收集，这种栅线设计不会引起较大的功率处损耗和衰减。同时，这些均匀分布的栅线给予电池对热机械应力更强的抵抗力，降低了组件的失效风险，从而提高了组件的长期可靠性[56]。

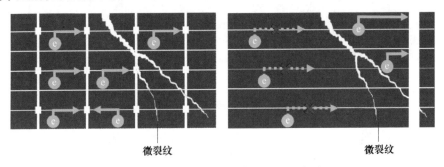

图 1-18　多主栅电池抗隐裂原理示意图

1.3.3.2　双玻组件

　　双玻组件在光伏市场上的出现就吸引了许多关注。2016 年的上海国际光伏会展上，许多企业都拿出了自家的双玻组件放在展台上，十分吸引眼球。双玻组件与普通组件的主要区别在于背板材料，双玻组件采用玻璃作为背板，不需要铝边框，结构示意图如图 1-19 所示。

　　与传统单玻组件相比，双玻组件主要具有如下优势[57-61]：

　　（1）具有更高的使用寿命。常规单玻组件质保是 25 年，而对双玻光伏组件

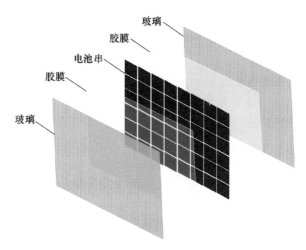

图 1-19 双玻光伏组件结构示意图

的质保期是 30 年。

（2）具有更低的衰减率。传统组件的年衰减大约在 0.7%，双玻组件是 0.5%，在生命周期内发电量比普通组件高出 21%。

（3）具有更好的耐磨性。玻璃的耐磨性非常好，也解决了组件在野外的耐风沙问题。风沙大的地方，双玻组件的耐磨性优势明显。

（4）具有更好的绝缘性。玻璃的绝缘性优于背板，其使双玻组件可以满足更高的系统电压，以节省整个电站的系统成本。

（5）具有更好的防水性。玻璃的透水率几乎为零，不需要考虑水汽进入组件诱发 EVA 胶膜水解的问题。尤其在海边、水边和较高湿度地区的光伏电站，双玻组件能够保证长久稳定发电。

（6）具有更好的耐候性。玻璃的主要成分是无机物二氧化硅，与随处可见的沙子属同种物质，耐候性、耐腐蚀性超过任何一种已知的塑料。紫外线、氧气和水分导致塑料背板逐渐降解，表面发生粉化和自身断裂。使用玻璃则一劳永逸地解决了组件的耐候问题，也顺便结束了 PVF 和 PVDF 背板哪个更耐候的争端，更不用提耐候性、阻水性差的 PET 背板、涂覆型背板和其他低端背板。该特点使双玻组件适用于较多酸雨或者盐雾大的地区的光伏电站。

（7）具有非常好的抗电势诱导衰减（PID）能力。双玻组件基本不需要铝框（大尺寸仅需要护边护角），除在玻璃表面有大量露珠的情况外，没有铝框使导致 PID 发生的电场无法建立，大大降低了发生 PID 衰减的可能性。

（8）具有更强的抗压能力。组件的前后面都使用钢化玻璃，对称性更好，抗冲击能力更强，承受载荷性能更好，大大提高了组件的机械性能，扩大了组件的适用领域范围。

1.3.3.3　半片组件

从电池到制造成组件的封装损失（cell to module，CTM）是光伏组件制造领域的重点关注问题。这些封装损失的发生通常有两个原因：（1）组件封装过程造成的光损失，如覆盖玻璃和前封装材料的透光率低导致的光反射损失；（2）组件内部的硅太阳能电池结构和焊带造成的电阻损失。

在常规全电池组件中，额定工作电流较高，串联电路中电阻产生的功率损耗也较大，而采用半片电池组件设计是降低电阻功率损耗的有效方法。通过激光沿着垂直于主栅的方向将正常的全尺寸电池切成一半，被切成一半的电池电流减小一半，使得电阻功率损耗降低，组件功率提升约 5～10W。日本三菱、德国博世及挪威 REC 是最早将半片技术应用到商用光伏组件中的光伏制造商[62]。随后，国内电池厂家协鑫、英利、晶科等光伏制造商也相继推出半片组件。目前为止，半片组件已经成为各光伏组件生产商广泛运用的产品。

早期的半片组件版型主要是通过串联将切半电池片连接在一起，虽然电流减小了一半，但是电压却增大了一倍。这种电流电压的改变与原发电系统适配性存在问题，且抗热斑效果差。因此，目前主流半片组件大多采用图 1-20 所示的串并结构设计。这种设计相当于将两部分小组件并联，其电压电流与原有的整片组件相同。与整片组件相比，半片组件除了能够降低电阻损耗，提高组件功率外，还可以降低组件的工作温度，减小热斑产生的概率与影响。此外，当发生局部遮挡或阴影遮挡时，这种设计的半片组件具有更高的发电功率，对光伏组件的实际运用具有较大的发电增益[63]。

图 1-20　半片组件实物图及电路示意图

半片组件也存在一些需要持续改进的问题，与整片组件相比，半片组件需要增加激光划片工艺步骤。激光划片会使半电池附加边缘复合和电流失配风险，对电池带来一定的损耗，成本增加。因此，优化切割工艺尤为重要[64]。

1.3.3.4　叠瓦组件

在 1989 年 Schmidt 和 Rasch[65] 分别用效率为 17.8% 的单晶电池和效率为

13.8%的多晶硅太阳能电池制作了封装密度为96%的叠瓦太阳能组件，组件效率分别达到17.3%和13.4%，极大地减少了电池与组件效率差距。2015年叠瓦技术被首次应用到常规组件中，美国光伏制造商Cogenra将单晶电池片重叠排布并通过锡膏实现电连接，制备出最大功率超400W的72片版型叠瓦组件，较常规组件功率输出提高14%，创造组件功率的最新纪录。国内的叠瓦组件制造商主要有赛拉弗、通威、东方环晟等企业。

图1-21所示为常规焊带互联与叠瓦互联的结构示意图。常规焊带互联既有2~3mm的电池偏间距，电池片正面电极与相邻电池背面电极通过焊带连接。叠瓦互联是将电池片通过激光切割成4~6个小片，再将电池分片的正面电极与相邻分片背面电极通过类似瓦片状层叠的方式进行互联，互联材料主要是导电胶。因此，叠瓦组件的封装工艺与传统组件的封装工艺有了很大变化，主要区别是：（1）电池电极设计需要匹配叠瓦互联形状；（2）激光切割次数较多，需要改进激光切割设备降低切割损耗；（3）点胶和叠片机构代替原有的串焊机，导电胶代替焊带；（4）排版方式有较大改动，通常采用串并串的排版方式。图1-22所示为叠瓦组件排版实例。

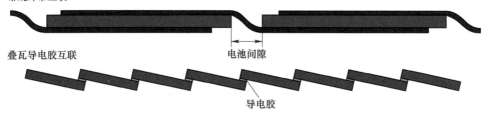

图1-21　常规焊带互联与叠瓦互联比较

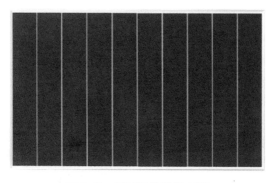

图1-22　叠瓦组件排版实例

与常规组件相比，叠瓦组件通过分片的方式减小了串联电阻，电阻损耗降低，带来了较大的功率增益；电池之间重叠，消除了电池片的间隙，不仅提高了组件的功率密度和发电效率，而且表面无焊带和电极遮挡，外表更加美观。当然，制造技术成本高，含银导电胶价格昂贵，层压缺陷如隐裂、破片控制难度较大，也成为限制其大规模发展的主要因素。

1.3.3.5 硅片及组件尺寸变化

硅片尺寸越来越大这一趋势与提效降本光伏初衷这一理念相符合。硅片尺寸变大将进一步提升电池的效率并且降低生产硅片、制造电池及生产光伏组件的成本，对于整个行业来说都是一次不小的产业技术进步。但同时，从光伏行业的上游到下游，硅片尺寸的变动涉及多个环节的改进，从电池生产到组件制造的设备改动都是一次不小的变革。各个环节的兼容性也是尺寸变革的重大挑战。

硅片尺寸的发展简史：

如图 1-23 所示，自 1981 年来，硅片的边距已经由 100mm 发展到了 210mm。

图 1-23 硅片尺寸发展历史

（1）第一阶段，1981~2012 年：早期 2013 年前，硅片尺寸主要是 100mm 和 125mm，尺寸较小。随后，硅片尺寸经历一次大的变革，以 156mm 为主的尺寸逐渐占据市场。与此同时，由于 156mm 单晶硅片倒角较大，与多晶硅相比性价比没有优势，因此，多晶硅占据着市场主流份额。

（2）第二阶段，2013~2018 年：2013 年底，为了解决硅片尺寸不统一导致的光伏市场混乱现象，隆基等领头企业号召以 156.75mm 尺寸的 M1、M2（单晶硅直径分别为 205mm 和 210mm）为标准规范光伏市场，直至 2017 年逐步统一。与 M1 硅片相比，M2 硅片的倒角更小，同比 M1，在相同边长的情况下，增加硅片面积约 2.2%，这对于组件生产非常有利，在不增加组件尺寸和其他材料成本的前提下，每块组件的功率提升约 5W，效率也随之提高。且由于电池尺寸未变，组件制造工艺无需调整。这些优势都使得 M2 成为新宠而受到各组件厂家青睐，到 2018 年，M2 单晶硅片的市场占有率攀升至 85%[66]。

（3）第三阶段，2018 年至今：2018 年以来，出现了更大尺寸的硅片 158.75mm(G1)、161.7mm(M4)、166mm(M6)、182mm(M10)、210mm(G12)。2019 年 158.75mm 尺寸的市场占有率约 32%，156.75mm 尺寸的市场占有率约 61%。当 G1 硅片还未站稳市场，166mm、182mm、210mm 三大阵营又开始了新的角逐。未来，新的尺寸标准仍然需要经过市场的检验和用户认可，最终形成统一标准[67]。

1.4 光伏产业发展现状与前景

1.4.1 光伏发电系统及应用

　　光伏发电系统主要包括光伏组件阵列、控制器、逆变器和储能装置。其基本组成结构如图 1-24 所示。其中，控制器可以控制、采集、监测和转换光伏组件收集的电能，在配备有蓄电池的系统中，还可以控制储能系统的充放电。逆变器主要进行直流-交流（DC-AC）的转换，此外，还需要有一定的过载能力及最大功率点的追踪能力，确保输出电能的稳定。蓄电池作为储能系统，一般运用于离网系统，可以将电能暂时储存，以供不时之需[68]。

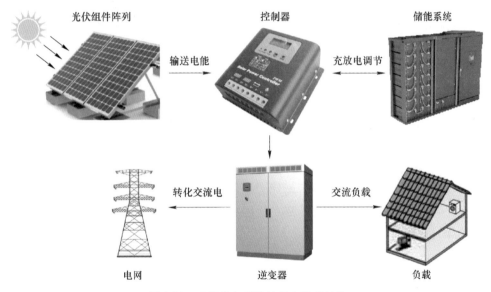

图 1-24　光伏发电系统的基本组成结构

　　随着光伏技术进步，光伏组件价格不断降低和封装材料不断优化，光伏组件不仅应用在大型电站中，还可以与建筑、交通及户外生活融合，应用领域和范围不断扩大，如图 1-25 所示。

　　分布式电站主要是指充分利用工商业、仓库、农业屋顶和大棚及一些闲置的空地建设小型的户用或商用电站，为居民或工商业主提供电力，多余发电可以通过并网的方式销售给国家电网，不仅为企业及用户解决了一部分用电问题，也对经济和环保做出一定的贡献。

　　大型光伏电站主要集中在西部等阳光资源充沛，且地广人稀的黄土高原和戈壁等地。在内地一些水资源比较丰富的地区，可以采用渔光互补的形式，在鱼塘上建立光伏发电站，可以充分利用土地资源，降低水产品的养殖成本[69]。

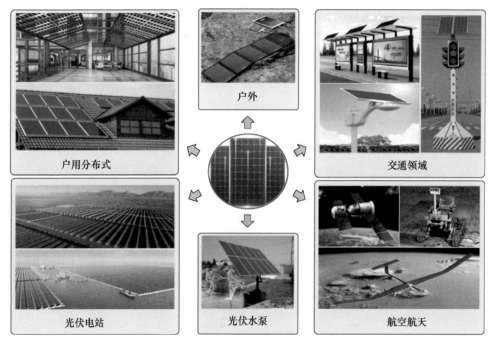

图 1-25 光伏组件的应用领域

航天是早期高效太阳能电池运用的领域，作为空间站及一些卫星和探月车的帆板提供续航能源。此外，光伏还广泛运用于交通领域，如太阳能路灯、太阳能信号灯、光伏候车亭等。

1.4.2 我国光伏产业现状

从我国 2001 年针对偏远地区推出"光明工程计划"，我国光伏产业开始进入市场化并涌现出一批早期的光伏组件生产厂家，如英利、尚德。随着欧美国家光伏市场需求的拉动，中国光伏产业快速发展，多晶硅、单晶硅等原材料产能迅速扩大，太阳能电池产量一跃而起，迅速成为世界太阳能电池产量大国。彼时，光伏行业主要以向外出口为主。

2012 年开始，欧盟对外的反倾销和反补贴措施及美国的关税征收导致中国光伏出口受阻。自此，我国光伏产品由出口转向内销，由欧美市场转向开拓其他海外市场。2013 年，国务院发布《关于促进光伏产业健康发展的若干意见》，对光伏产业进行度电补贴，至此，国内光伏产业规模进入了快速扩张的阶段，众多的光伏企业井喷式爆发，整个光伏产业如火如荼。2016 年，国家能源局又发布了《太阳能发展"十三五"规划》，目标计划到 2020 年底，我国太阳能发电装机将要达到 105GW 以上。在国家政策及欧洲双反政策的驱动下，我国每年的光伏新增装机容量保持着超过40%年均增速。

　　2018年，国家能源局颁布531光伏新政，补贴政策下降，光伏行业迎来巨大的变革。许多核心竞争力不够、产业结构不完善的企业被淘汰在了历史中。这次变革虽然给光伏市场带来了短暂的黑暗，但是也迫使行业进行了一系列的技术升级和成本优化，进行研发能力和核心竞争力的提升，重新合理地规划产能[70]。到目前为止，平价上网的目标已经基本达成，光伏行业逐渐由政策指导转向更加规范的市场，也由依赖出口转向了国内外市场并重。

　　图1-26是我国2011~2020年光伏组件的数据统计，可以看出，我国的光伏产业规模在不断扩大。回顾光伏产业的发展历程，技术升级和工艺进步始终是光伏产业不断发展的基石，光伏企业仍然需要将提高自主研发能力，掌握核心技术、关键材料和高端设备作为未来的工作重点。

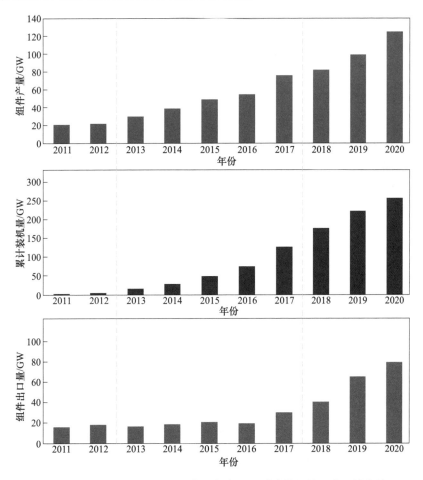

图1-26　2011~2020年我国光伏组件产量、累计装机量和出口量统计

1.4.3 我国光伏产业发展前景

我国太阳能资源开发利用的潜力非常广阔。我国地处北半球，南北距离和东西距离都在 5000km 以上。在我国广阔的土地上，有着丰富的太阳能资源。大多数地区年平均日辐射量在 $4kW \cdot h/m^2$ 以上，西藏日辐射量最高达 $7kW \cdot h/m^2$。年日照时数大于 2000h。与同纬度的其他国家相比，与美国相近，比欧洲、日本优越得多，因而有巨大的开发潜能。

我国光伏发电产业于 20 世纪 70 年代起步，90 年代中期进入稳步发展时期。太阳能电池及组件产量逐年稳步增加。经过 30 多年的努力，已迎来了快速发展的新阶段。在"光明工程"先导项目和"送电到乡"工程等国家项目及世界光伏市场的有力拉动下，我国光伏发电产业迅猛发展。到 2007 年年底，全国光伏系统的累计装机容量达到 10 万千瓦（100MW），从事太阳能电池生产的企业达到 50 余家，太阳能电池生产能力达到 290 万千瓦（2900MW），太阳能电池年产量达到 1188MW，超过日本和欧洲，并已初步建立起从原材料生产到光伏系统建设等多个环节组成的完整产业链，特别是多晶硅材料生产取得了重大进展，突破了年产千吨大关，冲破了太阳能电池原材料生产的瓶颈制约，为我国光伏发电的规模化发展奠定了基础。2007 年是我国太阳能光伏产业快速发展的一年，受益于太阳能产业的长期利好，整个光伏产业出现了前所未有的投资热潮。"十二五"时期我国新增太阳能光伏电站装机容量约 1000 万千瓦，太阳能光热发电装机容量 100 万千瓦，分布式光伏发电系统约 1000 万千瓦，光伏电站投资按平均每千瓦 1 万元测算，分布式光伏系统按每千瓦 1.5 万元测算，总投资需求约 2500 亿元。尽管我国是太阳能产品制造大国，十年前我国太阳能产品主要用于出口。在 2010 年时，全球太阳能光伏电池年产量 1600 万千瓦，其中我国年产量 1000 万千瓦。而到 2010 年，全球光伏发电总装机容量超过 4000 万千瓦，主要应用市场在德国、西班牙、日本、意大利，其中德国 2010 年新增装机容量 700 万千瓦。然而，我国太阳能资源十分丰富，适宜太阳能发电的国土面积和建筑物受光面积也很大，其中，青藏高原、黄土高原、冀北高原、内蒙古高原等太阳能资源丰富地区占到陆地国土面积的三分之二，具有大规模开发利用太阳能的资源潜力。尤其在国家"双碳"目标驱动下，近几年太阳能光伏市场将会快速发展。

我国光伏发电产业也得到迅速发展，已成为为数不多、可以同步参与国际竞争、并有望达到国际领先水平的光伏制造强国，崛起了以尚德电力、英利绿色能源、江西赛维 LDK、保利协鑫为代表的一批著名企业，和以江苏、河北、四川、江西四大光伏强省为代表的一批产业基地。因此，企业以往以"年度"为单位进行战略及策略调整的传统做法，在行业快速变化的今天显得有些力不从心甚至被动。所以，企业以"月度"为单位，根据行业最新发展动向适时进行策略乃至战略调整的经营手段，正日益受到许多大型企业管理者，尤其是外资企业管理层的高度重视。

国家能源局于 2013 年 11 月 18 日发布《分布式光伏发电项目管理暂行办法》，未来趋势太阳能光伏发电在不远的将来会占据世界能源消费的重要席位，不但要替代部分常规能源，而且将成为世界能源供应的主体。预计到 2030 年，可再生能源在总能源结构中将占到 30%以上，而太阳能光伏发电在世界总电力供应中的占比也将达到 10%以上；到 2040 年，可再生能源将占总能耗的 50%以上，太阳能光伏发电将占总电力的 20%以上；到 21 世纪末，可再生能源在能源结构中将占到 80%以上，太阳能发电将占到 60%以上。这些数字足以显示出太阳能光伏产业的发展前景及其在能源领域重要的战略地位。根据《可再生能源中长期发展规划》，到 2020 年，我国力争使太阳能发电装机容量达到 1.8GW（百万千瓦），到 2050 年将达到 600GW（百万千瓦）。预计到 2050 年，我国可再生能源的电力装机将占全国电力装机的 25%，其中光伏发电装机将占到 5%。未来十几年，我国太阳能装机容量的复合增长率将高达 25%以上。

近年来，中国光伏产业充分利用自身的技术基础和产业配套优势快速发展，逐步取得了国际竞争优势并不断巩固，已经具备全球最完整的光伏产业链，如图 1-27 所示。在光伏产业链中，上游为原材料，主要包括硅片、银浆、纯碱、石英砂等；中游分为两大部分，光伏电池板及光伏组件；下游为光伏的应用领域，光伏主要用来发电，还可以代替燃料用来取暖等。

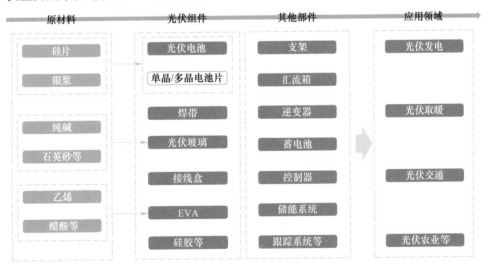

图 1-27　中国光伏产业链全景图

我国光伏发电装机容量（指光伏发电功率的总和）稳步增加，如图 1-28 所示。数据显示，2020 年我国光伏发电装机容量达 253.43GW，2021 年上半年我国光伏发电装机容量达 267.61GW，同比增长 23.7%。

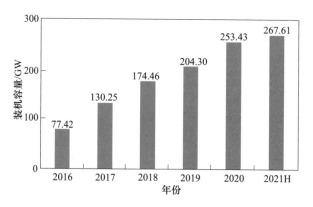

图 1-28 2016~2021 年上半年中国光伏装机容量

（数据来源：国家能源局）

多晶硅产量提高如图 1-29 所示。2020 年，全国多晶硅产量达 39.2 万吨，同比增长 14.6%。其中，排名前五企业产量占国内多晶硅总产量 87.5%，其中 4 家企业产量超过 5 万吨。上半年全国多晶硅产量分别达到 23.8 万吨，同比增长 16.1%。

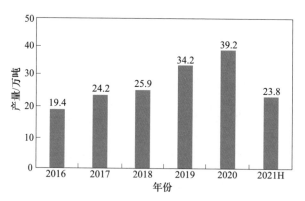

图 1-29 2016~2021 年上半年中国多晶硅产量

（数据来源：国家能源局）

光伏电池产量持续增长，如图 1-30 所示。光伏电池用于把太阳的光能直接转化为电能，按电池材料种类不同，可大致分为晶体硅电池和薄膜太阳能电池。近年来，我国光伏电池产量持续增长。2021 年上半年我国光伏电池产量达 9746.4 万千瓦，同比增长 52.6%。

光伏组件产量增速加快，如图 1-31 所示。光伏组件是最小有效发电单位，光伏组件主要包括电池片、互联条、汇流条、钢化玻璃、EVA、背板、铝合金、硅胶、接线盒等九大核心组成部分。2020 年我国光伏组件产量 125GW，2021 年上半年光伏组件产量 80.2GW，同比增长 50.5%。

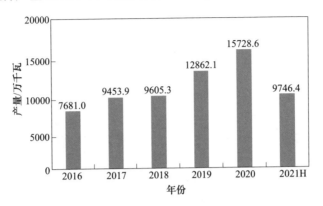

图 1-30　2016～2021 年上半年中国光伏电池产量
（数据来源：国家能源局）

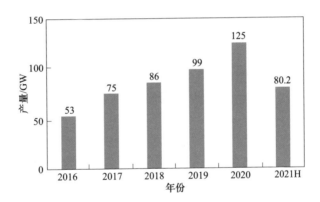

图 1-31　2016～2021 年上半年中国光伏组件产量
（数据来源：国家能源局）

随着光伏技术的发展，未来几年光伏行业将在以下几个方面加速发展：

（1）户用光伏快速增加。2021 年，我国户用光伏装机 21.6GW，占同期光伏总装机的 39%，同比增长超过 116%，是当年我国光伏新增装机的主力。截至 2021 年底，我国户用光伏累计装机超过 41GW，如果按平均每户 15kW 测算，已经覆盖超过 270 万用户。在全民"碳达峰碳中和"的总动员及振兴乡村计划驱动下，光伏将走进千家万户。我国约有 4 亿户家庭，如果其中有 3000 万户家庭安装光伏，市场容量超过 1 万亿元，目前市场渗透率不足 10%。根据著名的"创新扩散模型"，创新产品的市场渗透率超过 10% 之后，将进入陡峭的上升曲线，渗透速度加快，可以称之为渗透率指标下的产业临界点。

（2）N 型电池将成为电池的主流。目前主流的 PERC 电池技术，得益于单晶硅片的大规模渗透和设备国产化的快速提升，制造工艺简单，生产成本低，2017 年开始迅速推广和应用。但是，从目前技术发展状况来看，PERC 电池的效率已逼近极限 24.5%，其成本下降速度，也有所放缓。目前，N 型电池最有望接替 P 型电池成为下一代主流技术，尤其是 TOPCon 和 HJT，这已经是行业共识，光伏巨头也已经纷纷布局。2021 年全球光伏装机约 160GW，N 型电池装机还不足 8GW，市场渗透率还不到 5%。不完全统计，全球 N 型电池产能 2022 年底预计超过 50GW，到 2023 年底预计超过 100GW。可以预期，未来 1~2 年将是 N 型电池开始替代 P 型电池的黄金时期，渗透率将快速提升，N 型电池也有望走出当年单晶替代多晶的势头。

（3）BIPV 快推广和普及。2021 年 6 月，国家能源局下发《关于报送整县（市、区）屋顶分布式光伏开发试点方案的通知》，"整县推进"激活了广阔的建筑屋顶资源。2021 年 10 月，住建部对外发布《建筑节能与可再生能源利用通用规范》，作为强制性工程建设规范，自 2022 年 4 月 1 日起实施，要求"新建建筑应安装太阳能系统"。此外，国家层面对外发布的《关于完整准确全面贯彻新发展理念做好碳达峰碳中和工作的意见》中要求：大力发展节能低碳建筑，加快优化建筑用能结构，深化可再生能源建筑应用，加快推动建筑用能电气化和低碳化，开展建筑屋顶光伏行动。随着一系列屋顶光伏政策的出台，国内分布式光伏正在迎来新一轮发展机遇，2021 年分布式光伏装机占总装机的比例超过 50%，而 BIPV 作为光伏+建筑的有效结合，在建筑节能、绿色建筑的"碳中和"大背景下，有望成为未来分布式光伏的主流形式。我国存量工商业及公共建筑用地面积约 346 亿平方米，过去 5 年每年新增工商业及公共建筑用地面积约 20 亿平方米。在新建筑物强制安装太阳能系统的政策要求下，每年新增容量预计可达 20GW，存量建筑的改造空间更大。目前，国内 BIPV 刚刚起步，渗透率几乎为零。未来，BIPV 有望从两个方面提高渗透率。一方面，随着 BIPV 降本增效，在存量屋顶的改造方面将逐渐具有经济性，进而从增量市场介入存量市场。另一方面，从建筑屋顶向建筑立面延伸，既可能是建筑节能（碳排放考核）的经济性因素驱动，尤其是工商业建筑立面；也可能是绿色建筑的美学因素驱动，尤其是公共建筑或政府及事业单位建筑立面。无论是从增量到存量，还是从屋顶到立面，在"双碳"目标的浪潮中，建筑节能及绿色建筑都是确定性方向，BIPV 则是最重要的工具。

（4）组件的跟踪支架使用率提高。目前，全球跟踪支架的渗透率已经达到约 50%，美国市场超过 70%，而中国市场约 20%，跟踪支架在中国市场的渗透率还有很大的提升空间。中国市场渗透率偏低的原因，主要是受国内电站投资主体及风格的影响。国内资金成本较高，尤其以国资为主导的投资方更加看重初期单位投资成本，而不重视全生命周期的投资回报率。实际上，跟踪支架的使用尽管会增加初期投资成本，但会增加全生命周期的收益，整体回报率是增加的，更具经济性。此外，由于跟踪支架更适合大型地面电站，而不适合分布式电站，而2021年国内分布式光伏装机占比达到53%，也制约了国内跟踪支架的使用。随着 N 型电池的推广及大型光伏基地的建设，跟踪支架有望获得更多的接受度。在采用跟踪支架的情况下，能够更好地实现"高效+双面+跟踪"的最优组合。当然，跟踪支架在国内市场的环境因素正在发生改变，跟踪支架渗透率的提高，必然降低固定支架的占比，因此对于固定支架厂商而言，必须加紧布局跟踪支架来保持自己的市场份额，而专业的跟踪支架厂商则有望迎来快速增长。

参 考 文 献

[1] Yu J N, Tang Y M, Chau K Y. Role of solar-based renewable energy in mitigating CO_2 emissions：Evidence from quantile-on-quantile estimation [J]. Renewable Energy，2022，182：216-226.

[2] 蔡世杰. 太阳能利用技术研究现状及发展前景 [J]. 中国高新科技，2018 (21)：50-52.

[3] BP. Statistical Review of World Energy [R]. 2021.

[4] 国家发改委，国家能源局. 能源生产和消费革命战略 [R]. 2016.

[5] 沈文忠. 太阳能光伏技术与应用 [M]. 上海：上海交通大学出版社，2013.

[6] 唐琳，杨青平，廖常见. 优级工业硅的生产 [J]. 铁合金，2017，48 (3)：5-13.

[7] 吕东，马文会，伍继君. 冶金法制备太阳能级多晶硅新工艺原理及研究进展 [J]. 材料导报，2009，23 (5)：30-33.

[8] Wang L Y, Gao Y F, Pu T Z. Fracture strength of photovoltaic silicon wafers cut by diamond wire saw based on half-penny crack system [J]. Engineering Fracture Mechanics，2021：251.

[9] Blakers A W, Wang A, Milne A M. 22.8-Percent efficient silicon solar-cell [J]. Applied Physics Letters，1989，55 (13)：1363-1365.

[10] Green M A. The path to 25% silicon solar cell efficiency：history of silicon cell evolution [J]. Progress in Photovoltaics，2009，17 (3)：183-189.

[11] Zhao J H, Wang A H, Green M A. 24 center dot 5% efficiency silicon PERT cells on MCZ substrates and 24 center dot 7% efficiency PERL cells on FZ substrates [J]. Progress in Photovoltaics，1999，7 (6)：471-474.

[12] 2020 年中国光伏技术发展报告——晶体硅太阳电池研究进展 [J]. 太阳能，2020 (10)：5-12.

[13] Feldmann F, Bivour M, Reichel C. Passivated rear contacts for high-efficiency n-type Si solar cells providing high interface passivation quality and excellent transport characteristics [J]. Solar Energy Materials and Solar Cells，2014，120：270-274.

[14] Richter A, Benick J, Feldmann F. n-Type Si solar cells with passivating electron contact：

Identifying sources for efficiency limitations by wafer thickness and resistivity variation [J]. Solar Energy Materials and Solar Cells, 2017, 173: 96-105.

[15] Vossen R V, Feldmann F, Moldovan A, et al. Comparative study of differently grown tunnel oxides for p-type passivating contacts [C]//PREU R. 7th International Conference on Silicon Photovoltaics, Siliconpv 2017, 2017: 448-454.

[16] Choi S, Min K H, Jeong M S. Structural evolution of tunneling oxide passivating contact upon thermal annealing [R]. Scientific Reports, 2017.

[17] Schwartz R J, Lammer M D. Silicon solar cells for high concentration applications [C] // Proceedings of the Proceedings of the Electron Devices Meeting, 1975.

[18] Smith D D, Reich G, Baldrias M. Silicon Solar Cells with total area efficiency above 25% [C]. 2016 IEEE 43rd Photovoltaic Specialists Conference, 2016: 3351-3355.

[19] Maruyama E, Terakawa A, Taguchi M. Sanyo's challenges to the development of high-efficiency HIT solar cells and the expansion of HIT business [C]. Conference Record of the 2006 IEEE 4th World Conference on Photovoltaic Energy Conversion, Vols 1 and 2. 2006: 1455-1460.

[20] Masuko K, Shigematsu M, Hashiguchi T. Achievement of more than 25% conversion efficiency with crystalline silicon heterojunction solar cell [J]. IEEE Journal of Photovoltaics, 2014, 4 (6): 1433-1435.

[21] Taguchi M, Yano A, Tohoda S. 24.7% record efficiency HIT solar cell on thin silicon wafer [J]. IEEE Journal of Photovoltaics, 2014, 4 (1): 96-99.

[22] Taguchi M, Sakata H, Yoshimine Y. An approach for the higher efficiency in the hit cells [C]. Conference Record of the Thirty-First IEEE Photovoltaic Specialists Conference, 2005: 866-871.

[23] Taguchi M, Terakawa A, Maruyama E. Obtaining a higher V_{oc} in HIT cells [J]. Progress in Photovoltaics, 2005, 13 (6): 481-488.

[24] Yoshikawa K, Kawasaki H, Yoshida W. Silicon heterojunction solar cell with interdigitated back contacts for a photoconversion efficiency over 26% [J]. Nature Energy, 2017, 2 (5): 17032.

[25] Procel P, Yang G, Isabella O. Theoretical evaluation of contact stack for high efficiency IBC-SHJ solar cells [J]. Solar Energy Materials and Solar Cells, 2018, 186: 66-77.

[26] Hubner A, Aberle A G, Hezel R. Novel cost-effective bifacial silicon solar cells with 19.4% front and 18.1% rear efficiency [J]. Applied Physics Letters, 1997, 70 (8): 1008-1010.

[27] Jiang S, Wang K M, Zhang H W. Encapsulation of PV modules using ethylene vinyl acetate copolymer as the encapsulant [J]. Macromolecular Reaction Engineering, 2015, 9 (5): 522-529.

[28] 刘海东, 吴旭东, 尹洪锋. 太阳能电池背板膜的市场现状和发展趋势 [J]. 塑料包装, 2015, 25 (3): 9-12+18.

[29] Luo W, Khoo Y S, Hacke P. Potential-induced degradation in photovoltaic modules: a critical review [J]. Energy & Environmental Science, 2017, 10 (1): 43-68.

［30］ 杜永亮．光伏组件 PID 问题对光伏发电量的影响［J］．能源与节能，2021（10）：34-36.

［31］ Dhere N G, Raravikar N R. Adhesional shear strength and surface analysis of a PV module deployed in harsh coastal climate［J］．Solar Energy Materials and Solar Cells, 2001, 67：363-367.

［32］ Park N C, Han C, Kim D. Effect of moisture condensation on long-term reliability of crystalline silicon photovoltaic modules［J］．Microelectronics Reliability, 2013, 53：1922-1926.

［33］ Park N C, Oh W, Kim D H. Effect of temperature and humidity on the degradation rate of multicrystalline silicon photovoltaic module［J］．International Journal of Photoenergy, 2013.

［34］ Zhang Y, Xu J, Mao J, et al. Long-term reliability of silicon wafer-based traditional backsheet modules and double glass modules［J］．RSC Advances, 2015, 5（81）：65768-65774.

［35］ Kim N, Han C. Experimental characterization and simulation of water vapor diffusion through various encapsulants used in PV modules［J］．Solar Energy Materials and Solar Cells, 2013, 116：68-75.

［36］ Hülsmann P, Weiss K A. Simulation of water ingress into PV-modules：IEC-testing versus outdoor exposure［J］．Solar Energy, 2015, 115：347-353.

［37］ Peike C, Hoffmann S, Hülsmann P, et al. Origin of damp-heat induced cell degradation［J］．Solar Energy Materials and Solar Cells, 2013, 116：49-54.

［38］ Kim J H, Park J, Kim D, et al. Study on mitigation method of solder corrosion for crystalline silicon photovoltaic modules［J］．International Journal of Photoenergy, 2014（7）：9.

［39］ Kim T H, Park N C, Kim D H. The effect of moisture on the degradation mechanism of multi-crystalline silicon photovoltaic module［J］．Microelectronics Reliability, 2013, 53（9）：1823-1827.

［40］ Oh W, Kim S, Bae S, et al. The degradation of multi-crystalline silicon solar cells after damp heat tests［J］．Microelectronics Reliability, 2014, 54（9）：2176-2179.

［41］ Oh W, Kim S, Bae S, et al. Migration of Sn and Pb from solder ribbon onto Ag fingers in field-aged silicon photovoltaic modules［J］．International Journal of Photoenergy, 2015：257343.

［42］ Marcilla A, Gómez A, Menargues S. TGA/FTIR study of the catalytic pyrolysis of ethylene-vinyl acetate copolymers in the presence of MCM-41［J］．Polymer Degradation and Stability, 2005, 89（1）：145-152.

［43］ Czanderna A W, Pern F J. Encapsulation of PV modules using ethylene vinyl acetate copolymer as a pottant：A critical review［J］．Solar Energy Materials and Solar Cells, 1996, 43（2）：101-181.

［44］ Kempe M D, Jorgensen G J, Terwilliger K M, et al. Acetic acid production and glass transition concerns with ethylene-vinyl acetate used in photovoltaic devices［J］．Solar Energy Materials and Solar Cells, 2007, 91（4）：315-329.

［45］ Chaturvedi P, Hoex B, Walsh T M. Broken metal fingers in silicon wafer solar cells and PV modules［J］．Solar Energy Materials and Solar Cells, 2013, 108：78-81.

［46］ 王国峰，顾斌锋，龚海丹．热循环老化后太阳能电池断栅研究［C］．中国光伏大会暨中国国际光伏展览会，2014.

［47］ Jeong J S, Park N, Han C. Field failure mechanism study of solder interconnection for crystalline silicon photovoltaic module ［J］. Microelectronics Reliability, 2012, 52 (9): 2326-2330.

［48］ Martinez A J. Identity and power in ecological conflicts ［J］. International Journal Transdisciplinary Research, 2007, 2 (1): 17-41.

［49］ Cho S H, Kim J Y, Kwak J, et al. Recent advances in the transition metal-catalyzed twofold oxidative C-H bond activation strategy for C-C and C-N bond formation ［J］. Chemical Society Reviews, 2011, 40 (10): 5068-5083.

［50］ Kang M S, Kim D S, Jeon Y J, et al. The study on thermal shock test characteristics of solar cell for long-term reliability test ［J］. Journal of Energy Engineering, 2012, 21 (1): 26-32.

［51］ Chung W T, Chen C W. Optimize silicon solar cell micro-structure for lowering PV module power loss by thermal cycling induced ［C］. Photovoltaic specialist conference (PVSC), 2014 IEEE 40th. IEEE, 2014: 2001-2003.

［52］ Meier R, Kraemer F, Wiese S, et al. Thermal cycling induced load on copper-ribbons in crystalline photovoltaic modules ［C］. SPIE Solar Energy Technology. International Society for Optics and Photonics, 2010: 777312.

［53］ Braun S, Hahn G, Nissler R. The multi-busbar design: an overview ［C］. Proceedings of the 4th Workshop on Metallization for Crystalline Silicon Solar Cells, Constance, Germany, 2013.

［54］ Braun S, Hahn G, Nissler R. Multi-busbar solar cells and modules: high efficiencies and low silver consumption ［C］. Proceedings of the 3rd International Conference on Crystalline Silicon Photovoltaics (Silicon PV), ISFH, Hamelin, Germany, 2013.

［55］ 刘石勇, 何胜, 单伟. 多主栅光伏组件的性能分析 ［J］. 太阳能, 2020 (2): 33-36.

［56］ Walter J, Rendler L C, Ebert C. Solder joint stability study of wire-based interconnection compared to ribbon interconnection ［C］. Proceedings of the 7th International Conference on Crystalline Silicon Photovoltaics (Silicon PV), Fraunhofer ISE, Freiburg, Germany, 2017.

［57］ Kreinin L, Bordin N, Karsenty A. PV module power gain due to bifacial design. Preliminary experimental and simulation data ［C］. Proceedings of the 35th IEEE Photovoltaic Specialists Conference, Honolulu, HI, 2010.

［58］ Kraemer P, Wiese S. Assessment of long term reliability of photovoltaic glass-glass modules vs. glass-back sheet modules subjected to temperature cycles by FE-analysis ［J］. Microelectronics Reliability, 2015, 55 (5): 716-721.

［59］ Tang J, Ju C H, Lv R R. The performance of double glass photovoltaic modules under composite test conditions ［C］. Proceedings of the SNEC 11th International Photovoltaic Power Generation Conference and Exhibition (SNEC), Shanghai, 2017.

［60］ Felder T C, Choudhury K R, Garreau-Iles L. Analysis of glass-glass modules ［C］. Proceedings of the Conference on New Concepts in Solar and Thermal Radiation Conversion and Reliability, San Diego, 2018.

［61］ Slauch I M, Vishwakarma S, Tracy J. Manufacturing induced bending stresses: Glass-glass vs. glass-backsheet ［C］. Proceedings of the 48th IEEE Photovoltaic Specialists Conference

（PVSC），Electr Network，2021.

［62］荣丹丹，蒋京娜，倪健雄．半片电池技术在光伏组件中的应用［J］．新能源进展，2017，
5（4）：255-258.

［63］Qian J D，Thomson A，Blakers A. Comparison of half-cell and full-cell module hotspot-induced
temperature by simulation［J］．IEEE Journal of Photovoltaics，2018，8（3）：834-839.

［64］Guo S，Singh J P，Peters I M. A Quantitative analysis of photovoltaic modules using halved
cells［J］．International Journal of Photoenergy，2013：231-233.

［65］Schmidt W，Rasch K D. New interconnection technology for enhanced module efficiency
［J］．IEEE Transactions on Electron Devices，1990，37（2）：355-357.

［66］2020 年中国光伏技术发展报告——晶体硅太阳电池研究进展（2）［J］．太阳能，
2020（11）：24-31.

［67］师雨菲．光伏尺寸争夺战火再升级，谁主沉浮？［J］．能源，2020（7）：74-76.

［68］周志敏．《太阳能光伏发电系统设计与应用实例》［J］．电源技术，2017，41（4）：1.

［69］刘汉元，钟雷，谢伟．"渔光互补"在江苏地区发展前景及应用思考［J］．当代畜牧，
2014（32）：94-95.

［70］罗松松．光伏产业：从至暗时刻到柳暗花明［J］．中国工业和信息化，2021（3）：
26-30.

2 无主栅双玻晶硅组件

2.1 引言

目前，单晶硅和多晶硅电池片仍然占据硅太阳能电池市场的主要份额。随电池制造技术的快速发展，太阳能电池的商业生产已由原来的常规 P 型衬底晶硅电池快速发展到局部背面接触钝化电池片（PERC 电池）、背面接触电池片（IBC 电池）及异质结电池片（HIT 电池）等高效电池片的应用。常规 P 型衬底晶硅电池片结构主要由前表面金属化电极、钝化层（减反射层）、前后表面扩散层、硅片及后表面金属化接触层组成。局部背面接触及背面钝化的电池片又称 PERC 电池[1,2]，其背面钝化能力增强，少数载流子复合速率降低。背面接触电池片又称 IBC 电池片，首块现代 IBC 电池诞生于斯坦福大学[3]，目前最高效率为25.2%[4]。该类电池的特点是电池片背面交错地分布着正负电极，有效提升光照面积且减小串联电阻。通常有一层薄的绝缘材料覆盖于电池片的背面[5]，可以提高光线反射利用率及降低载流子复合率。但其致命的缺点是正负电极靠得过近而易出现欧姆分流或者短路。HIT 由日本三洋公司[6]在 20 世纪末提出，如今已被冠以 HIT 商标在市场出售。

常规 P 型衬底晶硅太阳能电池片的制作，主要包括制绒、扩散、刻蚀、沉积减反射膜、丝网印刷和共烧结等工艺[7]。制绒工艺中的化学刻蚀和表面纹理处理[8]可以去除硅片表面损伤。单晶硅片表面采用氢氧化钾进行碱腐蚀而产生金字塔结构，从而拥有优异的抗反射和光捕获性能；多晶硅因具有各向异性而进行酸腐蚀制绒[8,9]。制绒工艺后电池片需要清洗，首先用酸性过氧化物溶液清洗，接着用去离子水清洗。扩散处理的目的是制作 PN 结，采用 $POCl_3$ 作为掺杂原料获得 n^+ 掺杂层，磷掺杂能吸除杂质如过渡金属铁、镍等[10,11]。减反射涂层在可见光和红外光谱范围内均具有很高的透明度[12]，该涂层是在约 400℃ 条件下通过等离子体增强化学气相沉积法而获得的氢化非晶硅氮化硅[13]。该涂层之所以具有优异的抗反射性能和钝化性能，是因为它能饱和表面的硅悬挂键[14]。电极印刷时，银浆料在高温下与硅片表面和氮化硅层润湿，并在低温时沉积附着于硅片表面形成印刷银线[15]。电池片背面是背铝层[15,16]，背铝层烧结后与硅反应形成共晶层，这可以提高电池片背面的钝化能力。所有这些电池技术中，栅线在电池中起到收集和汇流电流的作用，但栅线会形成一定遮挡面积从而降低电池的效率。

每个电池片利用焊带焊接形成主栅，通过主栅收集电流。焊带通常为矩形，矩形焊带宽度为 0.9～1.5mm，厚度约为 0.2mm。目前光伏组件的太阳能电池互联技术以焊带互联为主，常规组件中每个电池有 3~5 根主栅来收集电流，大尺寸电池也使用了多主栅（mulit-busbar，MBB）技术。然而，主栅越多形成的遮挡面积就越大，电池的有效光照面积减小，从而损失电池的电学性能，导致组件的发电效率减低和成本上升。因此，无主栅技术也成为组件的提效降本的途径之一。

无主栅技术的本质是通过优化电池片电极、焊条和组件而得到光伏组件产品的技术。无主栅技术具有三大显著优势：一是降低电池片材料成本，二是降低遮光面积，三是提升电池片的电流收集能力。

根据电池片的结构和组件的制作工艺，把无主栅电池片分为三类。第一类，不改变电池片结构和组件制作工艺的无主栅电池片[17-20]。以德国 Schmid 公司的 MBC 为主要代表，电池片结构无任何改变，仅对电池片电极进行优化。具体是用 10~15 根细栅替代主栅线，并在细栅上添置多个焊盘。组件制作工艺上，用 10~15 根铜丝作为焊条，把焊条焊接于焊盘上。此类技术存在焊条折弯、焊条固定困难和焊接处的稳定性差等问题。除焊接设备的改造，该技术没有对任何原材料生产设备改造，因此该技术在降低组件成本和提高发电效率的目标下，降低了设备改造成本。

第二类，不改变电池片结构但改变组件制作工艺的无主栅电池片[21]。这类技术主要以加拿大 Day4 Energy 公司的 Day4 Electrode 为代表，电池片结构无任何改变，正面电极只印刷细栅而去除主栅。组件制作工艺有很大改变，焊条采用 12 根铜丝替代原来的 3~5 根焊条，且铜丝表面包覆有导电胶。不采用焊接工艺，在组件层压时铜丝表面的导电胶附着于细栅上而完成电连接。该类技术省去了焊接工艺，大幅降低了设备成本，具有广阔的前景。但导电胶的抗老化性能是个很突出的问题，因此此技术还需更多优化。

第三类，既改变电池片结构又改变光伏组件制作工艺的无主栅电池片。主要以 PERC 和 IBC 电池为代表。在电池片结构上，PERC 电池改变正面电极图形而去除主栅和细栅，同时采用激光刻蚀技术对硅片进行穿孔，通过孔洞把正面电极收集的电流引到电池片背面。IBC 电池去除正面电极，电池片背面交错地分布着正负极。组件的制作工艺都去除了焊接工序，使用导电胶膜或胶板与电池片形成电极连接。这类技术颠覆了传统晶硅电池的结构，虽大幅降低银浆用量和提升电池片光照面积，但其制作工艺繁琐而无形增加了电池制作成本。此外，导电胶膜和导电胶板的使用同样给组件的稳定性带来诸多挑战。

2.2　无主栅晶硅电池及组件制备工艺

2.2.1　无主栅晶硅电池及组件设计

2.2.1.1　电池片正面电极设计

通过对比各类无主栅晶硅电池、无主栅光伏组件的优缺点，结合现有的实验设备和原材料，选择焊接型无主栅技术进行研究，即不改变电池片结构及不改变组件制作工艺。在电池片方面，只对电池片电极规格参数进行优化。在组件制作工艺方面，为保证老化测试的可靠性，选择焊接工序而不用导电胶膜或胶板。在组件结构方面，结合实验条件和组件抗老化测试性能，选择双玻组件。

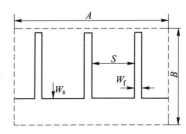

正面电极会影响电池片串联电阻和遮光，且收集电流时会产生各种损耗，故要综合考虑正面电极的设计。收集电流时产生的功率损耗包括由扩散层横向电流引起的功率损耗、栅线电阻引起的功率损耗、栅线与半导体间接触电阻引起的功率损耗、栅线遮光引起的功率损耗[22,23]。选取如图 2-1 所示一个对称电极的单元作为研究对象，计算收集光生载流子时所产生的功率损耗。

图 2-1　电池片中一个对称
电极单元[22]

电池片中扩散薄层横向电流引起的功率损耗是主要的，其计算公式为：

$$P_{tl} = \frac{R_s S^2 J_{mp}}{12 V_{mp}} \tag{2-1}$$

式中，J_{mp}、V_{mp}、R_s 和 S 分别为最大功率位置的电流密度和电压、薄层电阻和细栅间距。而栅线电阻造成功率损耗为：

$$P_{rl} = \frac{B^2 R_f S J_{mp}}{m W_f V_{mp}} \tag{2-2}$$

$$P_{rb} = \frac{A^2 B R_b J_{mp}}{m W_b V_{mp}} \tag{2-3}$$

式中，P_{rl} 和 P_{rb} 分别为细栅和主栅电阻引起的功率损耗；R_f 和 R_b 分别为细栅和主栅的薄层电阻。若电极宽度是线性变细的，则 m 值为 4；若电极宽度是相同的，则 m 为 3。若考虑焊条的电阻，则 R_f 和 R_b 分别为：

$$R_f = \frac{金属体电阻率}{细栅线厚度} \tag{2-4}$$

$$R_b = \frac{焊条电阻率}{主栅线厚度} \tag{2-5}$$

由式（2-2）~式（2-5）可知，选用低体电阻率的金属材料且增加栅线的厚度，

则可以降低 R_f 和 R_b[24]。此外，因为细栅及主栅的遮光影响而造成损耗为：

$$P_{sf} = \frac{W_f}{S} \tag{2-6}$$

$$P_{sb} = \frac{W_b}{B} \tag{2-7}$$

若忽略主栅接触电阻造成的损耗，则细栅接触电阻损耗占据主导作用且可近似为：

$$P_{cf} = \frac{R_c S J_{mp}}{W_f V_{mp}} \tag{2-8}$$

式中，R_c 为接触电阻。把式（2-3）和式（2-5）相加且对 W_b 求导，即可得到主栅的最佳尺寸。当主栅电阻引起的功率损耗等于遮光引起的功率损耗时，则电池片功率损耗最小，此时主栅的最佳尺寸和功率损耗的最小值为：

$$W_b = AB \sqrt{\frac{R_b J_{mp}}{m V_{mp}}} \tag{2-9}$$

$$(P_{rb} + P_{sb})_{min} = 2A \sqrt{\frac{R_b J_{mp}}{m V_{mp}}} \tag{2-10}$$

若细栅线间距非常小以致横向电流引起的功率损耗可忽略不计，即 S 趋近于 0，此时细栅尺寸为最佳，细栅尺寸和引起的最小功率损耗为：

$$\frac{W_f}{S} = B \sqrt{\left(\frac{R_f}{m} + \frac{R_c}{B^2}\right) \frac{J_{mp}}{V_{mp}}} \tag{2-11}$$

$$(P_{tl} + P_{tf} + P_{sf} + P_{cf})_{min} = 2B \sqrt{\left(\frac{R_f}{m} + \frac{R_c}{B^2}\right) \frac{J_{mp}}{V_{mp}}} \tag{2-12}$$

Braun[21]用计算机模拟软件计算了无主栅电池片电极和焊条的最佳尺寸，模拟计算结果如图 2-2 所示。图 2-2（a）中，蓝虚线表示主栅数量对应的最佳主栅宽度，绿实线表示电池片在主栅数量对应最佳宽度下的发电效率（η）。由图可知，发电效率随主栅数量增加而增加，多主栅宽度随其数量增加而减小。图 2-2（b）中，实线表示的是方块电阻（R_s）与细栅宽度之间的关系，虚线表示不同细栅宽度对应的最佳细栅间距。三主栅和多主栅电池的方块电阻随主栅宽度增大而下降，但多主栅电池的方块电阻始终低于三主栅电池。三主栅和多主栅电池的最佳细栅间距着细栅宽度增大而下降，但多主栅电池的细栅间距始终大于三主栅。图 2-2（c）中，实线表示方块电阻与细栅宽度的关系，虚线表示电池片在不同细栅宽度时所对应的发电效率。三主栅电池中最佳细栅宽度为 $40\sim50\mu m$，多主栅（15 根主栅线）电池片的最佳细栅宽度为 $10\sim20\mu m$。图 2-2（d）中，实线表示方块电阻与细栅宽度的关系，虚线表示电池片在不同细栅宽度下所对应的银浆用量。三主栅和多主栅电池片的银浆用量随细栅宽度增大而下降，但多主栅电池的银浆用量始终少于三主栅电池。

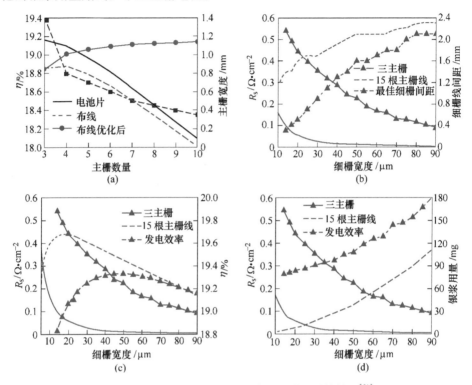

图 2-2 无主栅电池片电极最佳参数的模拟计算结果[21]

（a）发电效率、主栅宽度与主栅数量的关系；（b）方块电阻、细栅线间距与细栅宽度的关系；

（c）方块电阻、发电效率与细栅宽度的关系；（d）方块电阻、银浆用量与细栅宽度的关系

电极设计的理论计算和模拟计算给无主栅晶硅电池的电极设计提供了丰富的指导意见。要综合考虑电极设计带来的影响，包括有串联电阻的增减、遮光的大小、银浆用量的多少。例如，若采用 15 条主栅，电池片应采用如下最佳参数：细栅宽度为 25μm、细栅间距为 1.6mm。

2.2.1.2 焊条的设计

焊条设计应综合考虑对组件串联电阻、焊接稳定性及遮光的影响。图 2-3 为铜丝与细栅的焊接截面图。由图 2-3 可知，虽然铜丝与细栅的接触界面是有限的，但是焊料牢牢地把铜丝固定在细栅上。此类电池片与焊条的剥离力很小，许多研究者担心组件的焊接及老化测试稳定性。在考察焊接稳定性时，应

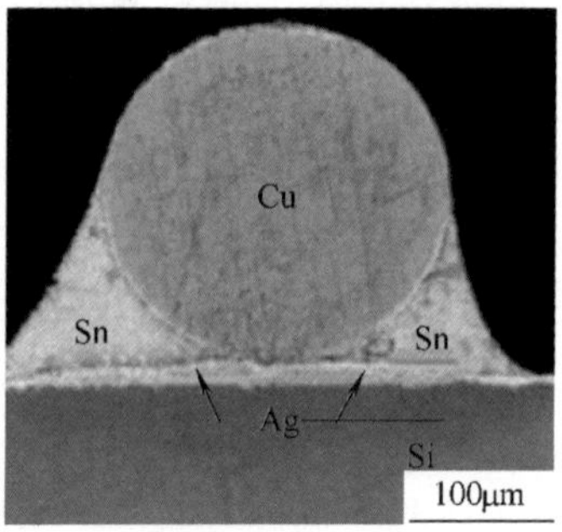

图 2-3 铜丝与细栅的焊接截面图[21]

综合考虑焊条选择和电池片焊盘设计，可通过设计焊盘而增加焊条与电池片的焊接面积而增强焊接稳定性。

考虑不同焊条对电池片的遮光影响，Braun[17,21]通过计算机模拟软件比较了不同焊条的遮光程度，结果如图 2-4 所示。图 2-4（a）和（b）显示的是两种焊条对光的反射情况。由图可知，当光垂直照射在矩形截面焊条表面时会被完全反射。当光垂直照射在圆形截面焊条时，除了极少数的太阳光会被直接反射，其他光线均可通过反射、折射而被充分地利用。据该学者计算，若利用圆形焊条进行焊接，则照射至焊条表面 a 区域的光反射率能减少 70.1%，照射至焊条表面 b 区域的光反射率减少 35.7%。

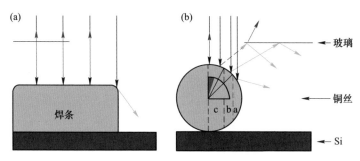

图 2-4　不同形状焊条对光线的反射情况[17]

（a）矩形截面焊条；（b）圆形截面焊条

焊接过程是焊接型无主栅组件的主要工艺，对无主栅晶硅组件性能有直接影响。组件设计的重点应关注焊接稳定性和失效机理。无主栅组件中电池片焊接面积减小将不可避免会降低焊接处的焊接稳定性。数十根焊条与数十条主栅焊接，如此多的焊接接触点将不可避免导致焊接残余应力分布不均，继而容易使电池片产生隐裂。因此，组件设计应尽可能提高电池片焊接稳定性。

2.2.2　电池及组件失效分析

2.2.2.1　焊接时电池片失效分析

组件在户外使用或者老化测试中出现的缺陷，往往可以在组件制作过程中找到隐患的根源。焊接过程是组件产生缺陷的重要工序，若电池片在焊接过程产生裂纹缺陷将会严重增加制作成本[25]。为了降低成本和改善缺陷率，许多学者研究了缺陷产生的原因。Chaturvedi 等人[26]认为，电池片 EL 图像的黑暗部分大都是由断栅缺陷造成的，主要原因是焊接过程温度变化引起锡铅合金收缩不均匀而对细栅产生较大拉力。Sander 等人[27]研究了封装电池片中裂纹的扩展，对比了不同取向裂纹或不同类型电池片的破坏应力，发现不同类型电池片具有不同的破坏应力值，并且提出焊接过程应尽量避免裂纹或微裂纹的发生，因为裂纹在组件户外应用时会扩展。Kajari-Schröder 等人[28]研究了晶硅电池片中裂纹的取向分布，发现 50%的裂纹是平行于主栅线，这是一类对电池片输出功率影响极大的裂纹。Kontges 等人[29]研究了微裂纹是如何影响组件的功率及在老化后对组件造成的影响，发现若微裂纹对单片电池的割裂面积在 8%以下，则对组件输出功率无任何影响。若割裂面积大于 12%则输出功率将大幅下降。Paggi 等人[30]用多物理和多尺度的计算方法研究光伏组件在受外界压力情况下多晶硅电池片中裂纹的产生情况。该学者还提出用热力场耦合的区域模型[31]预测在机械载荷和热载荷条件下多晶硅电池片中微裂纹的演化。Lai 等人[32]关注电池片焊接过程和组件封装过程裂纹缺陷的产生来源，发现焊接过程中残余应力主要集中于焊条的起焊和收焊位置，残余应力将最终破坏电池片。

2.2.2.2　湿热老化过程组件失效分析

晶硅电池和光伏组件的抗老化特性和长期稳定性一直被科研工作者所关注，许多学者探究光伏组件在高温高湿条件情况下的失效机理。封装材料 EVA 对组件的湿热老化起到至关重要的作用。体现在三个方面：（1）高盐度高湿度条件下水汽、钠离子等对电池的腐蚀作用；（2）焊接处锡、铅元素迁移和银电极作用致使焊接脱落；（3）EVA 在特定环境下可能会发生热氧化降解生成乙酸将导致电池片及焊条发生严重腐蚀。以上原因都导致组件失效。

Kim[33]通过软件模拟了光伏组件封装胶膜的水汽透过率，计算出 EVA 胶膜具有较高的水汽凝结率。Hülsmann[34]模拟计算了 EVA 的水汽透过率，发现在湿热老化过程中，EVA 水汽凝结率是在户外使用中 EVA 水汽凝结率的两倍。Neelkanth[35]关注了安装在高盐度、高湿度气候环境下的光伏组件，研究了电池片与 EVA 胶膜之间的剥离力及界面处的化学成分，发现电池片的腐蚀现象比 EVA 的变色现象要更早发生，这是因为水汽、钠离子和磷离子在界面的沉积。Park[36,37]关注了温度和水汽凝结对暴露在户外晶硅组件长期稳定性的影响，结果显示高温、高湿环境会导致组件的加速衰减。Peike[38]关注了在湿热老化过程电池片衰减的原因，发现金属银电极的腐蚀是引起衰减的主要原因。Kim[39]研究了缓解晶硅组件中焊料腐蚀的方法，发现电偶腐蚀是影响组件衰减的主要诱因。Kim[40]研究了水汽对多晶硅组件衰减机制的影响，发现电池片的腐蚀区域通常集中在焊接处。Oh[41]关注多晶硅组件在湿热老化过程的衰减，发现焊接处的焊条衰减会引起串联电阻的增加，水汽的凝结会导致银电极表面发生氧化。Oh[42]研究了锡、铅元素的迁移过程，发现锡铅合金最远可迁移至银电极最边缘处。Zhang[43]对比了单玻组件和双玻组件的长期稳定性，发现双玻组件具有更高的稳定性。此外，一些研究者发现 EVA 在特定环境下可能会发生热氧化降解[44]，光降解[45]和湿热水解[46]，而在 EVA 湿热老化过程容易发生热解和水解而产生乙酸。EVA 共聚物热解会产生不饱和直链烃和大量的乙酸，且水解也会产生乙酸且原理如图 2-5 所示，乙酸将导致电池片及焊条发生严重腐蚀。

$$-(CH_2CH_2)_n(CH_2CH)_m(CH_2CH_2)_n- \xrightarrow[H_2O]{加热} -(CH_2CH_2)_n(CH_2CH)_m(CH_2CH_2)_n-+CH_3CHOOH$$
$$O=C-CH_3 \qquad\qquad OH$$

图 2-5　EVA 共聚物水解会产生乙酸的原理图[46]

2.2.2.3　热循环过程组件失效分析

无主栅组件与常规组件的本质区别在于焊接处焊接面积大小的不同，焊接面积减小会降低无主栅组件的焊接稳定性。学术界对于热循环过程中组件的失效机理争议较大。主要有三种观点：一是焊接处产生疲劳破坏，导致焊条脱落；二是电池片中的隐裂在热循环过程扩展，致使电池片失效；三是焊接处的两端内应力较大，导致发生焊条脱落。热循环实验是考验组件焊接稳定性的重要手段，许多学者研究了常规组件在热循环过程中的失效机理。Chaturvedi 等人[26]认为焊接过程锡铅合金会在主栅与细栅的交界处富集，导致细栅在热循环过程断裂。王国峰等人[47]发现焊接过程中细栅上有锡铅合金富集，这使银金属电极变厚。当热循环过程温度大幅变化时，变厚的银金属电极会增加其和硅界面间的内应力，从而产生细栅断裂现象。Park[48]基于 ANSYS 计算机模拟软件探讨了焊接处的内应力及其抗疲劳性能，结果显示热循环过程焊接处经常因裂纹的出现而发生破坏。焊条中部位置是蠕变应力及应变能最大处而破坏最严重。蠕变应变能密度主要是取决于焊接处的参数，通过模拟计算出焊接处的最佳参数为：厚度 $20\mu m$、宽度 $1000\mu m$ 及 IMC 厚度 $2.5\mu m$。Cuddalorepatta[49]基于实验结果研究焊接处的破坏机理，发现焊接处的疲劳破坏是导致组件功率衰减的主要原因。无论何种焊条、银浆，焊接处都将因疲劳破坏而出现裂纹及间隙，严重者焊条与栅线会发生脱落。Jeong[50]的研究结果也表明，热循环过程中焊料与银电极间非常容易产生裂纹，且焊接区域容易产生裂口而导致焊条与电池片脱落。Jeon[51]认为，热循环过程中组件功率的衰减是由断栅造成的，而断栅是由硅片中的裂纹引起的。功率的衰减主要是由于电池片表面破坏而导致收集电流能力减弱。Chung[52]研究了铝背板厚度、背电极长度和焊条厚度对热循环过程中组件破坏机理的影响，结果显示更厚铝背板、更短背电极长度是有助于组件克服热应力，厚焊条起到缓冲作用，有助于组件克服热应力。Meier[53]认为，因栅线的束缚不会导致焊接区域焊条长度发生变化，但是两电池间非焊接区域焊条可自由伸缩，因此外部材料（如封装胶膜和玻璃）会对电池中内应力产生主要影响。

2.2.3　无主栅电池及双玻组件制备工艺

2.2.3.1　无主栅电池片制作工艺

无主栅电池片的制作工艺与常规晶硅电池片的制作工艺相同。无主栅电池片与常规晶硅电池片的本质区别在于印刷电极的不同，图 2-6 显示的是四种自主设计的无主栅电池片，分别是第一代无主栅电池片、第二代无主栅电池片、第三代无主栅电池片、第四代无主栅电池片。其详细的信息列举在表 2-1 中。

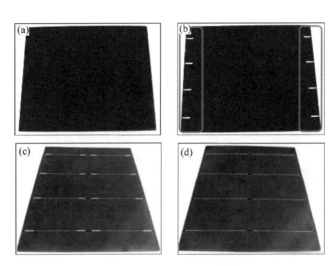

图 2-6 四种无主栅电池片实物图

（a）第一代；（b）第二代；（c）第三代；（d）第四代

表 2-1 四种无主栅电池片信息

无主栅电池片	尺寸/mm	厚度/μm	前表面	后表面
第一代	156×156	200	完全无主栅	铝背板+3 段背电极
第二代	156×156	200	主栅保留处	铝背板+3 段背电极
第三代	156×156	200	主栅保留处+细主栅	铝背板+4 段背电极
第四代	156×156	200	点状焊接增强处+细主栅	铝背板+4 段背电极

资料来源：英利绿色能源有限公司。

2.2.3.2 无主栅双玻组件的制作工艺

图 2-7 显示的是无主栅双玻组件的制作工艺图，包括无主栅电池片筛选、电池片焊接、组件层叠、组件层压交联、电性能 *I-V* 及 EL 图像测试、清洗及装箱。

图 2-7 无主栅双玻组件的制作工艺

无主栅电池片筛选：无主栅电池片筛选是对无主栅电池片进行分档。因无主栅电池片是新型技术，目前尚无主流的 *I-V* 测试仪，故电池片制作公司无法提供无主栅电池片的功率。通过定制特殊的 *I-V* 测试仪，对无主栅电池片进行分档，再用合适档位的无主栅电池片制作无主栅双玻组件。

电池片串联焊接：电池片的串联焊接采用电磁感应串焊机。

组件层叠：对已焊电池进行正反面玻璃铺设、封装胶膜铺设、引出电极制作成双玻组件雏形，这一步的工序叫作层叠。

组件层压交联：层压机的主要功能是把层叠组件进行交联层压，层压机的温度维持在140℃。层压机内的压强分别经历三次变化，即在 0.8 个大气压压强下保持20s、在 0.6 个大气压压强下保持20s、在 0.2 个大气压压强下保持450s。维持一定真空度的目的是有益于 EVA 中气泡的溢出。

电性能 *I-V* 数据及 EL 图像测试：已层压好的组件进行 EL 图像检测，为了检测电池片是否在层压过程产生了裂纹等缺陷。电性能 *I-V* 数据检测设备是用来收集组件的电性能参数。

清洗及装箱：对组件进行清洗，清洗完毕的组件需要进行打包装箱处理。

2.2.3.3　四种无主栅电池片制成组件

利用常规电池片制作无主栅组件，采用手工焊接且焊条与细栅焊接，采用 4×7 的排版方式制作成双玻组件。

利用第二代无主栅电池片制作无主栅组件，用电磁感应技术把焊条与主栅保留部分和细栅焊接，采用 6×10 的排版方式分别制作成单玻和双玻组件。

利用第三代、第四代无主栅电池片制作无主栅组件，用电磁感应技术把焊条与主栅保留部分和焊接增强部分焊接，采用 6×10 的排版方式制作成双玻组件。

2.2.3.4　焊接过程电池片中裂纹现象观察

此部分无主栅电池原材料采用常规单晶硅和多晶硅电池片、常规焊条。225000 片单晶硅电池和 225000 片多晶硅电池用于焊接并制作组件，焊接过程采用电磁感应焊接技术。焊接的温度为 220℃，焊接时间为 2s。在电池片到达焊接平台之前，要分别进行两个步骤的缓慢预热。焊接后电池片经过缓慢降温。

同时，把红外加热焊接技术的焊接效果用作对比分析。225000 片单晶硅电池和 225000 片多晶硅电池用于焊接并制作组件，所用电池片和焊条与上述一样。与电磁感应串焊机类似，红外加热串焊机也有对电池片的预热和缓慢降温过程。

对层叠的组件进行 EL 图像检测，目的是检测电池片在焊接过程是否产生裂纹。此外，在组件生产线正常生产时对焊接过程中产生的裂纹进行统计，分别统计单晶硅和多晶硅电池片的裂纹情况。

在焊接完成之后，随机选取一些隐裂或裂纹电池片，借助相关仪器设备观察这些电池片的横截面和表面。

2.2.4 无主栅电池和双玻组件性能测试

2.2.4.1 湿热老化测试

组件制作：此部分实验采用常规多晶硅电池片、常规焊条、EVA 胶膜、背板或玻璃而制作单玻、双玻两种组件。采用电磁感应技术焊接电池片，接着进行组件层叠和层压，随后清洗组件，对组件进行 EL 图像检测及 *I-V* 数据测试，确保组件在湿热老化测试前完好无损。

电池片湿热老化测试：从已焊电池片中随机挑选出 180 片，并保证这些电池片完好无损。然后随机平均分为 A、B、C 三组，且分别用三种不同的试验条件处理这三组电池片，其处理设备为恒温恒湿试验箱。

A 组电池片放置于室温环境，温度为 25℃、湿度为 45% 的水蒸气环境，放置 0~2 个月。B 组电池片放置于高湿的水蒸气环境，其温度为 25℃、湿度为 85% 的水蒸气环境，放置 0~240h。C 组电池片放置于高湿的乙酸环境，其温度为 25℃、湿度为 85% 的乙酸环境，放置 0~240h。

光伏组件湿热老化测试：10 板单玻和 10 板双玻组件被随机挑选出来，用 EL 图像测试仪、*I-V* 数据测试仪检测组件以确保其完好无损。两组光伏组件采用相同实验条件进行处理。

首先，对湿热老化过程中的电池片进行分析。A 组电池片，每隔 10 天取 10 片。B 组电池片，每隔 60h 取 15 片。C 组电池片，每隔 60h 取 15 片。在电池片的检测分析环境，重点考察了铝背板、背电极和焊接处的腐蚀特性及分析腐蚀产物的成分和形貌。

其次，对湿热老化过程中的组件进行分析。10 板单玻组件和 10 板双玻组件，每隔 500h 取出并对其进行检测分析。主要是观察组件的外观、EL 图像的变化及电性能数据的变化，即放置于恒温恒湿试验箱内 0~3000h，箱内的温度为 85℃、湿度为 85%。

2.2.4.2 热循环老化测试

电池片热循环测试：用常规电池片进行热循环测试分析。用手工焊接方式把焊条与细栅焊接，电烙铁温度设置为 380℃，每条焊条的焊接时间控制在 2s 左右，并保证电池片焊接良好。

选取 10 片电池但不进行封装处理，选取 10 片电池且进行透明胶带封装处理，选取 10 片电池且进行 EVA 层压封装处理。而后对所有电池片都进行热循环测试。电池片的热循环测试安排如表 2-2 所示，所有电池片都经历 20 次热循环，而后进行 EL 图像测试和 *I-V* 曲线测试。高低温试验箱中的温度变化如图 2-8 所示。

表2-2 电池片的热循环老化实验安排

项目	电池片	数量	焊接	封装方式	热循环次数
A组	常规多晶电池片	10 片	手工焊接（380℃，总焊接时间 2s）	无	20 次
B组		10 片		透明胶	20 次
C组		10 片		EVA 层压	20 次

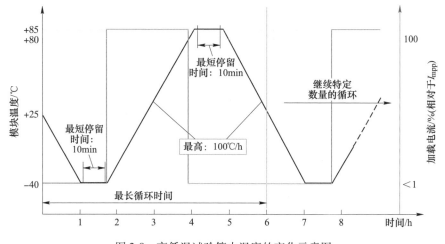

图 2-8 高低温试验箱中温度的变化示意图

无主栅组件热循环测试： 热循环老化测试前对组件进行 EL 图像检测及 I-V 数据测试，确保组件完好无损。分 A、B、C 三组进行热循环实验。在 A 组实验中，用常规电池片制作成无主栅双玻组件，两板随机挑选的组件放入高低温实验箱中。两板组件经历 200 次热循环，每隔 50 次热循环对其进行 EL 图像测试和 I-V 曲线测试。在 B 组实验中，用第二代无主栅电池片分别制作成无主栅单玻和双玻组件，两板双玻和两板单玻组件被随机挑选出来并进行热循环实验。两板双玻组件经历了 400 次热循环，两板单玻组件经历了 230 次热循环，每隔 50 次热循环对其进行 EL 图像测试和 I-V 曲线测试。在 C 组实验中，用第三代和第四代无主栅电池片分别制作成无主栅双玻组件，分别随机挑选各一板组件放入高低温实验箱中。两板组件经历了 200 次热循环，每隔 50 次热循环对其进行 EL 图像测试和 I-V 曲线测试。所有无主栅组件的热循环老化实验安排如表 2-3 所示。

表2-3 无主栅组件的热循环老化实验安排

组件	电池片	版型	类型和数量	循环次数
A组	常规电池	4×7	双玻两板	200 次
B组	第二代无主栅电池	6×10	单玻和双玻各两板	双玻 400 次、单玻 230 次
C组	第三、四代无主栅电池	6×10	第三代和第四代双玻组件各一板	200 次

样品分析： 首先，对热循环过程中的电池片进行分析。三组不同封装方式的电池片都经历了 20 次热循环，对每种电池片焊接处表面及断面进行仔细观察和对比。其次，对热循环过程中的组件进行分析。所有的无主栅组件，每隔 50 次循环取出并对其进行检测分析。主要是观察组件的外观、EL 图像及 I-V 曲线。

2.3 无主栅电池焊接缺陷及组件失效形式

晶硅电池片在焊接过程易产生缺陷。可见性的缺陷可以通过替换材料达到修复组件的目的，这虽然会导致材料浪费或成本增加，但更严重的是有些缺陷不易被检测（如隐裂），这些裂纹会在组件使用时扩展，将对组件带来不可修复的损害。因此在无主栅电池片设计时，也需要关注电池片在焊接过程中的失效特性。晶硅电池片在焊接过程的主要失效形式是裂纹和虚焊，但裂纹发生的比率要远高于虚焊，并且裂纹对电池片或组件存在长期影响。电池片中裂纹主要是由外界应力和焊接残余应力引起的，其主要影响因素是电池片的机械碰撞及铜焊条的尺寸规格、热膨胀系数。无主栅电池片与常规电池片具有相同的结构和成分，即包括正面电极银栅线、背面电极银浆、背面铝浆及硅片，且焊接所用焊条的规格相同。故无主栅电池和常规晶硅电池在焊接过程的失效特性相同。因此，通过研究常规电池片在焊接过程中裂纹的产生规律而预见无主栅电池片在焊接过程中的失效特性，并在无主栅组件研制时避免这些可能存在的失效。

2.3.1 晶硅电池裂纹分布

共有 450000 电池片用电磁感应技术焊接，其中 879 片是缺陷单晶电池片，864 片是缺陷多晶电池片。单晶电池片中裂纹占缺陷总数的 80.2%，多晶电池片裂纹占缺陷总数的 59.4%。不同类型裂纹对组件输出功率有不同影响[54]，故根据形貌不同对裂纹进行分类，如图 2-9 所示。裂纹被分为五类，即斜裂纹、与主栅垂直的短裂纹、与主栅垂直的长裂纹、交叉裂纹、与主栅平行的裂纹。图 2-10 显示的是不同裂纹类型占总裂纹的比例。单晶电池片中的主要裂纹是斜裂纹且其占总裂纹的比例为 44.9%，而多晶电池片中主要裂纹是与主栅垂直的短裂纹且占总裂纹的比例为 46.8%。交叉裂纹在两种电池片中出现的频率也较高，在单晶硅和多晶硅电池片中分别占 25.9% 和 17.6%。

2.3.2 晶硅电池裂纹产生

2.3.2.1 焊接前电池片中的裂纹

依据裂纹不同的宽度，把其分成宏观裂纹和微观裂纹。EL 图像难以检测出一些微裂纹、内部裂纹和纤细的裂纹。在组件生产的焊接工序之前，电池片中常

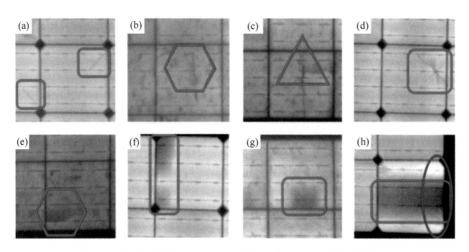

图 2-9　晶硅电池片在焊接过程中产生的五类裂纹和三类虚焊

（a）斜裂纹；（b）与主栅垂直的短裂纹；（c）与主栅垂直的长裂纹；（d）交叉裂纹；

（e）与主栅平行的裂纹；（f）边缘虚焊；（g）中间虚焊；（h）整条焊条虚焊

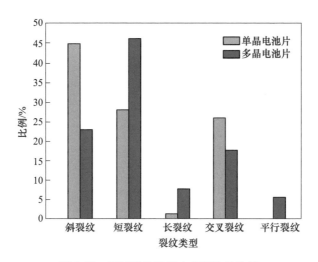

图 2-10　不同裂纹类型占总裂纹的比例

常出现不能被 EL 图像检测出的微裂纹。电池片中的原始微裂纹主要由外部机械力和温度变化引起。外部机械力来自物理接触，包括电池片运输、硅片切割、电池片与设备接触等。硅片和背铝层薄且脆（表 2-4[55,56]），电池片一旦遭遇到外部机械力就很容易产生裂纹。温度变化主要存在于栅线和背铝层的共烧结过程中，温度变化将给电池片带来内应力，这个内应力或将直接引发裂纹，或将引起原有裂纹的扩展。

表 2-4 常规晶硅电池片中材料的性能[55,56]

材料	热膨胀系数/K^{-1}	杨氏模量 E	屈服强度 σ_s/MPa	断裂强度 σ_b/MPa
硅	2.6×10^{-6}	200000	易脆	800~2840
银	19.7×10^{-6}	73000	19	26
铝	8.5×10^{-6}	70000	易脆	>190
铜	16.5×10^{-6}	110000~128000	60	245~315

温度变化会在电池片中产生内应力，这是因为不同材料间热膨胀系数不同。材料放入变化的温度中，在某一方向上长度将会产生变化：

$$L_1 = \alpha l \Delta T \qquad (2\text{-}13)$$

式中，L_1、α、l 和 ΔT 分别为材料变化后的长度、材料的热膨胀系数、材料本身的长度和温度的变化值。样品本身总的长度变量值为：

$$\Delta L = L - L_2 - L_3 \qquad (2\text{-}14)$$

式中，ΔL、L、L_2 和 L_3 分别为样品长度的变化值、具有最大长度变化值的材料长度变化值和其他材料的长度变化值。内应力产生是因为材料变形受到阻碍，计算公式为：

$$\sigma = E \frac{\Delta L}{L} \qquad (2\text{-}15)$$

式中，σ 和 E 分别为材料间存在的内应力和具有最大长度变化值的材料的杨氏模量。

用一个简单的力学模型计算银电极、背铝层共烧结过程中电池片的内应力。如图 2-11 所示，只考虑三种材料，包括背铝层、硅片和银电极，且其尺寸列举在图中，假设这三种材料均为刚性物体且连接完好，A 为材料形变方向。综合考虑银浆和背铝层中玻璃相的玻璃化转化温度，银浆和铝

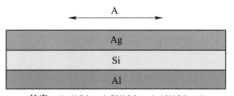

长度：Ag(156mm) Si(156mm) Al(156mm)
宽度：Ag(20μm) Si(160μm) Al(40μm)

图 2-11 电池片中内应力的计算模型

浆的固化温度在 653~673K 范围内，故 ΔT 为 355K。硅与银电极间的应力及硅与背铝层间的应力被分别计算。基于式（2-13）~式（2-15），计算出硅与银电极间应力 σ_1 为 0.443GPa，硅与背铝层间应力 σ_2 为 0.147GPa。尽管应力 σ_1 和 σ_2 都小于硅材料的断裂应力值 0.8GPa，但它们是裂纹扩展的潜在因素。

2.3.2.2 焊接过程中裂纹的产生

焊接过程中电池片产生的裂纹主要是由外部机械力和温度变化引起的。外部

机械力来源于物理接触，如电池片和设备、焊条接触。温度变化通常引起材料间收缩和膨胀程度不同而产生内应力，这或将直接引发裂纹，或将引起原有裂纹的扩展。此部分用一个简单力学模型计算焊接过程中电池片中内应力。如图 2-12 所示，只考虑三种材料包括铜焊条、银电极和硅片，假设这三种材料连接完好且都为刚性物体，三种材料尺寸如图 2-12 所示。因焊接时 $Sn_{37}Pb$ 合金将熔化渗

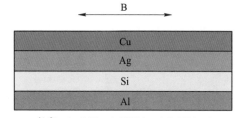

长度：Ag(156mm) Si(156mm) Cu(156mm)
宽度：Ag(20μm) Si(160μm) Cu(200μm)

图 2-12　焊接过程电池片中应力的计算模型

入银电极的孔洞中，且其断裂强度要低于银电极，故 $Sn_{37}Pb$ 合金被考虑为银电极。材料的变形方向为 B 方向，因 $Sn_{37}Pb$ 合金的熔化温度是 183℃，故 ΔT 为 157K。若银电极的长度变化值为最大，则内应力 σ_3 为 195.6MPa。若焊条的长度变化值为最大，则内应力 σ_4 为 227.8MPa。温度变化致使不同材料包括银、铝和铜焊条都将对硅片产生内应力，这个应力可能直接产生裂纹，可能使裂纹扩展加速，也可能使得材料间的界面产生破坏。图 2-13（a）和（c）显示的分别是银电极断裂口和 $Sn_{37}Pb$ 中裂纹，（b）、（d）、（e）和（f）显示的分别是焊接过程中银电极、背铝层、背铝层和硅片中产生的裂纹形貌。图 2-14（a）、（b）和（c）显示的分别是部分依附于银电极、背铝层的硅与基底脱离的显微结构照片。

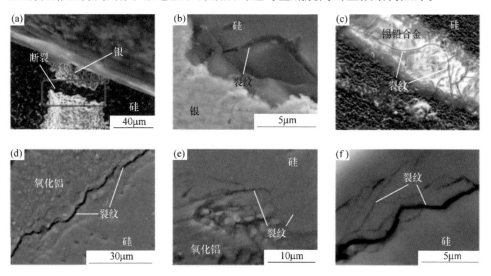

图 2-13　焊接过程中电池片中材料产生的缺陷
（a）银电极的断口；（b）依附于银电极的硅片中的裂纹；（c）$Sn_{37}Pb$ 合金中的裂纹；
（d）背铝层中的裂纹；（e）背铝层中的裂纹；（f）硅片中的裂纹

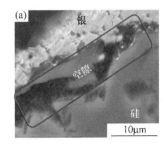  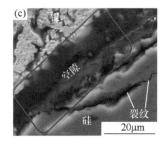

图 2-14　焊接过程中电池片中部分硅片与硅基底脱离

（a）依附于银电极的硅片；（b）依附于背铝层的硅片；（c）依附于银电极的硅片

2.3.2.3　电磁感应焊接影响裂纹的产生

在电磁感应焊接过程中，电池片中内应力可能由不同材料间的温度差引起，而温度差的产生主要是因为在变化磁场中不同材料的加热效率不同。这个内应力或将直接引发裂纹，或将引起原有裂纹扩展。若把一个圆形金属板放置于变化的磁场中，该金属板中就会产生环形电流和热量。假设该金属板的厚度为 h，半径为 a，电阻率为 ρ。把金属圆板分成许多个薄壁圆筒，假设该圆筒的宽度为 $\mathrm{d}r$，周长为 $2\pi r$，厚度为 h_0。得出薄壁圆筒中的一些参数：

$$\varepsilon = -\frac{\mathrm{d}\phi}{\mathrm{d}t} = -\pi r^2 \frac{\mathrm{d}B}{\mathrm{d}t} \tag{2-16}$$

$$R = \rho \frac{2\pi r}{h_0 \mathrm{d}r} \tag{2-17}$$

$$\mathrm{d}p = \frac{\varepsilon^2}{R} = \frac{\pi h_0 r^3 \mathrm{d}r}{2\rho}\left(\frac{\mathrm{d}B}{\mathrm{d}t}\right)^2 \tag{2-18}$$

式中，ε、R 和 $\mathrm{d}p$ 分别为薄壁圆筒的瞬时感应电动势、电阻和瞬时热功率；ϕ 为薄壁圆筒内的磁通量；B 为磁场强度。基于上述方程可计算出以下参数：

$$p = \int_0^a \mathrm{d}p = \frac{\pi h a^4}{8\rho}\left(\frac{\mathrm{d}B}{\mathrm{d}t}\right)^2 \tag{2-19}$$

$$B = B_0 \sin\omega t \qquad \frac{\mathrm{d}B}{\mathrm{d}t} = B_0 \omega \cos\omega t \tag{2-20}$$

$$P = \frac{1}{T}\int_0^T p\mathrm{d}t = \frac{\pi h}{16\rho}B_0^2\omega^2 a^4 \tag{2-21}$$

式中，P 为圆形金属板的瞬态热功率；B_0 为最大磁场强度；T 为交变磁场周期。式（2-21）表示 P 与 ρ 是存在负相关的关系，随 $B_0^2\omega^2 a^4$ 增加而增加。因为所有材料的 $B_0^2\omega^2 a^4$ 都相同，所以 P 仅依赖于 ρ，故不同材料具有不同加热效率。实验的焊接温度低于 250℃，故硅的 ρ 值远大于其他材料，如图 2-15 所示[57-60]。

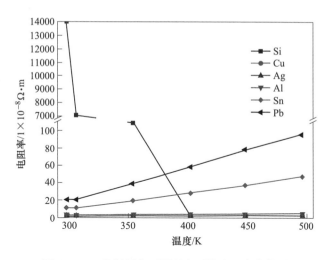

图 2-15 一些材料在不同温度下的电阻率变化图

2.3.3 晶硅电池裂纹扩展

裂纹会对电池片带来无法修复的损害，电池片中一旦有裂纹产生，那么此裂纹终将扩展并导致电池片破裂。此部分提出电池片中裂纹生长模型来解释裂纹的扩展，如图 2-16 所示。焊接前部分电池片会出现一些原始裂纹，若不能被 EL 图像检测，则该类电池片将被送往至组件生产线。焊接过程会给电池片带来外部应

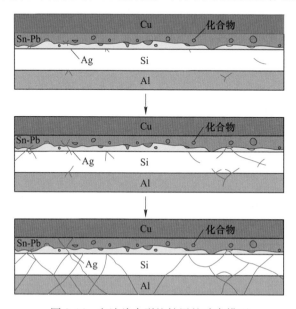

图 2-16 电池片中裂纹扩展的动态模型

力和内应力，这些应力或将导致新裂纹产生，或将加速原始裂纹的扩展。此外，有些裂纹存在于银电极、$Sn_{37}Pb$ 合金及背铝层中，虽然很难扩展到硅片中，但若吸收了足够的能量，它们就有可能扩展至电池片的内部。

在不同类型的电池片中，裂纹有不同的生长模式，最后引起裂纹不同的分布规律。斜裂纹是单晶电池片中的主要裂纹，与主栅垂直的短裂纹是多晶电池片中的主要裂纹。晶硅电池片中裂纹的扩展形貌如图 2-17 所示。在单晶电池片中，裂纹易在<110>晶面沿着 45°角滑移至电池片的边缘（图 2-17（a））。多晶电池片中大量的障碍例如晶界会阻碍裂纹扩展，因此裂纹扩展需要更多的能量[54]。在吸收更多能量后裂纹将继续扩展。图 2-17（b）显示的是多晶电池片中裂纹扩展呈现无规则方向，这是因为裂纹扩展跨越晶界时会改变其扩展方向。图 2-17（c）显示的是裂纹的扩展轨迹[61,62]，图 2-17（d）显示的是裂纹扩展导致的破碎电池片。

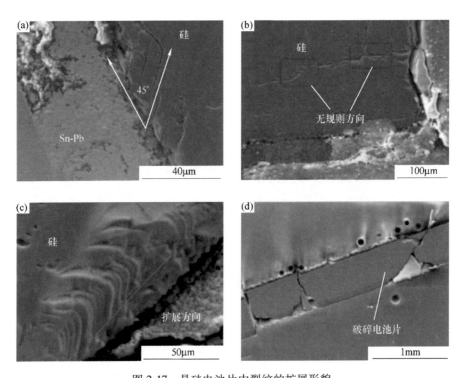

图 2-17 晶硅电池片中裂纹的扩展形貌

（a）单晶电池片中的裂纹；（b）多晶电池片中的裂纹；（c）裂纹的扩展轨迹；（d）破碎的电池片

2.3.4 无主栅双玻组件电磁感应焊接效果

无主栅双玻组件是采用电磁感应焊接技术，因此需要考察电磁感应焊接机的焊接效果及对组件的影响。为了确定电磁感应的焊接质量，在组件生产线正常生产的连续六天内，分别统计电磁感应焊接和红外加热焊接产生裂纹、虚焊电池片的数量。图 2-18 分别为无主栅双玻晶硅组件电磁感应和红外加热焊接技术造成的虚焊、裂纹电池片所占总缺陷数的比例（（a）电磁感应焊接 和（b）红外加热焊接）。在电磁感应焊接中，总共 450000 电池片有 0.4% 的缺陷电池片，裂纹电池片占据 66.7%。在红外加热焊接中，缺陷电池片占据的比例为 0.35%。因此电磁感应焊接效果与红外加热焊接效果相当，能达到满意的效果。

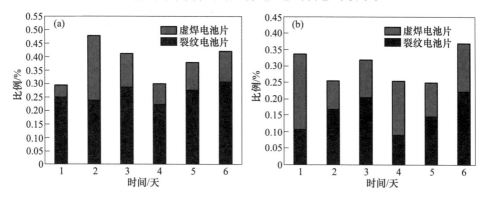

图 2-18　无主栅双玻晶硅组件虚焊裂纹比例

（a）电磁感应；（b）红外加热

　　对电磁感应焊接技术造成的裂纹组件、虚焊组件进行对比分析。图 2-19 显示的是挑选出来的正常组件、裂纹组件（包括一块裂纹电池片）、虚焊组件（包括图 2-13 处虚焊），表 2-5 显示的是这些组件的电性能参数，图 2-20 显示的是正常组件、裂纹组件和虚焊组件的 *I-V* 和 *P-V* 曲线。组件输出功率的标准值为

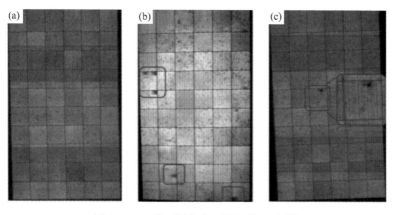

图 2-19　三种不同状态下的组件 EL 图像

（a）正常组件；（b）虚焊组件；（c）裂纹组件

260W,裂纹组件的输出功率与正常组件相差无异,意味着轻微裂纹对组件输出功率的影响非常小。虚焊组件的输出功率最低,因为虚焊会降低焊条与电池片的连接面积,从而使组件串联电阻增加。正常、虚焊和裂纹电池片的 *I-V* 和 *P-V* 几乎相差无异,这可能是这些缺陷没有损坏电池片,并且电池片大部分电连接良好。

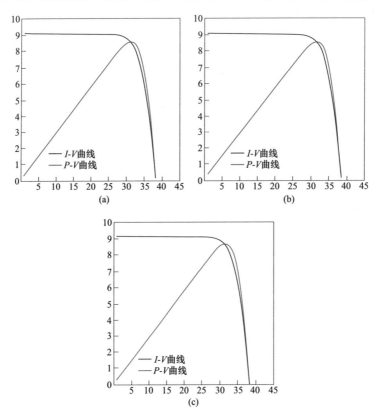

图 2-20 正常组件、裂纹组件和虚焊组件的 *I-V* 和 *P-V* 曲线

(a)正常组件;(b)虚焊组件;(c)裂纹组件

表 2-5 正常组件、裂纹组件和虚焊组件的电性能参数

序号	V_{oc}/V	I_{sc}/A	$FF/\%$	P/W	组件状态
1	37.887	9.171	76.641	266.296	虚焊
2	37.845	9.133	77.135	266.601	
3	37.738	9.232	76.933	268.047	裂纹
4	37.711	9.190	77.213	267.603	
5	37.921	9.194	76.919	268.188	正常
6	37.931	9.195	77.207	268.223	

2.4 晶硅电池片湿热老化腐蚀特性及失效

光伏组件在高温高湿环境下的长期稳定性一直是研究者的研究热点。无主栅组件的设计制作也需要重点考虑其长期稳定性。光伏组件在高温高湿环境下的失效机理包括电池片腐蚀、封装胶膜降解、组件漏电等，但组件失效最终是由电池片失效引起的。无主栅电池与常规晶硅电池具有相同的结构及成分，即包括正面电极银栅线、背面电极银浆、背面铝浆及硅片。正面电极是由银颗粒、玻璃相组成，背面电极是由银、铝颗粒和玻璃相组成，硅片是多晶硅。故无主栅电池和常规晶硅电池在湿热老化过程的失效特性相同。因此，通过研究常规电池片和组件在湿热老化过程的失效规律而预见无主栅电池片和组件在湿热老化过程的失效特性，并在无主栅组件研制时避免这些可能存在的失效。

较多学者研究了组件中电池片在湿热老化环境下的失效机理，但几乎都是关注电池片前表面而很少关注背面的失效特性。因此对电池片背面和焊接处的失效特性分析和观察具有现实意义。首先对比电池片中背铝层、背面电极和焊接处在不同湿热环境下的腐蚀特性，而后分析单玻组件和双玻组件在相同湿热老化环境下的衰减特性，最后基于此提出光伏组件在湿热老化过程的衰减规律。

2.4.1 电池片中背铝层的腐蚀特性

背铝层充当着电池片背面的钝化层，可以减少少数载流子复合率。钝化层本质是 Al-Si 共晶合金[63]，它形成于银电极、铝背板的烧结过程[64]。图 2-21 显示的是在三种环境下背铝层的不同腐蚀程度。图 2-22（a）中室温环境下背铝层不易被腐蚀，图 2-22（c）中乙酸环境下背铝层的腐蚀程度最严重。图 2-22（a）和（b）显示的是在室温环境下背铝层的腐蚀情况，覆盖在背铝层表面的腐蚀产物表面光滑（图 2-22（b）），EDS 线扫描显示腐蚀产物富含氧元素（图2-22（c））。图 2-23（a）显示的是实验前背铝层的疏松多孔结构，这是背铝层烧结过程中有机树脂的挥发引起的。图 2-23（b）显示的是老化实验后的背铝

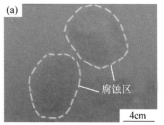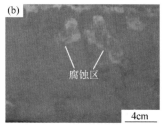

图 2-21　分别用三种不同老化实验条件处理后背铝层的腐蚀情况

（a）室温环境（25℃，45%湿度）放置 0~2 个月；（b）高湿气环境（25℃，85%湿度）放置 0~240h；

（c）高乙酸浓度环境（25℃，85%湿度）放置 0~24h

层，其结构变得更疏松，这主要是由酸腐蚀引起的。此外，Al-Si 共晶层（图 2-23（a））在老化实验后会变薄（图 2-23（b））甚至不连续，这将增加少数载流子的复合率[63]。

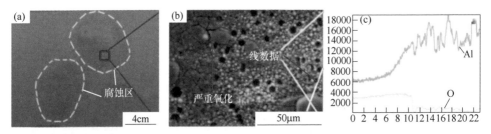

图 2-22 室温环境下背铝层的腐蚀情况（25℃，湿度 45%，放置 0~2 个月）

（a）实物图；（b）放大的微观结构图；（c）腐蚀产物的 EDS 线扫描成分分析

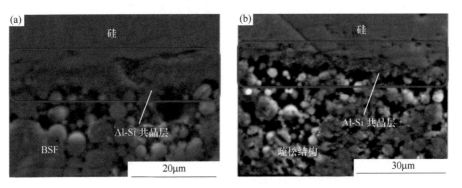

图 2-23 背铝层在高乙酸浓度环境（25℃，85%湿度）处理前后的断面图

（a）实验前；（b）实验处理后

背铝层在不同的环境下会产生不同的腐蚀现象。当电池片放置于高湿的水汽环境中，电池片背面的五种金属元素 Ag、Cu、Sn、Pb 和 Al 将会产生 10 对电偶对。五种元素 Ag/Ag(Ⅰ)、Cu/Cu(Ⅱ)、Sn/Sn(Ⅱ)、Pb/Pb(Ⅱ) 和 Al/Al(Ⅲ) 的氧化电位分别是 +0.799、+0.337、-0.136、-0.358 和 -1.662V，低电位金属最先被腐蚀，故 Al 材料最先被腐蚀，其电偶腐蚀反应过程如下：

阳极（Al）：

$$Al \longrightarrow Al^{3+} + 3e \qquad (2-22)$$

阴极：

$$2H_2O + 2e \longrightarrow 2OH^- + H_2 \uparrow \qquad (2-23)$$

当电池片放置于高湿的醋酸环境中，背铝层将发生酸腐蚀且反应方程式表示：

$$Al + 3H^+ \longrightarrow Al^{3+} + \frac{3}{2}H_2 \uparrow \qquad (2-24)$$

图 2-21（a）中背铝层腐蚀程度最低，是因为水汽环境中的湿度太低。图 2-21（c）中背铝层腐蚀程度最高，是因为高湿环境下乙酸的存在。

球状铝（图 2-24（a））对电池片的电性能衰减影响较大，因为球状铝会弱化电连接性能，尤其是在老化实验后，球状铝会变得更稀松且产生更多氧化物（图 2-24（b））。虽然球状铝的产生不可避免，但研究其形成机制并减弱对电池片的影响非常重要。电池片电极和背铝层烧结时，背铝层熔化且有机成分挥发，温度下降使铝结晶并凝固，结晶和凝固过程遵循吉布斯自由能最小原理[65,66]。当晶核出现在熔融液体中时，晶核总吉布斯自由能变化量为：

$$\Delta G = V\Delta G_0 + S\sigma_0 \tag{2-25}$$

式中，ΔG 为总吉布斯自由能变化量；$\Delta G_0 (\Delta G_0 < 0)$ 为相变吉布斯自由能变化量；V、S 和 σ_0 分别为晶胚的体积、表面积和比表面能。当且仅当 $\Delta G < 0$，相变才会发生。此外，$\Delta G_0 < 0$、$\sigma_0 > 0$，故晶胚生长希望 $V\Delta G_0$ 和 $S\sigma_0$ 越小越好。对 ΔG_0 和 σ_0 分别讨论且用公式描述：

$$\Delta G_0 = G^s - G^l \tag{2-26}$$

$$G_T = \int_0^T C_p dT - T\int_0^T \frac{C_p}{T} dT + H(0K) \tag{2-27}$$

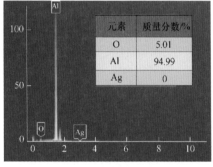

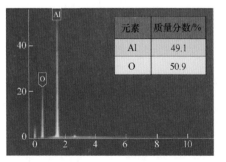

图 2-24　背铝层中球状铝在常温环境（25℃，45%湿度）处理前后的腐蚀情况

（a）实验处理前；（b）实验处理后

$$\sigma_0 = \frac{L_s U_0}{N}\left(1 - \frac{n_{is}}{n_{ib}}\right) \tag{2-28}$$

式中，G^s 和 G^l 分别为固体和液体的吉布斯自由能；G_T 为在温度 T 下的材料吉布斯自由能；C_p 为恒压下的热容量；H 为在 0K 温度下的焓；L_s 为一平方米表面上的原子数；U_0 为晶格能；N 为阿伏加德罗常数；n_{is} 和 n_{ib} 分别为晶体表面和晶体内部 i 原子的相邻原子数目。当温度和压力不变时，C_p、G^s、G^l、L_s、U_0、n_{is} 和 n_{ib} 不变，因此 ΔG_0 和 σ_0 保持不变，故晶胚生长希望更大的 V 和更小的 S。因为球形氧化铝表面积与体积的比率最小，故其是晶体的最佳形状。

2.4.2 电池片中背电极的腐蚀特性

图 2-25 显示的是电池片放置于室温环境（25℃，45%的湿度，0~2 个月）背电极不同的腐蚀情况，（b）中背电极表面为黄色，（c）中背电极表面为靛蓝色，（a）中背电极表面为黄色和靛蓝色。图 2-25（b）中背电极边缘变色部位表面有光滑的氧化物覆盖（图 2-26）。图 2-27（b）显示的是图 2-25（c）中老化实验后靛蓝色背电极的微观结构，EDS 面扫描图谱显示扫描区域内出现了大量 Cu、O 元素（图 2-27（c））。Cu 元素增加表明老化实验过程中焊条中的元素通过扩散迁移至背电极表面，O 元素大量增加表明老化实验过程中背电极被严重氧化或腐蚀。图 2-28 也确认了背电极氧化及 Cu、Sn 元素扩散。

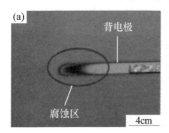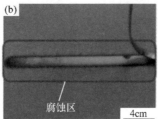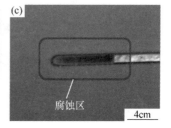

图 2-25 室温环境（25℃，45%湿度，0~2 个月）处理后背电极不同的变化情况
（a）背电极出现黄色和靛蓝色；（b）背电极出现黄色；（c）背电极出现靛蓝色

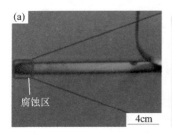

图 2-26 图 2-25（b）中背电极的微观结构图

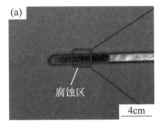

(c) 元素	质量分数/%	原子比/%
Ag	76.14	40.91
O	13.81	50.03
Al	1.01	2.16
Cu	1.27	1.16
Si	1.64	3.38

图 2-27 图 2-25（c）中背电极的微观结构图及 EDS 成分分析

图 2-28 图 2-27（b）中背电极的 EDS 面扫描成分分析谱图

2.4.3 电池片中焊接处的腐蚀特性

图 2-29 显示的是在三种老化实验条件处理后电池片前表面和焊接处的腐蚀情况，（c）中腐蚀程度最严重，（a）中腐蚀程度最轻。图 2-29（b）和（c）中很多腐蚀产物分布于电池片表面。

电池片焊接处在不同环境下会产生不同腐蚀现象。当电池片浸没于水汽环境中，四种金属元素 Cu、Sn、Pb 和 Ag 会产生六对电偶反应对，氧化电位低的金属首先被反应[67,68]。因此 $Sn_{37}Pb$ 合金最先腐蚀并消失，其反应过程为：

阳电极（$Sn_{37}Pb$ 合金）：

$$Sn \longrightarrow Sn^{2+} + 2e \tag{2-29}$$

$$Pb \longrightarrow Pb^{2+} + 2e \tag{2-30}$$

阴电极：

$$2H_2O + 2e \longrightarrow 2OH^- + H_2 \uparrow \tag{2-31}$$

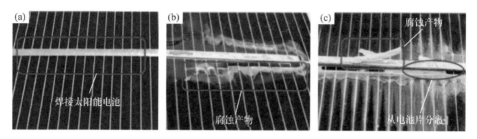

图 2-29　分别用三种不同老化实验条件处理后的电池片前表面腐蚀情况

（a）室温环境（25℃，45%湿度）放置 0~2 个月；（b）高湿气环境（25℃，85%湿度）放置 0~240h；

（c）高乙酸浓度环境（25℃，85%湿度）放置 0~240h

当电池片浸没于乙酸环境下，焊接处发生严重腐蚀且化学方程式为：

$$Sn + 2H^+ \longrightarrow Sn^{2+} + 2H_2 \uparrow \qquad (2-32)$$

$$Pb + 2H^+ \longrightarrow Pb^{2+} + 2H_2 \uparrow \qquad (2-33)$$

图 2-29（a）中电池片的腐蚀程度最轻，是因为较低的水蒸气湿度环境。图 2-29（c）中电池片腐蚀程度最严重，是因为高湿环境下乙酸的存在。

观察和分析老化过程中电池片焊接处的横截面，发现焊接处边缘部位易被凝结的水汽覆盖而引起电偶腐蚀发生，从而导致焊接处的边缘部分首先被腐蚀（图 2-30（a））。接着腐蚀区域将沿着银电极和 $Sn_{37}Pb$ 合金的界面由焊接处边缘部位

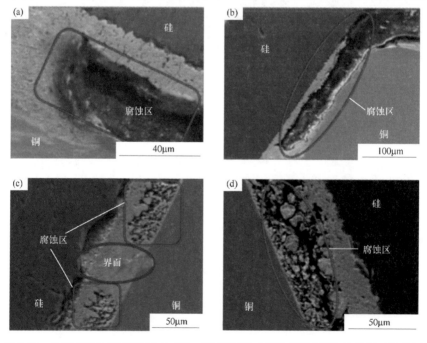

图 2-30　放置于高乙酸环境下（25℃，85%湿度）不同时间后焊接处的微观结构图

（a）60h；（b）120h；（c）180h；（d）240h

向中心部位扩展（图 2-30（b））。然后腐蚀区域到达焊接处中心部位（图 2-30（c））。最后电偶腐蚀将导致电池片和焊条沿着银电极和 $Sn_{37}Pb$ 合金的边界分离（图 2-30（d））。

2.4.4 双玻光伏组件的湿热老化及失效

图 2-31 为不同组件的湿热老化输出功率衰减曲线比较。图 2-31（a）为在湿热老化过程单玻组件和双玻组件的输出功率衰减曲线比较。由图 2-31（a）可知，双玻组件输出功率一直处于很低的衰减率，每 500h 为 0.07%~0.16%。而单玻组

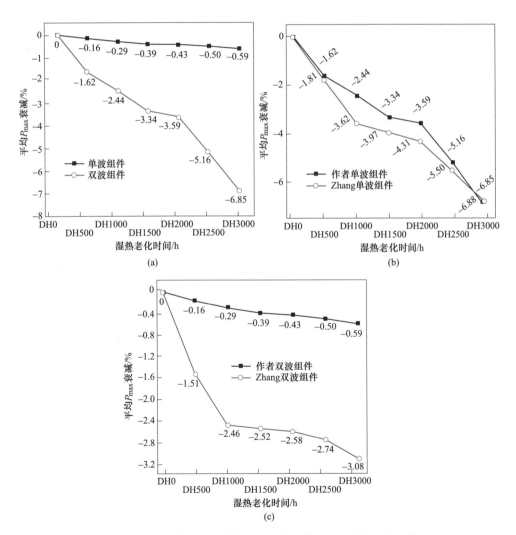

图 2-31 各实验组件在湿热老化过程的输出功率衰减曲线比较
（a）单玻组件和双玻组件；（b）不同单玻组件；（c）不同双玻组件

件表现性能较差，前 1500h 内输出功率的衰减率每 500h 为 1.2%，1500~2000h 内的衰减速率是 0.25%，2000h 后的衰减速率是 1.63%。图 2-31（b）是制作单玻组件与 Zhang[43] 单玻组件输出功率的衰减曲线比较。由图 2-31（b）可知，前 2000h 本试验的组件衰减速率更低，而 2000h 后相反。图 2-31（c）为制作双玻组件和 Zhang[43] 双玻组件输出功率的衰减曲线比较，显然，制作双玻晶硅组件衰减速率更低。图 2-32（a）、（b）和（c）显示的分别是湿热老化过程中单玻和双玻组件的 V_{oc}、I_{sc} 和 FF 的衰减曲线。单玻组件的各项性能参数均要比双玻组件衰减严重。

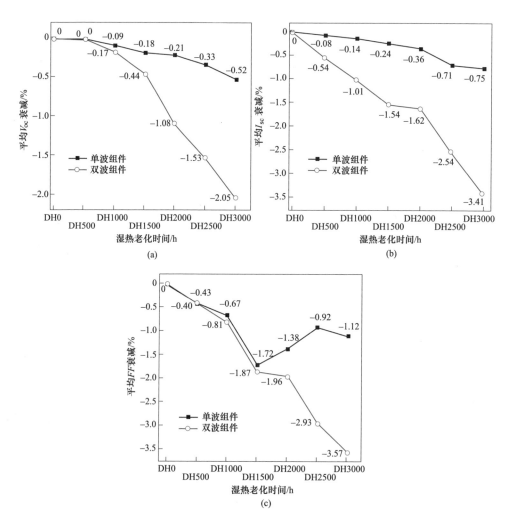

图 2-32　单玻组件和双玻组件在湿热老化过程的各性能参数衰减曲线

（a）开路电压 V_{oc}；（b）短路电流 I_{sc}；（c）填充因子 FF

基于多晶硅电池片在湿热老化过程的腐蚀特性，单玻组件在湿热老化过程的衰减机制如图 2-33 所示。湿热老化初期，组件中不存在乙酸，因为 EVA 封装胶膜发生降解并产生乙酸[46,69,70]是漫长的过程。同时，组件中电池片前表面水汽凝结需数千小时才能平衡，而后表面水汽凝结平衡的时间仅需要 100h[34]。因此，湿热老化初期组件中电池片前表面银电极、焊接处可能出现轻微腐蚀甚至不腐蚀，但是后表面背电极和背铝层会发生腐蚀。如图 2-33（b）所示，水汽携带着来自外界环境或玻璃中的钠离子和磷离子进入 EVA 封装胶膜中，因电偶腐蚀电池片背面的 Al、Pb 和 Sn 材料将首先腐蚀。然而电偶腐蚀的反应速度非常慢，故单玻组件在湿热老化初期的衰减速率较低。其次，若焊接处发生电偶腐蚀，则边缘部位最先被腐蚀且腐蚀区域会沿着银电极和 $Sn_{37}Pb$ 合金的界面向中心部位扩展。这会降低焊接处的电连接面积，增加电池片的串联电阻；然而焊接处的电偶腐蚀速率很缓慢，故组件在湿热老化初期的衰减速率较低。最后，组件中水汽在保持长时间的平衡后，EVA 共聚物将会发生湿热水解[46]从而产生乙酸[69,70]。乙酸会加速腐蚀金属材料[70]，导致 Ag 电极与 Si 电池间的导电性变差[42]，因此湿热老化实验后期单玻组件会加速降解。

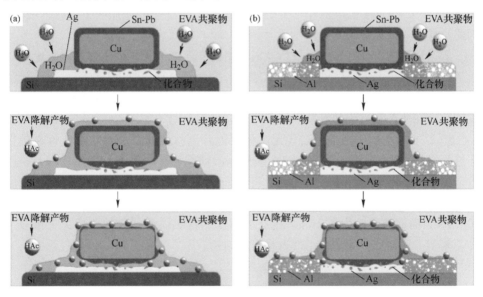

图 2-33　单玻组件在湿热老化过程的失效过程的模型
（a）组件中电池片前表面的腐蚀过程；（b）组件中电池片后表面的腐蚀过程

2.5　无主栅双玻组件工艺及热循环性能

无主栅组件在材料和结构的选择上与常规组件有较多相同点。电池片中相同的材料或结构包括有正面银电极、减反射膜、硅片、背面银电极及背铝层。组件中相同材料或结构包括有硅电池片、EVA 封装胶膜、钢化玻璃或背板。因此通过研究常规电池片在焊接过程裂纹的产生规律而预测无主栅电池片在焊接过程的失效规律，以及通过常规电池片和组件在湿热老化的腐蚀特性而得出无主栅电池片和组件在湿热老化的失效特性。基于常规电池片和组件的焊接过程裂纹产生、湿热老化腐蚀特性等规律，为无主栅组件结构设计和制备提供了丰富的工艺依据。

研制的无主栅组件是焊接型无主栅组件，其焊接处较多且焊接面积较小，这将极大降低无主栅组件焊接处的焊接稳定性。因此无主栅组件的焊接稳定性是重点考察的内容。组件的焊接稳定性主要是利用热循环老化实验来考究，热循环实验中温度在不断的变化，组件中材料在不停地发生收缩或膨胀，这很好地考察焊接处的抗拉力和抗疲劳性能，进而探究自主设计的无主栅组件在热循环过程的失效规律及产生机理。

2.5.1　无主栅双玻组件的设计与制备

上述内容关注了电磁感应焊接技术对电池片的影响，以及裂纹的产生原因和分布规律。结果显示，裂纹在单晶、多晶电池片中占缺陷总数的比例分别为 80.2% 和 59.4%。多晶电池片产生裂纹的概率小于单晶电池片产生裂纹的概率，因此选择多晶硅片作为基底。

依据现有的组件制作水平及行业内使用的主流电池片，采用常规晶硅电池片为基础而设计出无主栅组件。单玻组件的各项性能参数均要比双玻组件的性能参数衰减严重，故双玻组件的抗湿热老化性能要优于单玻组件。同时考察了单玻、双玻组件在热循环过程的衰减规律。

图 2-34 显示的分别是第二代无主栅电池片制作成的单玻和双玻组件在热循环过程中 EL 图像。由图可知，随着热循环次数增加，单玻组件中的虚焊、裂纹数量逐渐增加，而双玻组件无变化。表 2-6 分别是第二代无主栅电池片制作成的单玻和双玻组件在热循环过程中电性能数据，单玻组件最终的输出功率衰减率为 10.75%，而双玻组件为 3.24%，故双玻组件的抗热循环老化性能要优于单玻组件。基于上述对比，无主栅组件选择双玻结构。

表 2-6　第二代无主栅电池片制作的组件在热循环过程中电性能数据的变化

参数	单玻		双玻	
	P_{mpp}/W	$FF/\%$	P_{mpp}/W	$FF/\%$
热循环前	269.3713	77.20729	270.6219	77.34941
50 热循环	263.3739	76.35952	267.1273	76.94248
100 热循环	255.6037	73.7369	265.4704	76.00539
228 热循环	240.400	37.883	261.846	76.49

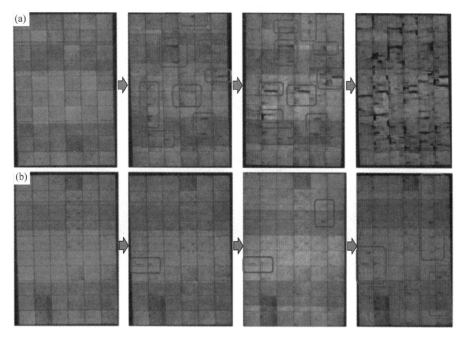

图 2-34 第二代无主栅电池片制作成的组件在热循环过程中 EL 图像的变化
(a) 单玻组件；(b) 双玻组件

2.5.2 无主栅电池片焊盘和焊条的研制

2.5.2.1 矩形截面焊条与圆形截面焊条的对比

分别对比矩形截面焊条（以下称焊条）和圆形截面焊条（以下称铜丝）的焊接稳定性。Schmid 公司提出用 10~13 根铜丝焊接无主栅电池片，铜丝的直径是在 0.25~0.4mm 的范围内。故本无主栅电池选择 0.3mm 直径铜丝与常规焊条（1.3mm×0.25mm）两种焊条做对比，电池选择常规电池片，焊条与细栅焊接。

图 2-35 显示的是细栅与铜丝在不同焊接和封装情况下 20 次热循环前后的 EL 图像变化。由图可知，热循环后，(a) 中铜丝基本脱落，(b) 中出现了大量虚焊，(c) 中只在铜丝焊接处的两端出现轻微虚焊。由此可知，铜丝与细栅焊接电性能连接良好，EVA 胶膜封装可增强焊接稳定性。

虽然铜丝能与细栅线形成较好的焊接效果，且还有很大的改善空间。但考虑到使用铜丝时焊接设备的改造成本，本设计决定对比焊条与铜丝的优缺点，综合考虑各方因素而做出选择。图 2-36 显示的分别是焊条和铜丝的焊接效果图。由图 2-36 可知，在已焊铜丝或焊条拉起后，(a) 中细栅基本断裂，(b) 中细栅不完全断裂，表明焊条焊接效果较好。图 2-37 显示焊条与细栅焊接的效果良好，但是 (c) 和 (d) 中电池片的两端依然出现了几处虚焊。图 2-38 显示的是焊条与

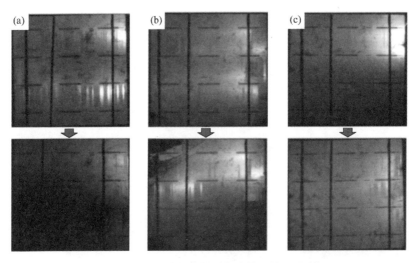

图 2-35 电池片在热循环实验前后的 EL 图像

（上图为实验前，下图为实验后）

（a）铜丝不焊接而用胶带封装；（b）与细栅焊接且用胶带封装；（c）铜丝焊接且用封装

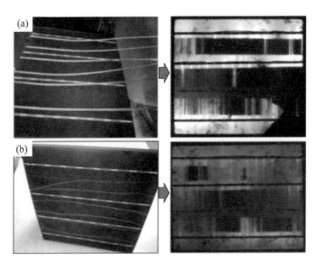

图 2-36 细栅与不同焊条焊接后，把焊条拉起后的电池片实物图和 EL 图像

（a）把焊条从已焊接的细栅拉起；（b）把铜丝从已焊接的细栅拉起

细栅焊接后且用透明胶带封装后进行热循环实验的效果图，由图可知初始焊接效果良好，但随着热循环次数增加电池片两端虚焊的数量也逐渐增加。图 2-39 电池片中细栅与焊条焊接用透明胶带封装后在热循环循环前后的 EL 图像，图 2-40 显示的是焊条与细栅焊接且用 EVA 胶膜层压封装后进行热循环实验的效果图。由图可知初始焊接的电池片出现三处虚焊位置，且层压后出现一道裂纹，但随着

热循环次数增加电池片两端焊接处虚焊数量并没有增加，只是裂纹呈现逐步扩展的趋势。

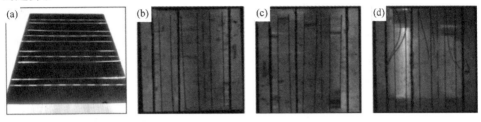

图 2-37 电池片中细栅与焊条焊接后的效果

（a）实物图；（b）~（d）EL 图像

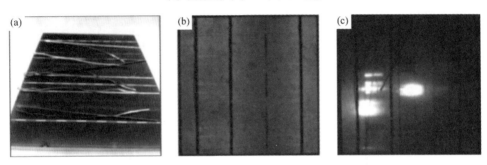

图 2-38 电池片中细栅与焊条焊接且无任何封装在热循环前后的效果

（a）热循环后电池片的实物图；（b）初始电池片；（c）热循环后电池片的 EL 图像

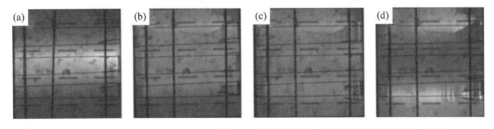

图 2-39 电池片中细栅与焊条焊接用透明胶带封装后在热循环前后的 EL 图像

（a）电池片焊接后；（b）电池片封装后；（c）电池片 5 次热循环后；（d）电池片 20 次热循环后

由上述对比的情况可知，焊接时焊条与细栅的焊接效果要优于铜丝与细栅的焊接效果。在热循环实验过程中，铜丝焊接的电池片两端新增了几处虚焊，而焊条焊接的电池片两端没有新增虚焊，所以焊条的焊接稳定性较高。综合考虑设备改造成本，采用矩形截面焊条制作无主栅双玻组件。

2.5.2.2 背面电极的设计

无主栅的设计理念是降低成本同时提高效率，故针对背面电极进行优化。图 2-41 显示的是焊条与背电极焊接不同的面积，然后对电池片进行 20 次热循环，分别对比热循环前后不同焊接面积电池片的性能变化。图 2-42 显示的分别是六

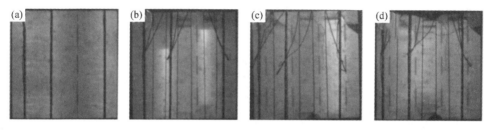

图 2-40　电池片中细栅与焊条焊接用 EVA 封装后在热循环前后的 EL 图像

（a）电池片焊接前；（b）电池片层压后；（b）、（c）电池片 5 次热循环后；（d）电池片 20 次热循环后

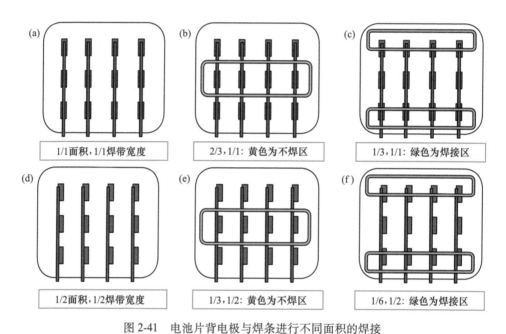

图 2-41　电池片背电极与焊条进行不同面积的焊接

（a）全接触；（b）2/3 面积；（c）1/3 面积；（d）1/2 面积；（e）1/3 面积；（f）1/6 面积

种焊接情况的电池片在热循环实验前后的 EL 图像变化，这几种电池片在热循环前后也基本相同。表 2-7 显示的是三种焊接情况的电池片在热循环前后电性能数据的变化。由图可知，热循环前电池片输出功率在 4.26~4.28W 范围内，串联电阻在 6~7.6Ω 范围内。热循环后电池片输出功率在 4.14~4.18W 范围内，串联电阻在 8.1~9.1Ω 范围内。不同焊接面积的电池片在热循环前各数据基本相同，但热循环后输出功率普遍下降 0.1W，串联电阻普遍上升 2Ω。

由上述实验可知，焊条与背电极焊接面积对电池片的电性能参数基本无影响，且对其抗热循环老化性能也无影响。综合考虑背电极的可焊性和焊接稳定性，适当减少背电极面积，设计出如图 2-43 所示的两种背电极图案。

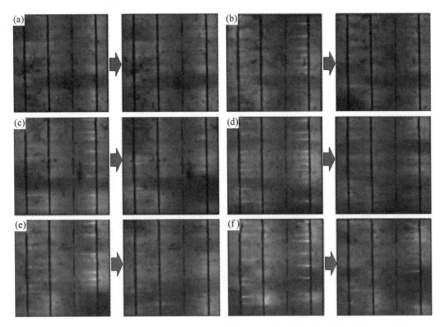

图 2-42 电池片背电极与焊条进行不同面积焊接在热循环前后的 EL 图像

（a）全接触焊接；（b）2/3 面积；（c）1/3 面积；（d）1/2 面积；（e）1/3 面积；（f）1/6 面积

表 2-7 电池片背电极与焊条进行不同面积焊接在热循环前后的电性能数据

参数	（a）全接触		（b）2/3 面积		（c）1/3 面积	
	热循环前	热循环后	热循环前	热循环后	热循环前	热循环后
P_{max}/W	4.28	4.18	4.26	4.18	4.27	4.14
I_{sc}/A	8.95	8.91	8.90	8.86	8.93	8.89
V_{oc}/V	0.63	0.63	0.63	0.63	0.63	0.63
FF/%	75.42	74.27	78.05	75.06	75.92	74.10
R_s/kΩ	0.0076	0.0084	0.0061	0.0082	0.0074	0.0093

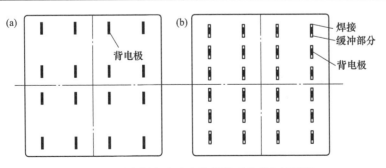

图 2-43 无主栅电池片中使用的两种背电极图案

（a）4 段背电极；（b）6 段背电极均匀分布

2.5.2.3 焊盘的优化

基于上述选定的材料，用矩形截面焊条与细栅焊接制成无主栅双玻组件，图2-44显示的是组件层压后的EL图像，由图2-44可知组件完好无缺陷。对组件进行200次热循环实验且其EL图像变化如图2-45所示，由图可知组件中电池片两端的虚焊数量逐渐增加。

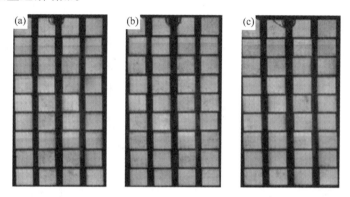

图2-44 常规电池片细栅与焊条焊接制成双玻组件层压后的EL图像

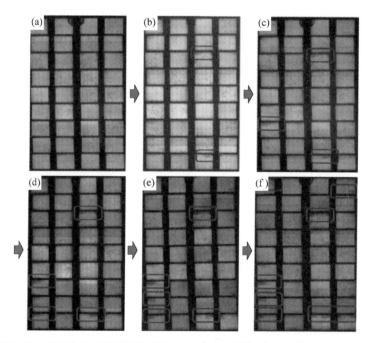

图2-45 常规电池片制成无主栅双玻组件在不同热循环次数后的EL图像

(a) 热循环前；(b) 20次；(c) 50次；(d) 100次；(e) 150次；(f) 200次

考虑到图2-45中组件在热循环中逐渐增加的虚焊数量，对电池片进行优化

而设计出第二代无主栅电池片。用第二代无主栅电池片制成双玻组件后对其进行
400 次热循环实验，实验过程中组件的 EL 图像如图 2-46 所示。由图 2-46 可知，
虽然电池片顶端的两端没有出现虚焊，但是距离电池片顶端一定距离的没有主栅
保留处出现了虚焊，且其数量随热循环次数的增加而增加。

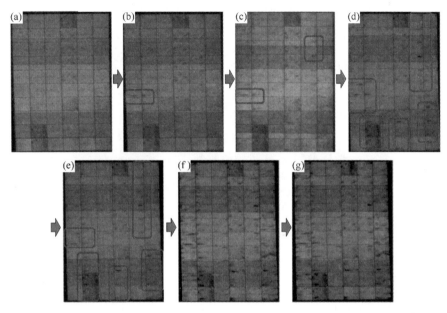

图 2-46　第二代无主栅电池片制成双玻组件在不同热循环次数后的 EL 图像
（a）热循环前；（b）50 次；（c）100 次；（d）228 次；（e）275 次；（f）339 次；（g）400 次

考虑到第二代无主栅电池制成的组件出现虚焊现象的位置，进一步对电池片
进行优化，设计出第三代和第四代无主栅电池片。第三代无主栅电池片制成双玻
组件后对其进行 200 次热循环实验，在这实验过程中组件的 EL 图像如图 2-47 所
示。由图 2-47 可知，电池片两端没有再出现虚焊现象。由此把第三代无主栅电
池片作为阶段性的研究成果，以此作为最优的无主栅电池片。

2.5.3　无主栅晶硅组件的热循环性能

EL 图像能直观反应组件和电池片出现的缺陷。从图 2-44 常规电池片中细栅
与焊条制作成无主栅双玻组件在热循环过程中的 EL 图像可以看出，实验前组件
无任何缺陷。20 次热循环后有几块电池片两端出现虚焊。50 次、100 次热循环
后两端虚焊的数量逐渐增加。150 次热循环后组件中两端虚焊的数量逐渐增加且
虚焊处颜色变得暗黑。综合考察组件 EL 图像变化及电性能参数变化，才能准确
地判断出组件中存在的缺陷。例如在图 2-44 晶硅组件中，电性能数据（表 2-8）
显示组件在热循环前和 50 次热循环后各参数异常偏低，这与 EL 图像检测结果相

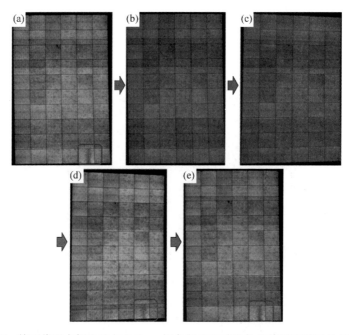

图 2-47　第三代无主栅电池与 0.8mm 焊条制成双玻组件在热循环前后的 EL 图像

（a）热循环前；（b）50 次热循环后；（c）100 次热循环后；（d）150 次热循环后；（e）200 次热循环后

悖。EL 图像显示组件的虚焊数量是随热循环次数增加而增加，这预示表 2-8 中各参数也应逐步降低。究其原因，最终判定为组件在热循环前、50 次热循环后测试时的温度与其他时间测试时的温度不同，导致测试的结果出现差异。

表 2-8　常规电池片制成的无主栅双玻组件在热循环实验中的电性能数据变化

热循环次数	V_{oc}/V	I_{sc}/A	P_{mpp}/W	FF/%
实验前	22.562	7.303	134.056	81.36
20 次	22.606	7.847	137.393	77.45
50 次	22.543	7.188	121.310	74.86
100 次	22.602	7.813	136.913	77.53
150 次	22.315	7.785	132.355	76.17
200 次	22.297	7.616	131.599	77.49

从图 2-34（a）第二代无主栅电池片制作成单玻组件在热循环前后的 EL 图像可以看出，实验前电池片无缺陷。50 次热循环后电池片出现较多两端虚焊和裂纹。100 次热循环后两端虚焊、裂纹迅速增加。228 次热循环后出现大量裂纹、虚焊。表 2-9 是该组件的电性能参数变化，结合 EL 图像看，单玻组件在 50 次热循环后出现较多虚焊和裂纹，但输出功率衰减率仅为 2.23%。100 次热循环后缺

陷数量进一步增加，其输出功率来大幅衰减且衰减率为 5.11%。228 次热循环后电池片遭遇大面积破坏，其输出功率衰减率达到 10.75%。

表 2-9 第二代无主栅电池片制作成的单玻组件在热循环前后的电性能数据

热循环次数	V_{oc}/V	I_{sc}/A	P_{mpp}/W	FF/%
实验前	37.94	9.19	269.3713	77.20729
50 次	37.80	9.12	263.3739	76.35952
100 次	37.69	9.20	255.6037	73.7369
228 次	37.88	8.92	240.400	37.883

从图 2-46 第二代无主栅电池制作成双玻组件在热循环前后的 EL 图像可以看出，热循环前、50 次及 100 次热循环后组件的 EL 图像基本相同。组件在 228 次及 275 次热循环后的 EL 图像基本相同，但电池片两端出现了轻微虚焊。组件在 339 次及 400 次热循环后的 EL 图像基本相同，但轻微虚焊数量大量增加。表 2-10 是该组件的电性能参数变化，组件在 228 次热循环后输出功率衰减了 3.24%，400 次热循环后仅衰减了 4.41%。

表 2-10 第二代无主栅电池片制作成的双玻组件在热循环前后的电性能数据

热循环次数	V_{oc}/V	I_{sc}/A	P_{mpp}/W	FF/%
实验前	38.04	9.19	270.6219	77.34941
50 次	37.91	9.15	267.1273	76.94248
100 次	37.86	9.23	265.4704	76.00539
228 次	38.103	8.984	261.846	76.49
275 次	37.477	8.924	260.792	76.32032
400 次	37.795	8.995	258.689	76.28653

从图 2-47 第三代无主栅电池片与 0.8mm 焊条焊接制作成的双玻组件在热循环前后的 EL 图像可以看出，组件在热循环前、50 次、100 次、150 次及 200 次热循环后的 EL 图像基本相同。表 2-11 为该组件的电性能参数变化，组件各性能参数变化情况与 EL 图像变化情况非常吻合。利用第四代无主栅电池片与 0.8mm 焊条焊接制作成的第四代双玻晶硅组件，其热循环前后的 EL 图像如图 2-48 所示。组件在实验前及 50 次热循环后的 EL 图像基本相同。100 次热循环后，组件中部分电池片两端开始出现轻微的虚焊。组件在 150 次和 200 次热循环后，两端虚焊数量大量增加且颜色变得暗黑。表 2-12 为该组件的电性能参数变化，组件在 100 次热循环后出现了虚焊，组件功率衰减为 1.13%。组件在 150 次、200 次热循环后虚焊数量有所上升，且虚焊处变得暗黑，最终输出功率衰减率为 2%。

表 2-11 第三代无主栅双玻晶硅组件热循环前后电性能数据

热循环次数	V_{oc}/V	I_{sc}/A	P_{mpp}/W	$FF/\%$
实验前	37.56	9.17	263.07	76.350
50 次	37.979	9.162	263.184	75.64
100 次	37.42834	9.0819	256.7066	75.51963
150 次	37.65637	9.280004	261.3796	74.79715
200 次	37.607	9.213	258.465	74.68743

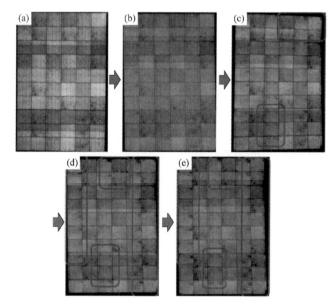

图 2-48 第四代无主栅双玻晶硅组件热循环前后的 EL 图像

(a) 热循环前；(b) 50 次热循环后；(c) 100 次热循环后；(d) 150 次热循环后；(e) 200 次热循环后

表 2-12 第四代无主栅双玻晶硅组件热循环前后电性能数据

热循环次数	V_{oc}/V	I_{sc}/A	P_{mpp}/W	$FF/\%$
实验前	37.557	9.173	263.066	77.455
50 次	37.805	9.007	260.974	77.039
100 次	37.393	8.918	260.091	76.642
150 次	37.630	9.085	259.826	76.483
200 次	37.530	8.989	257.816	76.314

由上述几种组件在热循环实验中的失效现象可知，无主栅组件中出现的失效形式主要是虚焊，特别是组件中电池片两端容易产生虚焊。此外，在无主栅单玻组件中，裂纹也极其容易产生。

2.5.4 无主栅晶硅组件热循环失效机理

组件在热循环过程的失效形式主要是虚焊和裂纹。但并非所有虚焊和裂纹会对组件的电性能造成严重影响。图 2-48 中组件在热循环后期出现较多虚焊，但是表 2-12 显示其输出功率最大衰减仅为 2%。图 2-34（a）中组件在 50 次热循环后产生较多裂纹，但是表 2-9 显示其输出功率仅衰减了 2.23%。下面分别讨论虚焊和裂纹的产生原因及对组件造成的影响。

组件在热循环过程形成的虚焊现象可以分为三类，即焊条部分脱落、焊条全部脱落且无电连接、焊条全部脱落但存在电连接。图 2-49 是热循环过程组件中电池片出现的三种虚焊类型。从图 2-49（a）可知焊条部脱落分脱离对输出功率基本无影响。图 2-49（b）焊条脱落且无电连接对组件效率的影响最大，部分电池片中的电流将无法收集。图 2-49（c）焊条脱落但存在电连接可收集电流故对输出功率的影响有限。2.5.3 节所述电池片中轻微虚焊或暗淡处不会对组件的输出功率造成重大影响，这些虚焊主要是图 2-49（a）和（c）中的情况。但暗黑颜色区域或对组件输出功率造成重大影响的虚焊，则极可能是图 2-49（b）中的情况。

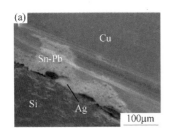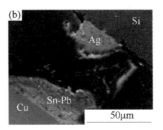

图 2-49 热循环过程组件中电池片出现的三种虚焊类型

（a）焊条部脱落分脱离；（b）焊条脱落且无电连接；（c）焊条脱落但存在电连接

热循环过程中大部分组件的 EL 图像出现电池片两端虚焊现象。首先，温度变化致使材料体积发生膨胀或收缩，铜焊条体积变化最大。然而焊条整体被焊接处束缚，只有电池片两端边缘外的焊条是自由端，因此焊条与电池间的应力会在电池片两端的焊接处释放。这导致电池片两端焊接处内应力最大，应力易把焊条与电池片分离而出现虚焊。此外，需考虑组件所用材料包括 EVA 胶膜和玻璃对焊接处的影响[53]。EVA 胶膜的玻璃化转变温度约为 30℃[53]，当温度高于 30℃，EVA 的弹性模量较小而不影响焊接处。因玻璃的 CTE 较高而电池片 CTE 很小，故玻璃对电池片产生拉力，其作用体现为铜焊条对电池片两端产生拉力。当热循环温度低于 30℃，EVA 胶膜的弹性模量较大故对电池片产生主要影响，EVA 胶膜把电池片和焊条包裹住而阻止其产生伸缩。温度降低必然引起焊条收缩，导致两电池间的焊条对电池片两端焊接处产生拉力。因此电池片两端焊接处的内应力最大故最容易产生虚焊缺陷。

电池片在焊接时出现的虚焊，虽然能在层压过程被去除，但热循环后虚焊会"复发"。如图 2-50 所示，第二代无主栅电池片制成的单玻组件，层压前部分电池片出现的虚焊在层压后得到抑制，但热循环一段时间后"复发"了。焊接过程，存在助焊剂喷涂量少、焊条没有压紧等原因而导致电池片两端出现虚焊。层压过程，EVA 胶膜把焊条与电池片包裹住，焊条虽然与电池片处于脱落状态，但 EVA 的封装包裹使焊条与电池片依然保持良好的电连接。热循环过程，温度变化引起不同材料在不断发生收缩和膨胀，这将在焊接处产生内应力从而导致疲劳破坏，由此使虚焊处恶化，最终焊条与电池片发生分离导致导电性能变差。

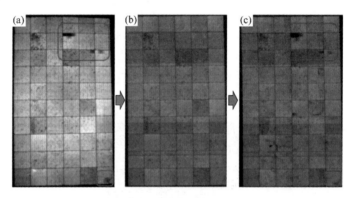

图 2-50 第二代无主栅电池片制成的单玻组件在各阶段的 EL 图像
(a) 层压前；(b) 层压后；(c) 50 次热循环后

电池片裂纹可以分为三类，即内部微裂纹、不影响电连接裂纹、电池片破裂且破坏电连接裂纹。图 2-51 中（a）对其电连接性能影响非常小，（b）中电池片产生的电流都能汇集至焊条中故对电连接性能影响有限，（c）中电池片割裂且严重破坏电连接裂纹。对输出功率影响非常小的一类裂纹主要是图 2-51（b）中的情况。但致使 EL 图像变黑或对组件输出功率造成严重影响的裂纹，则极可能是图 2-51（c）中的情况。

温度变化引起材料间膨胀和收缩的差异，继而产生内部应力致使裂纹产生。无主栅组件焊接处的三维模型如图 2-52（a）所示，用一个简单的应力计算模型（图 2-52（b））计算焊接处在热循环过程产生的内应力。只考虑四种材料包括铜焊条、$Sn_{37}Pb$ 合金、银细栅和硅片，都是刚性物体且连接完好。温度变化量为 135℃，根据式（2-13）~ 式（2-15）计算出 L_{Cu} 为 4.09mm，L_{Ag} 为 0.22mm，L_{Si} 为 0.64mm，$L_{Sn\text{-}Pb}$ 为 6.04mm。若把 $L_{Sn\text{-}Pb}$ 考虑为最大变形量，则 ΔL 为 5.29mm

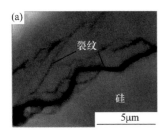
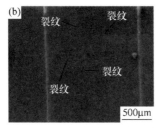
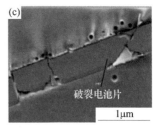

图 2-51　热循环过程组件中电池片出现的三种裂纹类型

（a）内部微裂纹；（b）裂纹但不影响电连接；（c）电池片破裂且破坏电连接

和内应力 σ_a 为 133MPa。若把 L_{Cu} 考虑为最大变形量，则 ΔL 为 3.34mm 和内应力 σ_b 为 232MPa。σ_a 和 σ_b 大于锡铅合金和银细栅的断裂强度，因此焊接处会产生破坏。但大部分实际情况没有出现焊接处断裂，因此为了抵消部分内应力而保证焊接处的稳定性，疏松多孔的银细栅和柔软的铜焊条必定会产生变形。

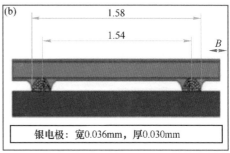

图 2-52　无主栅组件中焊条与细栅线焊接处的模型

（a）三维模型；（b）应力计算模型

参 考 文 献

[1] Zhao J, Wang A, Green M A. 24.5% Efficiency silicon PERT cells on MCZ substrates and 24.7% efficiency PERL cells on FZ substrates [J]. Progress in Photovoltaics：Research and Applications, 1999, 7 (6)：471-474.

[2] Green M A. The passivated emitter and rear cell (PERC)：From conception to mass production [J]. Solar Energy Materials and Solar Cells, 2015, 143：190-197.

[3] Sinton R A, Kwark Y, Gan J Y, et al. 27.5 percent silicon concentrator solar cells [J]. IEEE Electron Device Letters, 1986, 7 (10)：567-569.

[4] Green M A, Emery K, Hishikawa Y, et al. Solar cell efficiency tables (Version 45) [J]. Progress in Photovoltaics：Research and Applications, 2015, 23 (1)：1-9.

[5] Hermle M, Granek F, Schultz O, et al. Analyzing the effects of front-surface fields on back-junction silicon solar cells using the charge-collection probability and the reciprocity theorem [J]. Journal of Applied Physics, 2008, 103 (5): 054507.

[6] Ballif C, Barraud L, Descoeudres A, et al. A-Si: H/c-Si heterojunctions: a future mainstream technology for high-efficiency crystalline silicon solar cells [C]. Photovoltaic Specialists Conference (PVSC), 38th IEEE, 2012: 1705-1709.

[7] Battaglia C, Cuevas A, De Wolf S. High-efficiency crystalline silicon solar cells: Status and perspectives [J]. Energy & Environmental Science, 2016, 9 (5): 1552-1576.

[8] Greulich J, Volk A K, Wöhrle N, et al. Optical simulation and analysis of iso-textured silicon solar cells and modules including light trapping [J]. Energy Procedia, 2015, 77: 69-74.

[9] Vazsonyi E, De Clercq K, Einhaus R, et al. Improved anisotropic TC process for industrial texturing of silicon solar cells [J]. Solar Energy Materials and Solar Cells, 1999, 57 (2): 179-188.

[10] Davis J R, Rohatgi A, Hopkins R H, et al. Impurities in silicon solar cells [J]. IEEE Transactions on Electron Devices, 1980, 27 (4): 677-687.

[11] Istratov A A, Hieslmair H, Weber E R. Iron contamination in silicon technology [J]. Applied Physics A, 2000, 70 (5): 489-534.

[12] Raut H K, Ganesh V A, Nair A S, et al. Anti-reflective coatings: A critical, in-depth review [J]. Energy & Environmental Science, 2011, 4 (10): 3779-3804.

[13] Sexton F W. Plasma nitride AR coatings for silicon solar cells [J]. Solar Energy Materials, 1982, 7 (1): 1-14.

[14] Mäckel H, Lüdemann R. Detailed study of the composition of hydrogenated SiN$_x$ layers for high-quality silicon surface passivation [J]. Journal of Applied Physics, 2002, 92 (5): 2602-2609.

[15] Nunoi T, Nishimura N, Nammori T, et al. High performance BSF silicon solar cell with fire through contacts printed on AR coating [J]. Japanese Journal of Applied Physics, 1980, 19 (S2): 67-75.

[16] Cheek G C, Mertens R P, Van Overstraeten R, et al. Thick-film metallization for solar cell applications [J]. IEEE Transactions on Electron Devices, 1984, 31 (5): 602-609.

[17] Braun S, Micard G, Hahn G. Solar cell improvement by using a multi busbar design as front electrode [J]. Energy Procedia, 2012, 27: 227-233.

[18] Braun S, Nissler R, Ebert C, et al. High efficiency multi-busbar solar cells and modules [J]. IEEE Journal of Photovoltaics, 2014, 4 (1): 148-153.

[19] Braun S, Hahn G, Nissler R, et al. Multi-busbar solar cells and modules: high efficiencies and low silver consumption [J]. Energy Procedia, 2013, 38: 334-339.

[20] Schneider A, Rubin L, Rubin G. Solar cell efficiency improvement by new metallization techniques-The day4 electrode concept [C]. Photovoltaic Energy Conversion, Conference Record of the 2006 IEEE 4th World Conference on IEEE, 2006: 1095-1098.

[21] Braun S, Hahn G, Nissler R, et al. The multi-busbar design: An overview [J]. Energy

Procedia, 2013, 43: 86-92.

[22] Green M A. Solar cells: operating principles, technology, and system applications [M]. Englewood Cliffs, NJ: Prentice-Hall, 1982.

[23] Boone J L, Van Doren T P. Solar-cell design based on a distributed diode analysis [J]. IEEE Transactions on Electron Devices, 1978, 25 (7): 767-771.

[24] 刘翔, 陈庭金. 太阳能电池栅线电极的优化设计 [J]. 新能源, 1995 (5): 9-13.

[25] Rupnowski P, Sopori B. Strength of silicon wafers: fracture mechanics approach [J]. International Journal of Fracture, 2009, 155 (1): 67-74.

[26] Chaturvedi P, Hoex B, Walsh TM. Broken metal fingers in silicon wafer solar cells and PV modules [J]. Solar Energy Materials and Solar Cells, 2013, 108: 78-81.

[27] Sander M, Dietrich S, Pander M, et al. Systematic investigation of cracks in encapsulated solar cells after mechanical loading [J]. Solar Energy Materials and Solar Cells, 2013, 111: 82-89.

[28] Kajari-Schröder S, Kunze I, Eitner U, et al. Spatial and orientational distribution of cracks in crystalline photovoltaic modules generated by mechanical load tests [J]. Solar Energy Materials and Solar Cells, 2011, 95 (11): 3054-3059.

[29] Köntges M, Kunze I, Kajari-Schröder S, et al. The risk of power loss in crystalline silicon based photovoltaic modules due to micro-cracks [J]. Solar Energy Materials and Solar Cells, 2011, 95 (4): 1131-1137.

[30] Paggi M, Corrado M, Rodriguez MA. A multi-physics and multi-scale numerical approach to microcracking and power-loss in photovoltaic modules [J]. Composite Structures, 2013, 95: 630-638.

[31] Paggi M, Sapora A. Numerical modelling of microcracking in PV modules induced by thermo-mechanical loads [J]. Energy Procedia, 2013, 38: 506-515.

[32] Lai C M, Lin K M, Su CH. The effects of cracks on the thermal stress induced by soldering in monocrystalline silicon cells [J]. Proceedings of the Institution of Mechanical Engineers, Part E: Journal of Process Mechanical Engineering, 2014, 228: 127-135.

[33] Kim N, Han C. Experimental characterization and simulation of water vapor diffusion through various encapsulants used in PV modules [J]. Solar Energy Materials and Solar Cells, 2013, 116: 68-75.

[34] Hülsmann P, Weiss K A. Simulation of water ingress into PV-modules: IEC-testing versus outdoor exposure [J]. Solar Energy, 2015, 115: 347-353.

[35] Dhere N G, Raravikar N R. Adhesional shear strength and surface analysis of a PV module deployed in harsh coastal climate [J]. Solar Energy Materials and Solar Cells, 2001, 67: 363-367.

[36] Park N C, Han C, Kim D. Effect of moisture condensation on long-term reliability of crystalline silicon photovoltaic modules [J]. Microelectronics Reliability, 2013, 53: 1922-1926.

[37] Park N C, Oh W, Kim D H. Effect of temperature and humidity on the degradation rate of multicrystalline silicon photovoltaic module [J]. International Journal of Photoenergy, 2013:

615-626.

[38] Peike C, Hoffmann S, Hülsmann P, et al. Origin of damp-heat induced cell degradation [J]. Solar Energy Materials and Solar Cells, 2013, 116: 49-54.

[39] Kim J H, Park J, Kim D, et al. Study on mitigation method of solder corrosion for crystalline silicon photovoltaic modules [J]. International Journal of Photoenergy, 2014 (7): 9.

[40] Kim T H, Park N C, Kim D H. The effect of moisture on the degradation mechanism of multi-crystalline silicon photovoltaic module [J]. Microelectronics Reliability, 2013, 53 (9): 1823-1827.

[41] Oh W, Kim S, Bae S, et al. The degradation of multi-crystalline silicon solar cells after damp heat tests [J]. Microelectronics Reliability, 2014, 54 (9): 2176-2179.

[42] Oh W, Kim S, Bae S, et al. Migration of Sn and Pb from solder ribbon onto Ag fingers in field-aged silicon photovoltaic modules [J]. International Journal of Photoenergy, 2015 (9): 1-7.

[43] Zhang Y, Xu J, Mao J, et al. Long-term reliability of silicon wafer-based traditional backsheet modules and double glass modules [J]. RSC Advances, 2015, 5 (81): 65768-65774.

[44] Marcilla A, Gómez A, Menargues S. TGA/FTIR study of the catalytic pyrolysis of ethylene-vinyl acetate copolymers in the presence of MCM-41 [J]. Polymer Degradation and Stability, 2005, 89 (1): 145-152.

[45] Czanderna A W, Pern F J. Encapsulation of PV modules using ethylene vinyl acetate copolymer as a pottant: A critical review [J]. Solar Energy Materials and Solar Cells, 1996, 43 (2): 101-181.

[46] Kempe M D, Jorgensen G J, Terwilliger K M, et al. Acetic acid production and glass transition concerns with ethylene-vinyl acetate used in photovoltaic devices [J]. Solar Energy Materials and Solar Cells, 2007, 91 (4): 315-329.

[47] 王国峰，顾斌锋，龚海丹. 热循环老化后太阳能电池断栅研究 [C]. 中国光伏大会暨中国国际光伏展览会，2014.

[48] Jeong J S, Park N, Han C. Field failure mechanism study of solder interconnection for crystalline silicon photovoltaic module [J]. Microelectronics Reliability, 2012, 52 (9): 2326-2330.

[49] Martinez A J. Identity and power in ecological conflicts [J]. International Journal Transdisciplinary Research, 2007, 2 (1): 17-41.

[50] Cho S H, Kim J Y, Kwak J, et al. Recent advances in the transition metal-catalyzed twofold oxidative C-H bond activation strategy for C-C and C-N bond formation [J]. Chemical Society Reviews, 2011, 40 (10): 5068-5083.

[51] Kang M S, Kim D S, Jeon Y J, et al. The study on thermal shock test characteristics of solar cell for long-term reliability test [J]. Journal of Energy Engineering, 2012, 21 (1): 26-32.

[52] Chung W T, Chen C W. Optimize silicon solar cell micro-structure for lowering PV module power loss by thermal cycling induced [C]. Photovoltaic Specialist Conference (PVSC), 2014 IEEE 40th. IEEE, 2014: 2001-2003.

[53] Meier R, Kraemer F, Wiese S, et al. Thermal cycling induced load on copper-ribbons in

crystalline photovoltaic modules ［C］. SPIE Solar Energy Technology. International Society for Optics and Photonics, 2010: 777312.

［54］ Kajari-Schršder S, Kunze I, Kšntges M. Criticality of cracks in PV modules ［J］. Energy Procedia, 2012, 27: 658-663.

［55］ Wu H, Melkote SN, Danyluk S. Mechanical strength of silicon wafers cut by loose abrasive slurry and fixed abrasive diamond wire sawing ［J］. Advanced Engineering Materials, 2012, 14 (5): 342-348.

［56］ Xie S, Shi Z. Flexure Strength of Silicon Wafer and Its Measurement ［J］. Chinese journal of Semiconductors-Chinese Edition, 1995, 16: 622.

［57］ Fulkerson W, Moore J P, Williams R K, et al. Thermal conductivity, electrical resistivity, and seebeck coefficient of silicon from 100 to 1300 K ［J］. Physical Review, 1968, 167 (3): 765.

［58］ Matula R A. Electrical resistivity of copper, gold, palladium, and silver ［J］. Journal of Physical and Chemical Reference Data, 1979, 8 (4): 1147-1298.

［59］ Desai P D, James H M, Ho C Y. Electrical resistivity of aluminum and manganese ［J］. Journal of Physical and Chemical Reference Data, 1984, 13 (4): 1131-1172.

［60］ Davies H A, Llewelyn Leach J S. The electrical resistivity of liquid indium, tin and lead ［J］. Physics and Chemistry of Liquids, 1970, 2 (1): 1-12.

［61］ Hirsch P B, Roberts SG. The brittle-ductile transition in silicon ［J］. Philosophical Magazine A, 1991, 64 (1): 55-80.

［62］ Pletzer T M, Mölken J I, Rißland S, et al. Influence of cracks on the local current-voltage parameters of silicon solar cells ［J］. Progress in Photovoltaics: Research and Applications, 2015, 23 (4): 428-436.

［63］ Rauer M, Woehl R, Ruhle K, et al. Aluminum alloying in local contact areas on dielectrically passivated rear surfaces of silicon solar cells ［J］. IEEE Electron Device Letters, 2011, 32 (7): 916-918.

［64］ Huster F. Investigation of the alloying process of screen printed aluminium pastes for the BSF formation on silicon solar cells ［C］. Proceedings of the 20th European Photovoltaic Solar Energy Conference. WIP Renewable Energies Barcelona, Spain, 2005: 1466-1469.

［65］ Wijs G A, Kresse G, Gillan M J. First-order phase transitions by first-principles free-energy calculations: The melting of Al ［J］. Physical Review B, 1998, 57 (14): 8223.

［66］ Sun A C, Seider W D. Homotopy-continuation method for stability analysis in the global minimization of the Gibbs free energy ［J］. Fluid Phase Equilibria, 1995, 103 (2): 213-249.

［67］ Subramanian K S, Sastri VS, Elboujdaini M, et al. Water contamination: impact of tin-lead solder ［J］. Water Research, 1995, 29 (8): 1827-1836.

［68］ Reiber S. Galvanic stimulation of corrosion on lead-tin solder-sweated joints ［J］. Journal of American Water Works Association, 1991: 83-91.

［69］ Jiang S, Wang K, Zhang H, et al. Encapsulation of PV modules using ethylene vinyl acetate copolymer as the encapsulant ［J］. Macromolecular Reaction Engineering, 2015, 9 （5）: 522-529.

［70］ Shi X M, Zhang J, Li D R, et al. Effect of damp-heat aging on the structures and properties of ethylene-vinyl acetate copolymers with different vinyl acetate contents ［J］. Journal of Applied Polymer Science, 2009, 112 （4）: 2358-2365.

3 减反射膜双玻晶硅组件

3.1 引言

晶硅电池的光电转换效率直接影响着光伏组件的输出效率。对晶硅电池的原理进行分析后不难发现，晶硅电池的表面陷光能力对光电转换效率有着至关重要的影响。研究表明[1]，若晶硅电池的厚度大于 $50\mu m$，晶硅电池受光面的减反射处理直接决定了其陷光能力。具有高达 35% 的反射率存在于未进行表面处理的晶硅电池受光面，这会导致大量的太阳光在受光面被反射，能被晶硅电池有效吸收的光子数量减少，直接影响了光生载流子的产生，降低了晶硅电池的短路电流，从而降低了晶硅电池的光电转换效率。为了降低晶硅电池的表面反射，增加能被晶硅电池有效吸收的光子数量，进而提升晶硅电池的光电转换效率。在晶硅电池表面制备一层或多层具有一定光学性质的薄膜，即减反射膜（减反膜），增加透射进入晶硅电池内部的光子量，减少晶硅电池表面对光的反射损耗，是提高晶硅电池光电转换效率最为行之有效的方法。

Lord Rayleigh 在 1887 年首次观察到了具有减反效果的薄膜，而 Bauer[2] 在 1934 年首次用光的干涉原理对薄膜的减反作用进行了解释。到 1960 年，用于太空的太阳能电池首次运用了减反膜，光学减反膜用于晶硅电池的理论和应用研究逐步得到发展。用于晶硅电池的减反膜的研究主要可以分为两类：（1）由单层或多层薄膜构成的四分之一波长减反膜[3,4]。这类减反膜是利用薄膜相消干涉原理来实现某个特定波长的减反射，而且减反膜的薄膜厚度有严格的要求，为特定减反波长的四分之一。这类减反膜制备难度小，成本低，运用最为广泛。但是这类减反膜的减反射作用波长范围窄，且随着光的入射角的增大，减反效果大幅降低。（2）折射率呈梯度变化的减反膜[5-9]。因为空气和晶硅两者的折射系数差别很大，所以光从空气到晶硅会有很大的反射损失。为了减小这种光学损失，通常是在晶硅的表面制备一层折射系数呈梯度变化的减反射薄膜，进而缓解或者消除光从空气到晶硅经历的折射系数突变。这种减反膜实现了在宽波长范围和广入射角范围内极佳的减反效果，但是此类减反射薄膜的制备成本和要求较高，能够实现折射系数呈梯度变化的减反膜材料较少。

厚度是四分之一波长的 SiO_2 单层减反膜是第一个用于晶硅电池的减反膜，由晶硅表面高温热氧化形成。但是，后来的研究发现在高温热氧化的过程中晶硅电池内部会被引入各种各样的缺陷。而且，在 600nm 波长处，晶硅的折射率为

3.94，玻璃和 EVA 胶膜的折射系数分别为 1.52 和 1.49，所以对于需要被玻璃和 EVA 胶膜封装的晶硅电池而言，用于晶硅电池的减反膜的最佳折射系数为 2.45。因此，对在 600nm 波长处折射系数为 1.45 的 SiO_2 薄膜而言，作为晶硅电池减反膜的减反效果并不理想。

在寻求晶硅电池用减反膜的不断探索中，以 TiO_2 为材料的晶硅电池减反膜在 20 世纪 70 年代初开始兴起[10]。在可见光谱范围内，TiO_2 薄膜能实现折射系数在一定范围内变化（1.9~2.7）。有研究表明 TiO_2 薄膜的薄膜密度与折射系数呈一定的线性关系[10-12]，并且随退火温度的增加，TiO_2 薄膜折射系数 n 和消光系数 k 都增加[13-15]，随退火气氛的不同，TiO_2 薄膜光学性质也不同[13,15,16]。TiO_2 薄膜对短波具有较强的吸收，而短波被认为与晶硅电池老化失效有一定的联系，但是对于短波使晶硅电池老化失效问题已经被截止型 EVA 胶膜解决。由此可见，TiO_2 薄膜被认为是作为理想晶硅电池减反膜的最有潜力材料[17]。Doeswijk 等人[18]利用脉冲激光沉积技术在晶硅电池表面沉积了 TiO_2 增透膜，发现自由载流子的寿命增加了 137%。Vicente 等人[19]研究了用溶胶凝胶法在晶硅电池上制备 TiO_2 减反膜的可行性。Richards 等人[20]认为低温制备 TiO_2 减反膜是可行的。Abdullah[21]利用旋涂法成功制备 ZrO_2/TiO_2 增透膜，实现了在 300~1100nm 波长范围内的平均反射仅为 5.3%。然而在实际的工业生产中，TiO_2 减反膜无法达到理想的晶硅电池表面钝化效果[22]，最终被 SiN_x 薄膜取代。

SiN_x 薄膜是目前技术最为成熟、运用最为广泛的晶硅电池减反膜，它不但可以实现单质多层的结构，还能同时起到减反射和钝化的作用[23,24]。从 1981 年起，SiN_x 薄膜就运用到了晶硅电池的制备中，并在之后得到飞速发展。日本 Kyoeera 公司在 1996 年利用 SiN_x 薄膜在面积为 $225cm^2$ 的多晶硅电池上得到了 17.1% 的光电转换效率。Hubner 等人[25]在双面晶硅电池的背面制备了 SiN_x 薄膜，使电池效率超过了 20%。为了进一步优化减反射和钝化作用的效果，以 SiN_x 薄膜为主的复合结构减反膜成为了国内外研究人员的研究重点。具有代表性的有以下几种：（1）多层单质 SiN_x 减反膜。由于 SiN_x 薄膜的折射系数会随着 Si 含量的增加而增大，故业内用不同的 Si 含量的 SiN_x 薄膜实现了减反膜的渐变，而过高的 Si 含量会使薄膜对太阳光有强烈的吸收作用，所以渐变程度有限。（2）SiN_x/SiO_2 减反膜。研究发现，在 PECVD 沉积 SiN_x 薄膜前，通过低温氧化得到一层薄薄的 SiO_2 膜层，形成 SiO_2/SiN_x 减反膜，可以进一步提升钝化效果，改善晶硅电池的性能，而且 SiO_2 与晶硅的晶格匹配程度要远远优于 SiN_x 与晶硅的晶硅匹配。（3）$SiON/SiN_x$ 复合减反膜。实验表明[26]，采用 ECRCVD 方法制备的 $SiON/SiN_x$ 双层减反膜，使晶硅电池在光波为 300~900nm 的范围内的平均反射率低于 6%。

提高晶硅太阳能电池的光转换效率对构建先进高效的晶硅太阳能电池具有重

要意义。目前已经出现了许多高效晶硅太阳能电池技术，包括抗反射涂层（ARC）技术、半片技术、双面技术和叠瓦技术等[27-29]。其中 ARC 技术减少了晶硅太阳能电池前表面的反射损失，是实现高效太阳能电池最为重要的一步。目前已有 Si_3N_4、ZrO_2、SiO_2、TiO_2、MgF_2、SiC-SiO_2 等多种材料作为减反膜来降低晶硅太阳能电池前表面的反射损失[30-35]。理论上，单层减反膜能实现在某些波长处不反射。相比之下，多层减反膜能在较宽光谱范围内更有效的降低反射率[36]。近年来，在晶硅太阳能电池前表面制备多层减反膜的研究越来越受到重视，如 SiO/SiN、Al_2O_3/TiO_2、SiO_xN_y/Si_xN_y 等[37-39]。结果表明，多层减反膜确实能有效地降低晶硅太阳能电池前表面在以空气为光入射介质的反射率。

3.2 减反射膜晶硅组件的制备工艺

3.2.1 TiO_2-$SiO_2/SiO_2/SiN_x$ 减反层的设计

针对降低 EVA/晶硅电池界面间光反射损失而设计多层减反膜层，是提高组件效率的有效途径之一。目前，常规晶硅电池表面的减反膜一般为 SiN_x，其厚度和折射系数分别约为 80nm 和 2.01。由于 SiN_x 减反膜是通过 PECVD（物理化学气相沉积）制备的，已经是一项非常成熟的工艺，在此基础上保留 SiN_x 减反膜通过将 SiO_2 减反膜和 TiO_2-SiO_2 复合减反射膜依次制备在 SiN_x 减反膜上，形成三层减反膜进一步降低光反射损失。

为了简化设计的复杂性，做出了以下的基本假设：（1）光是由 TE 波（横电波）和 TM 波（横磁波）组成，且是垂直入射到界面的，入射波长只考虑 640nm；（2）计算仅使用对应波长的材料折射系数；（3）忽略了材料的消光系数 k；（3）忽略了硅表面的刻蚀纹理作用。所以，由以下公式可得 TiO_2-SiO_2 复合减反膜的折射系数（假设 $R=0$）：

$$Y = \frac{C}{B} \tag{3-1}$$

$$\begin{bmatrix} B \\ L \end{bmatrix} = \left\{ \prod_{m=1}^{3} \begin{bmatrix} \cos\delta_m & (i\sin\delta_m)/\eta_m \\ i\eta_m\sin\delta_m & \cos\delta_m \end{bmatrix} \right\} \begin{bmatrix} 1 \\ \eta_{Si} \end{bmatrix} \tag{3-2}$$

$$R = \left(\frac{\eta_e - Y}{\eta_e + Y} \right) \left(\frac{\eta_e - Y}{\eta_e + Y} \right)^* \tag{3-3}$$

式中，Y 为三层减反膜的光学导纳；m 为减反膜层序号，1 是最上层，2 是中间层，3 是最底层；η_m 为对应序号减反膜层的光学导纳；η_{Si} 为晶硅基底的光学导纳；δ_m 为对应序号减反膜层中光的相位差；η_e 为 EVA 的光学导纳。

所有的减反膜厚度均遵循波长的"四分之一定律"，最终得到如图 3-1 所示多层减反膜设计示意图。

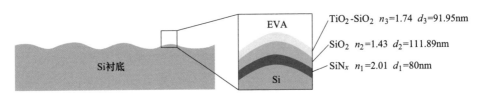

图 3-1 多层减反膜设计示意图

3.2.2 SiO₂ 和 TiO₂-SiO₂ 前驱体的制备

采用溶胶凝胶法制备 SiO₂ 减反膜和 TiO₂-SiO₂ 复合减反膜的前驱体。值得注意的是，溶胶凝胶法中的水解和缩合在没有催化剂的支持下是亲核取代。亲核取代后，亲核体中的质子转移到过渡态的烷氧基或羟基配体上，质子化的物质被醇溶或氧化除去[40]。酸性催化剂 HCl 在有水存在的情况下水解，通过生成相应的化学基团来改善反应动力学，从而消除了过渡态质子转移的需要。然而，快速水解和缩合反应可能导致聚合，聚合后的凝胶不能用于减反膜的制备。为了控制水解和缩合反应速率，TiO₂ 和 SiO₂ 溶胶制备过程中经常加入醇、酸、碱和螯合剂等进行修饰[41]。在制备 TiO₂ 溶胶的过程中，加入等摩尔质量的乙酰丙酮，乙酰丙酮中碳原子上的氢与羰基相连，反应性强，容易转移到羰基上，与氧结合形成烯醇。氢的这种重排很容易被其他原子取代。烯醇较羟基更容易与钛酸四丁酯发生螯合，因此乙酰丙酮的加入，防止了钛酸四丁酯直接水解，控制了反应速率，最终得到稳定的透明溶胶。具体制备步骤如下：（1）钛酸四丁酯、乙醇、盐酸、去离子水和乙酰丙酮按照摩尔比 $1:45:0.075:2:1$ 混合；（2）在室温下连续搅拌下 3h 并陈化 2 天，最终得到澄清透明的 TiO₂ 溶胶；（3）硅酸乙酯、乙醇、盐酸、去离子水和硅烷偶联剂按摩尔比 $1:40:0.01:4:0.2$ 混合；（4）连续搅拌 3h；（5）室温陈化 2 天，最终得到澄清透明的 SiO₂ 溶胶。

利用酸催化制备的 SiO₂ 减反膜的机械性能比利用 Stober 路线碱基催化制备的 SiO₂ 减反膜的机械性能强。此后，将陈化的 SiO₂ 与陈化的 TiO₂ 溶胶按 $4:1$ 的体积比混合，制备 TiO₂-SiO₂ 复合溶胶。TiO₂-SiO₂ 复合溶胶内发生缩合反应生成 $(RO)_3Si\text{-}O\text{-}Ti(OR)_3$。SiO₂ 与 TiO₂ 溶胶的制备过程反应机理如图 3-2 所示。

3.2.3 TiO₂-SiO₂/SiO₂/SiNₓ 减反层晶硅电池的制备

减反射膜用晶硅蓝膜片：晶硅蓝膜片，是晶硅电池制备过程中，已经完成表面 SiNₓ 减反膜生长工序后的半成品，由于此晶硅衬底呈深蓝色，故称之为晶硅蓝膜片。其整体尺寸为 156mm×156mm×200μm，表面的三层 SiNₓ 减反膜综合厚度为 80nm±2nm，在光波为 600nm 处的综合折射系数为 2.01 ± 0.03。

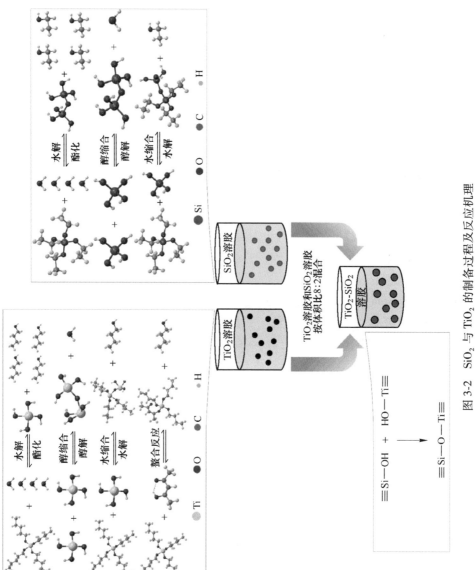

图 3-2 SiO₂ 与 TiO₂ 的制备过程及反应机理

对晶硅蓝膜片进行进一步 SiO_2 减反膜和 TiO_2-SiO_2 复合减反膜的制备，最终金属化后形成具有 TiO_2-SiO_2/SiO_2/ SiN_x 减反层晶硅电池。

晶硅蓝膜片的制备工艺过程如下：

（1）采用硼扩散的多晶硅基底（厚度为 $158\mu m$，面积为 $156mm \times 156mm$），利用硝酸和氢氟酸的混合溶液进行表面纹理刻蚀。

（2）利用 $POCl_3$ 为磷源在 880℃下扩散 45min 制备 N 型结。

（3）利用 5%的氢氟酸溶液刻蚀因扩散产生的磷硅玻璃。

（4）利用 PECVD 进行 SiN_x 减反膜的制备，形成晶硅蓝膜片。

SiO_2 减反膜和 TiO_2-SiO_2 复合减反膜的制备步骤如下：

（1）利用陈化后的 SiO_2 和 TiO_2-SiO_2 溶胶以 6cm/min 的速度提拉浸涂晶硅蓝膜片。

（2）经过通风干燥炉 80℃下干燥 10min。

（3）通过 500℃退后 1h 将溶胶中的有机成分完全干燥最终得到具有 SiN_x/SiO_2/TiO_2-SiO_2 多层减反膜的晶硅电池片。

利用减反膜厚度仪及折射系数仪对减反射膜进行测试：椭偏仪是用来测试薄膜厚度、光学常数的光学测量仪器，其具有测量精度高、对样品的要求低等特点。根据光源的不同，大致分为激光椭偏仪和全光谱椭偏仪。激光椭偏仪一般测试样品在 632.8nm 条件下的光学性能，而全光谱椭偏仪因配备有氙灯而能够测试样品在一定光谱范围内的光学特性。制备的减反膜采用 SENTECH 的 SE 400adv 激光椭偏仪和 J. A. Woollam. Co 的 Inc M-2000U 光谱椭偏仪用于样品减反膜的厚度和折射系数的测试。

对减反射膜的反射率进行测试：通过紫外可见分光光度计的积分球附件来测试样品的反射率，其光源为氙灯和卤钨灯相互切换，能提供 200~1100nm 光谱范围内足够强度的、稳定的连续光。

通过对具有 TiO_2-SiO_2/SiO_2/ SiN_x 多层减反膜的晶硅电池片进行丝网印刷铝浆和银浆，烧结后得到减反射膜晶硅电池。

3.2.4   减反射膜光伏组件的工艺流程

将上述的晶硅电池制备成组件，与常规晶硅电池制备的组件进行电池性能参数的分析对比，检验多层减反膜的优化效果。此外，还加入了具有 SiO_2/SiN_x 减反膜层的晶硅电池制备的光伏组件作为对照组。

所有光伏组件的制备流程如图 3-3 所示。

每个环节的具体操作如下：

（1）晶硅电池分选：晶硅电池分选是为了剔除具有缺陷的晶硅电池，保证最终光伏组件的质量。

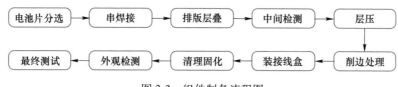

图 3-3　组件制备流程图

（2）串焊接：通过自动串焊机利用互联条实现半片电池的串联。串焊机的供料装置会自动筛选晶硅电池并将其运送到焊接位置上，筛选是通过检测晶硅电池是否有缺陷。焊接前，喷涂装置会将助焊剂喷涂于晶硅电池表面主栅的位置，然后晶硅电池被传送到背红外加热区，互联条表面的铅锡合金受热受压，冷却后互联条便牢固地焊接在晶硅电池上。验焊接装置温度变化分为 3 个部分，70℃ 和 150℃ 各预热 2s，然后在 200℃ 焊接 2s，最后降至室温。

（3）层叠：是按正面玻璃、透明 EVA 胶膜、晶硅电池子串、瓷白 EVA 胶膜、背面玻璃的组件结构顺序进行叠放。在此过程中，利用汇流条将各半片电池串组相互连接。

（4）中间测试：首先采用肉眼对是否具有如玻璃外观、电池片排版、焊接及叠层缺陷等进行检测，然后采用 EL 测试检验组件内部晶硅电池片是否具有隐藏缺陷。一旦发现不良情况，应立即进行返修。

（5）层压：利用层压机对已叠层光伏组件在高温真空条件下进行封装，使光伏组件成为一个牢固的整体。层压过程中，对工艺的控制直接影响了光伏组件质量好坏。

（6）削边清理：该工序是为了清理组件经过层压后光伏组件边缘部分出现的 EVA 胶膜外渗现象，使组件保持美观。

（7）安装接线盒：安装接线盒是为光伏组件引出正负极导线，并对光伏组件内部晶硅电池子串进行旁路二极管保护。接线盒先利用硅胶进行黏结，然后利用灌封胶进行密闭。

（8）清理固化：接线盒安装之后，将光伏组件放置在恒温恒湿的室内使密封胶和灌封胶固化。

（9）外观检测：这是光伏组件打包前的最后一次外观检测。

（10）组件测试：最终测试分为 EL 和 I-V 测试。EL 测试是为了确保光伏组件在经历之前众多工序后，其内部晶硅电池没有发生裂片、隐裂、断栅、虚焊等缺陷。I-V 测试是对制备的半片组件进行输出特性的标定，最后光伏组件要根据输出性能进行分等。

最终制备的具有减反膜的光伏组件结构示意图如图 3-4 所示。组件尺寸为 1022mm×992mm，每板组件包含 36 个多晶硅电池。

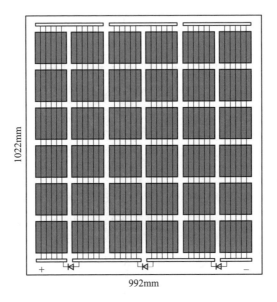

图 3-4 光伏组件结构示意图

3.3 晶硅电池 TiO_2-SiO_2/SiO_2/SiN_x 减反膜性能

3.3.1 TiO_2-SiO_2/SiO_2/SiN_x 减反膜的微观结构

利用 FT-IR 光谱对 SiO_2 减反膜和 TiO_2-SiO_2 复合减反膜进行了表征，结果如图 3-5 所示。对比沉积和退火后的 SiO_2 减反膜的 FT-IR 光谱，可以发现在

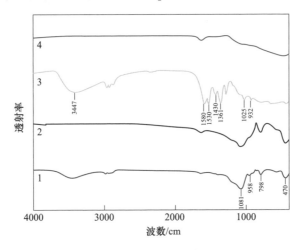

图 3-5 FT-IR 测试结果

1—SiO_2（沉积后）；2—SiO_2（退火后）；3—TiO_2-SiO_2（沉积后）；4—TiO_2-SiO_2（退火后）

1080cm^{-1}、800cm^{-1} 和 470cm^{-1} 处存在三个吸收峰，分别对应了硅酸乙酯（TEOS）水解缩合反应生成的 Si—O—Si 基团的反对称拉伸振动、对称拉伸振动和弯曲振动[42]。沉积后干燥并未完全，所以仍然能发现 SiO$_2$ 减反膜中还存在—OH 基团对应的 3447cm^{-1} 和 985cm^{-1} 处的吸收峰。退火后，—OH 基团对应的吸收峰全部消失，只剩下了 Si—O—Si 基团对应的吸收峰。

对比沉积和退火后的 TiO$_2$-SiO$_2$ 复合减反膜的 FT-IR 光谱，沉积后未完全干燥的减反膜内存在—OH 基团，并在 3447cm^{-1} 处可以观察到对应的吸收峰。乙酰丙酮（acac）配位体的共轭 C—O 振动 [C=C—(C=O) 和 C=C—(C—)O—] 出现在了 1580cm^{-1}、1530cm^{-1}、1430cm^{-1} 和 1025cm^{-1} 处[43]。钛酸四丁酯（TBT）的水解反应会产生 Ti—OH 基团，Ti—OH 基团通过自缩合反应会生成 Ti—O—Ti 基团，Ti—OH 基团与硅酸乙酯（TEOS）水解产物 Si—OH 基团发生共聚反应生成 Ti—O—Si 基团，这两个基团所对应的吸收峰位于 400~1000cm^{-1} 范围[44-47]。退火后，—OH 相关的基团随着水及相关有机物的蒸发而消失不见。TiO$_2$-SiO$_2$ 复合减反膜在 500℃ 下退后 1h 后，在 400~1000cm^{-1} 范围内具有较宽的吸收峰，对应为 Si—O—Si 基团和 Ti—O—Ti 基团[48]。相关文献表明，随着退火温度的升高和钛酸四丁酯（TBT）浓度的升高，400~1000cm^{-1} 范围内的吸收峰会逐渐变宽[49]。

利用场发射扫描电子显微镜（FESEM）对多晶硅电池的 SiN$_x$、SiN$_x$/SiO$_2$ 和 SiN$_x$/SiO$_2$/TiO$_2$-SiO$_2$ 减反膜结构进行微观形貌的表征，结果如图 3-6 所示。从图 3-6（a）、（d）可以看出采用 PECVD 制备得到的 SiN$_x$ 减反膜形貌规整，且可以清晰地看到多晶硅电池因蚀刻形成的表面陷光结构。从 SiN$_x$ 减反膜的截面图 3-6（g）中可以看出减反膜与晶硅基底结合良好，且能进一步地看清表面陷光结构，陷光结构由不规则的大蚀坑及小蚀坑组成。用于多晶硅电池的 SiN$_x$/SiO$_2$ 减反膜的微观结构如图 3-6（b）、（e）和（h）所示，由于 SiO$_2$ 减反膜的关系，明显的多晶硅电池表面陷光结构的小蚀坑被部分填充，使陷光结构变得不那么棱角分明。此外，截面图 3-6（h）显示 SiN$_x$/SiO$_2$ 减反膜结构能很好地与多晶硅基底结合在一起。图 3-6（c）、（f）和（i）显示了多晶硅电池的 TiO$_2$-SiO$_2$/SiO$_2$/SiN$_x$ 减反膜微观结构图和截面图。浸涂提拉制备的 SiO$_2$ 减反膜和 TiO$_2$-SiO$_2$ 复合减反膜在多晶硅基底表面分布均匀。在高倍放大下，可以明显地观察到多晶硅电池表面的陷光结构中的小蚀坑被进一步填充。从截面图可以观察到 SiO$_2$ 减反膜和 TiO$_2$-SiO$_2$ 复合减反膜的厚度分别约为 108nm 和 94nm。涂层会出现些许的裂纹（如图 3-6（i）中红色的圈出部分），这是由于退火过程中溶胶内的有机物挥发过程造成的。但是裂纹的尺寸和数量都很小，不足以影响 TiO$_2$-SiO$_2$/SiO$_2$/SiN$_x$ 减反膜的均匀性和作用。总之，TiO$_2$-SiO$_2$/SiO$_2$/SiN$_x$ 减反膜能够很好地与多晶硅基底结合，溶胶凝胶法是一种经济有效的方法，在多晶硅基底上面制备 SiO$_2$ 减反膜和 TiO$_2$-SiO$_2$ 复合减反膜。

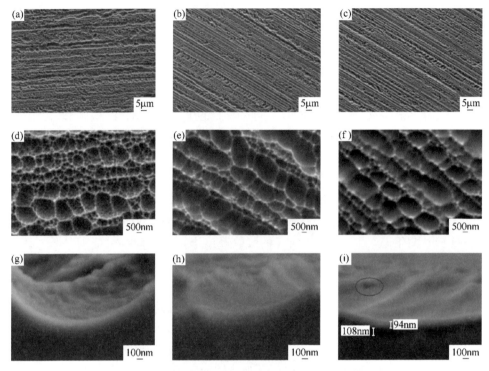

图 3-6　具有不同减反膜的多晶硅电池 FESEM 图

(a), (d), (g) SiN_x; (b), (e), (h) SiO_2/SiN_x; (c), (f), (i) $TiO_2\text{-}SiO_2/SiO_2/SiN_x$

3. 3. 2　$TiO_2\text{-}SiO_2/SiO_2/SiN_x$ 减反膜的光学性能

SiN_x、SiO_2 和 $TiO_2\text{-}SiO_2$ 减反膜的光学特性的考察是通过测试其反射率（$R/\%$）和光学常数，光学常数（如折射系数（n）和消光系数（k））是决定减反膜性能和结构的重要因素。

图 3-7 展示了沉积在多晶硅基底上的 SiN_x、SiO_2 和 $TiO_2\text{-}SiO_2$ 减反膜的折射系数和消光系数随光波长的变化。SiN_x、SiO_2 和 $TiO_2\text{-}SiO_2$ 减反膜在光波长为 640nm 处的折射系数分别为 2.021、1.452 和 1.751，这与之前减反膜设计计算得到的各层理想值相近。

封装条件下，具有不同减反膜的多晶硅电池的反射率如图 3-8 所示。图 3-8 中 SiN_x、SiO_2 和 $TiO_2\text{-}SiO_2$ 减反膜的消光系数曲线表明在可见光区域各个减反膜均具有极低的消光系数。这表明光子入射时，减反膜对光子的吸收较弱，光子透过的能量较高。所以，SiN_x、SiO_2 和 $TiO_2\text{-}SiO_2$ 非常适合作为减反膜来降低晶硅电池的反射率，有利于构建高性能的太阳能晶硅电池。

在 220~1200nm 的光波长范围内，采用 $TiO_2\text{-}SiO_2/SiO_2/SiN_x$ 减反膜的光伏组

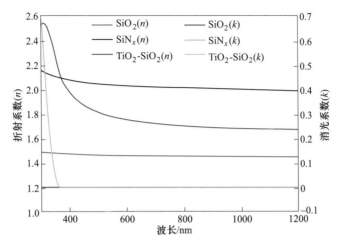

图 3-7 不同减反膜的折射系数（n）和消光系数（k）随光波长的变化曲线

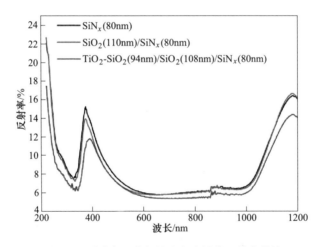

图 3-8 不同减反膜多晶硅电池封装反射率曲线

件平均反射率低至 7.67%，与采用 SiN$_x$ 和 SiO$_2$/SiN$_x$ 减反膜的光伏组价平均反射率相比明显得到优化。说明 TiO$_2$-SiO$_2$/SiO$_2$/SiN$_x$ 减反膜能在较宽的光波长范围内降低光伏组件的表面反射率。在多晶硅电池的主要吸收光波长范围 280~780nm 范围内，采用 TiO$_2$-SiO$_2$/SiO$_2$/SiN$_x$ 减反膜的光伏组件平均反射率低至 6.54%，比采用 SiN$_x$ 和 SiO$_2$/SiN$_x$ 减反膜的光伏组件反射率低了 0.83% 和 0.49%。作为对照组的 SiO$_2$/SiN$_x$ 减反膜，由于 SiO$_2$ 与 EVA 具有相近的折射系数，所以作用于光伏组件后反射率下降不大。值得注意的是，由于 EVA 对紫外光线的吸收作用，所有样品的紫外区的反射率曲线均出现突然下降的趋势。

3.3.3 TiO₂-SiO₂/SiO₂/SiNₓ 减反膜组件的电学性能

对于工业生产，晶硅太阳能电池的减反膜的任何有意义的好处都应该在统计学上得到验证。为此，将具有 SiNₓ、SiO₂/SiNₓ 和 TiO₂-SiO₂/SiO₂/SiNₓ 减反膜的多晶硅太阳能电池制备成组件，每类光伏组件制备 50 个，研究不同减反膜对光伏组件性能的影响。图 3-9 为具有不同减反膜的光伏组件的 *I-V* 特性曲线，从三类光伏组件随机抽取一个样品，结果具有代表性。

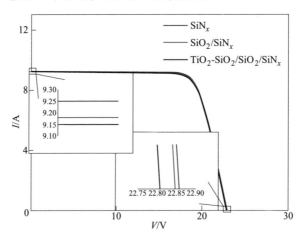

图 3-9　具有不同减反膜的光伏组件的 *I-V* 特性曲线

减反膜对光伏组件短路电流（I_{sc}）的影响结果如表 3-1 所示。采用 TiO₂-SiO₂/SiO₂/SiNₓ 减反膜的光伏组件的平均短路电流（I_{sc}）为 9.25A，比采用 SiNₓ 和 SiO₂/SiNₓ 减反膜的光伏组件的短路电流（I_{sc}）分别提高 0.76% 和 1.09%。

表 3-1　不同减反膜的光伏组件的平均电性能参数汇总

光伏组件类型	I_{sc}/A	V_{oc}/V	FF/%	E_{ff}/%
SiNₓ	9.151 (2.14%)	22.836 (4.17%)	77.851 (2.95%)	15.995 (1.46%)
SiO₂/SiNₓ	9.179 (2.11%)	22.837 (4.09%)	77.313 (2.44%)	16.053 (2.28%)
TiO₂-SiO₂/SiO₂/SiNₓ	9.250 (3.32%)	22.842 (3.67%)	77.48 (2.83%)	16.172 (5.72%)

注：括号中是标准差信息。

具有不同减反膜类型的光伏组件的短路电流（I_{sc}）分布情况如图 3-10 所示。值得注意的是，采用 TiO₂-SiO₂/SiO₂/SiNₓ 减反膜的光伏组件中，有 88% 的短路电流（I_{sc}）大于 9.20A。有 72% 的采用 SiNₓ 减反膜的光伏组件分布位于 $I_{sc} \leqslant 9.15A$

和有 72% 的采用 SiO$_2$/SiN$_x$ 减反膜的光伏组件分布位于 9.15A<I_{sc}≤9.20A。TiO$_2$-SiO$_2$/SiO$_2$/SiN$_x$ 减反膜的光伏组件短路电流（I_{sc}）改善效果最好。提高短路电流（I_{sc}）可以用光照条件下生成短路电流（I_{sc}）的方程（式（3-4））来解释，其中短路电流（I_{sc}）主要受反射系数的影响。在封装条件下晶硅太阳能电池的低反射将允许更多的光子进入晶硅太阳能电池，产生更多的自由载流子。

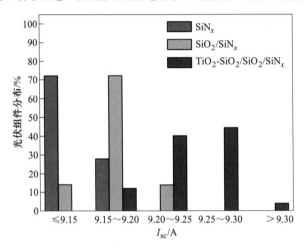

图 3-10　具有不同减反膜的光伏组件的短路电流分布情况

$$I_{sc} = q \int [1 - R(\lambda)] F(\lambda) IQE(\lambda) \, d\lambda \tag{3-4}$$

式中，$R(\lambda)$ 为反射率；$F(\lambda)$ 为光子通道，$IQE(\lambda)$ 为内量子效率。

图 3-11 为具有不同减反膜的光伏组件的开路电压（V_{oc}）分布图。三类光伏组件具有相近的平均开路电压（V_{oc}）约为 22.83V（表 3-1），SiO$_2$ 和 TiO$_2$-SiO$_2$ 减反膜的加入不会直接影响表面钝化效果。换句话说，三种类型的多晶硅太阳能电池的表面钝化效果都是由 SiN$_x$ 提供的。

晶硅电池的光转换效率（E_{ff}）是评价性能的重要指标。光转换效率（E_{ff}）可根据以下公式得到[50]：

$$E_{ff} = \frac{P_m}{E \times S} \tag{3-5}$$

式中，P_m 为光伏组件的最大功率；E 为标准辐照度（1000W/m^2）；S 为光伏组件的有效面积。

为了不同减反膜对效率的影响，统计分析了不同具有不同减反膜的光伏组件的光转换效率（E_{ff}）。值得注意的是，光伏组件平均光转换效率（E_{ff}）可以通过 TiO$_2$-SiO$_2$/SiO$_2$/SiN$_x$ 减反膜来优化（表 3-1），TiO$_2$-SiO$_2$/SiO$_2$/SiN$_x$ 减反膜可以将光伏组件光转换效率（E_{ff}）提高到 16.17%。在图 3-12 中，采用 SiO$_2$/SiN$_x$ 减反

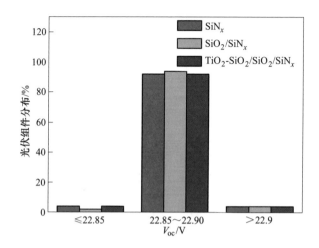

图 3-11　具有不同减反膜的光伏组件的开路电压分布情况

膜的光伏组件和采用 TiO_2-SiO_2/SiO_2/SiN_x 减反膜的光伏组件的权重分布分别为 $16.00\% < E_{ff} \leqslant 16.10\%$ 和 $16.15\% < E_{ff}$，而采用 SiN_x 减反膜的光伏组件权重分布为 $E_{ff} \leqslant 16.10\%$。采用 TiO_2-SiO_2/SiO_2/SiN_x 减反膜的光伏组件的光转换效率（E_{ff}）均超过 16%，而对于 SiN_x 减反膜的光伏组件的光转换效率（E_{ff}）超过 16% 的仅有 22%。因此，TiO_2-SiO_2/SiO_2/SiN_x 减反膜可以有效提高光伏组件的光转换效率（E_{ff}），由于 TiO_2-SiO_2/SiO_2/SiN_x 减反膜可以降低光伏组件中 EVA 与晶硅电池间界面的反射损耗，改善电路电流，使得光伏组件具有较高的转换效率。

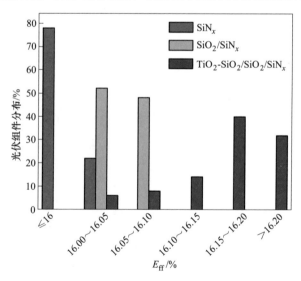

图 3-12　具有不同减反膜的光伏组件的光转换效率分布情况

填充因子（*FF*）在决定太阳能电池的优劣方面也很重要，可以通过式（3-6）得到[32]：

$$FF = \frac{I_{m} \times V_{m}}{I_{sc} \times V_{oc}} \tag{3-6}$$

式中，I_m 和 I_{sc} 为光伏组件的最大工作电流和短路电流；V_m 和 V_{oc} 分别为光伏组件的最大工作电压和开路电压。

具有不同减反膜的光伏组件的填充系数（*FF*）分布如图 3-13 所示。采用 SiN_x 减反膜的光伏组件主要分布在 0.773%<*FF*≤0.777% 范围内，占 50%。相比之下，采用 SiO_2/SiN_x 减反膜的光伏组件主要分布在 0.769%<*FF*≤0.777%，占 76%。最后，采用 $TiO_2\text{-}SiO_2/SiO_2/SiN_x$ 减反膜结构的光伏组件主要分布于 0.769%<*FF*≤0.777% 的范围内，占 86%。各类光伏组件的平均填充系数（*FF*）列于表 3-1。采用 $TiO_2\text{-}SiO_2/SiO_2/SiN_x$ 减反膜结构的光伏组件的平均填充系数（*FF*）改善不大，说明烧结和焊接工艺需要进一步优化[51]。

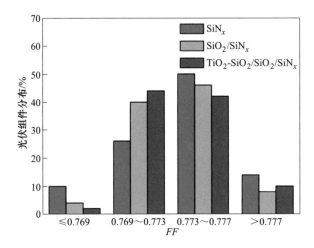

图 3-13 具有不同减反膜的光伏组件的填充系数分布情况

参 考 文 献

[1] 王海燕. 硅基太阳能电池陷光材料及陷光结构的研究 [D]. 郑州：郑州大学：2005.

[2] Mahdjoub A. Graded refraction index antireflection coatings based on silicon and titanium oxides [J]. Semiconductor Physics, Quantum Electronics & Optoelectronics, 2007 (10)：60-66.

[3] Farooq M, Hutchins M G. A novel design in composites of various materials for solar selective coatings [J]. Solar Energy Materials & Solar Cells, 2002 (71)：523-535.

[4] Yariv A. Hutchinsb M G. Optical waves in crystals: propagation and control of laser radiation [M]. New York: A Wiley-Interscience Publication, 2003.

[5] Bouhafs D. Moussi A, Chikouche A, et al. Design and simulation of antireflection coating systems for optoelectronic devices: Application to silicon solar cells [J]. Solar Energy Materials & Solar Cells, 1998 (52): 79-93.

[6] Southwell W. H. Gradient-index antireflection coatings [J]. Optics Letters, 1983 (8): 584-586.

[7] Yablonovitch E. Statistical Ray Optics [J]. Journal of the Optical Society of America, 1982 (72): 899-907.

[8] Campbell P, Green M A. Light trapping properties of pyramidally textured surfaces [J]. Journal Applied Physics, 1987 (62): 243-249.

[9] Zhou W, Meng T, Li C, et al. Microstructured surface design for omnidirectional antireflection coatings on solar cells [J]. Journal Applied Physies, 2007, 102: 103105.

[10] Wang E Y, Yu F, Simms V L, et al. Optimum design of antireflection coating for silicon solar cells [J]. Photovoltaic Specialists Conference, 1974 (13): 132-135.

[11] Ottermann C R, Bange K. Correlation between the density of TiO_2 films and their properties [J]. Thin Solid Films, 1996 (286): 32-34.

[12] Mergel D, Buschendorf D, Eggert S, et al. Density and refractive index of TiO_2 films prepared by reactive evaporation [J]. Thin Solid Films, 2000 (371): 218-224.

[13] Biswas S, Majumder A, Hossain M F, et al. Effect of annealing temperature on the photocatalytic activity of sol-gel derived TiO_2 thin films [J]. Journal of Vacuum Science & Technology A Vacuum Surfaces & Films, 2008 (26): 678-682.

[14] Deloach J D, Scarel G, Aita C R. Correlation between titania film structure and near ultraviolet optical absorption [J]. Journal. Applied Physics, 1999 (85): 2377.

[15] Yoo D, Kim I, Kim S, et al. Effects of annealing temperature and method on structural and optical properties of TiO_2 films prepared by RF magnetron sputtering at room temperature [J]. Applied Surface Science, 2007 (253): 3888-3892.

[16] Barrera M, J Plá, Bocchi C, et al. Antireflecting-passivating dielectric films on crystalline silicon solar cells for space applications [J]. Solar Energy Materials & Solar Cells, 2008 (92): 1115-1122.

[17] 宋志国. 单晶硅太阳电池纳米减反射膜的研究 [J]. 中国化工贸易, 2017 (9): 240.

[18] Doeswijk L M, Moor H, Blank D, et al. Passivating TiO_2 coatings for silicon solar cells by pulsed laser deposition [J]. Applied Physics A, 1999 (69): S409-S411.

[19] Vicente G S, Morales A, Gutiérrez M T. Sol-gel TiO_2 antireflective films for textured monocrystalline silicon solar cells [J]. Thin Solid Films, 2002 (403-404): 335-338.

[20] Richards B S, Richards S R, Boreland M B, et al. High temperature processing of TiO_2 thin films for application in silicon solar cells [J]. Journal of Vacuum Science & Technology A Vacuum Surfaces & Films, 2004 (22): 339-348.

[21] Abdullah U, Masashi K, Hiroyuki K, et al. Sprayed and spin-coated multilayer antireflection coating films for nonvacuum processed crystalline silicon solar cells [J]. International Journal of

Photoenergy, 2017 (2017): 1-5.

[22] Yang Z P. Cheng H E, Chang I H, et al. Atomic layer deposition TiO$_2$ films and TiO$_2$/SiN$_x$ stacks applied for silicon solar cells [J]. Applied Sciences, 2016 (6): 233.

[23] Aberle A G, Hezel R. Progress in low-temperature surface passivation of silicon solar cells using remote-plasma silicon nitride [J]. Progress in Photovoltaics Research & Applications, 1997 (5): 29-50.

[24] Michiels P P, Verhoef L A, Stroom J C, et al. Hydrogen passivation of polycrystalline silicon solar cells by plasma deposition of silicon nitride [C] // IEEE Photovoltaic Specialists Conference, 1990.

[25] Winderbaum S, Yun F. Application of plasma enhanced chemical vapor deposition silicon nitride as a double layer antireflection coating and passivation layer for polysilicon solar cells [J]. Journal of Vacuum Science & Technology A Vacuum Surfaces & Films, 1997 (15): 1020.

[26] 秦捷, 杨银堂. SiON/SiN 太阳电池双层减反膜的性能研究 [J]. 太阳能学报, 1997 (18): 302-306.

[27] Guo S, Singh J P, Peters I M, et al. A quantitative analysis of photovoltaic modules using halved cells [J]. International Journal of Photoenergy, 2013 (2013): 1-8.

[28] Wen Z, Chen J, Cheng X, et al. A new and simple split series strings approach for adding bypass diodes in shingled cells modules to reduce shading loss [J]. Solar Energy, 2019 (184): 497-507.

[29] Guerrero-Lemus R, Vega R, Kim T, et al. Bifacial solar photovoltaics—A technology review [J]. Renewable Sustainable Energy Reviews, 2016 (60): 1533-1549.

[30] Prevo B G, Hon E W, Velev O D. Assembly and characterization of colloid-based antireflective coatings on multicrystalline silicon solar cells [J]. Journal Materials Chemistry, 2007 (17): 791-799.

[31] Hussain B, Ebong A, Ferguson I. Zinc oxide as an active n-layer and antireflection coating for silicon based heterojunction solar cell [J]. Solar Energy Materials and Solar Cells, 2015 (139): 95-100.

[32] Shin W J, Huang W H, Tao M. Low-cost spray-deposited ZrO$_2$ for antireflection in Si solar cells [J]. Materials Chemistry Physics, 2019 (230): 37-43.

[33] Jannat A, Lee W, Akhtar M S, et al. Low cost sol-gel derived SiC-SiO$_2$ nanocomposite as anti reflection layer for enhanced performance of crystalline silicon solar cells [J]. Applied Surface Science, 2016 (369): 545-551.

[34] Adak D, Ghosh S, Chakrabarty P, et al. Self-cleaning V-TiO$_2$: SiO$_2$ thin-film coatings with enhanced transmission for solar glass cover and related applications [J]. Solar Energy, 2017 (155): 410-418.

[35] Kim Y T, Cho J Y, Heo J. Formation of antireflection structures for silicon in near-infrared region using AlO$_x$/TiO$_x$ bilayer and SiN$_x$ single-layer [J]. Joutnal Non-Crystalline Solids, 2018 (489): 22-26.

[36] Angus M H. Thin-film optical filters, fourth edition [M]. Arizona: Crc Press, 2010.

[37] Choi K, Kim K J. Antireflection coating of a SiO/SiN double layer on silicon fabricated by magnetron sputtering [J]. Journal Ceramic Processing Research, 2010 (11): 341-343.

[38] Kanda H, Uzum A, Harano N, et al. Al_2O_3/TiO_2 double layer anti-reflection coating film for crystalline silicon solar cells formed by spray pyrolysis [J]. Energy Science Engineering, 2016, 4 (4): 269-276.

[39] Soman A, Antony A. Broad range refractive index engineering of Si_xN_y and SiO_xN_y thin films and exploring their potential applications in crystalline silicon solar cells [J]. Materials Chemistry Physics, 2017 (197): 181-191.

[40] Livage J, Henry M, Sanchez C. Sol-gel chemistry of transition-metal oxides [J]. Progress Solid State Chemistry, 1988 (18): 259-341.

[41] Sanchez C, Livage J, Henry M, et al. Chemical modification of alkoxide precursors [J]. Journal Non-Crystalline Solids, 1988 (100): 65-76.

[42] Rubio F, Rubio J, Oteo J L. A FT-IR Study of the Hydrolysis of Tetraethylorthosilicate (TEOS) [J]. Spectroscopy Letters, 1998 (31): 199-219.

[43] Brinker C J. Scherer G W. Sol-gel science [M]. Commonwealth of Pennsylvania: Academic Press, 1990.

[44] Zeitler V A, Brown C A. The Infrared Spectra of Some Ti-O-Si, Ti-O-Ti and Si-O-Si Compounds [J]. The Journal of Physical Chemistry, 1957 (61): 1174-1177.

[45] Murashkevich A N, Lavitskaya A S, Barannikova T I, et al. Infrared absorption spectra and structure of TiO_2-SiO_2 composites [J]. Journal of Applied Spectroscopy, 2008 (75): 730-734.

[46] Andrianov K A. Polymers with inorganic primary molecular chains [J]. Journal of Polymer Science Part A Polymer Chemistry, 1961 (52): 257-276.

[47] Mcdevitt N T, Baun W L. Infrared absorption study of metal oxides in the low frequency region ($700 \sim 240cm^{-1}$) [J]. Spectrochimica Acta, 1964, 20 (5): 799-808.

[48] Kochkar H, Figueras F. Synthesis of Hydrophobic TiO_2-SiO_2 Mixed Oxides for the Epoxidation of Cyclohexene [J]. Journal of Catalysis, 1997 (171): 420-430.

[49] Vargas M A, Rodríguez-Páez J E. Amorphous TiO_2 nanoparticles: Synthesis and antibacterial capacity [J]. Journal Non-Crystalline Solids, 2017 (459): 192-205.

[50] Dimitrijev S. Principles of Semiconductor Devices [J]. Circuits & Devices Magazine IEEE, 2011 (22): 58-59.

[51] Khanna A, Mueller T, Stangl R A, et al. A Fill Factor Loss Analysis Method for Silicon Wafer Solar Cells [J]. Ieee Journal of Photovoltaics, 2013 (3): 1170-1177.

4 分片和贴膜双玻晶硅组件

4.1 引言

在硅基光伏组件中，单晶硅因其性能优势占据了太阳能级硅材料最大的市场份额，单玻组件市场也逐渐被双玻组件取代。通过实际应用容易发现，双玻组件省去了单玻组件周围的铝边框，其节省出成本为使用玻璃等材料留出足够成本降幅空间。相对单玻组件的 25 年使用寿命，双玻组件 30 年使用寿命为光伏电站长期获益提供有力保障。另外，双玻组件因其独特的性质可以大规模应用于建筑物中，为光伏的综合利用开拓了广泛的应用前景。因此，从使用可靠性和使用寿命的角度，双玻组件也成为光伏电站用户的首选。

然而，随着光伏市场的开拓，人们发现在一定可利用土地面积上，单位面积双玻组件效率是双玻组件提高竞争力的主要因素。因此，采用何种方式提高单位面积输出功率，成为众多双玻组件生产厂商热切关注的问题。随着光伏应用的大范围推广，在一些可利用面积有限的地区，如山地地区和监测站地区，此种地区的可利用面积小，因此要求单位面积的组件发电效率较高。在这种独特的要求条件下，必须对传统的光伏组件的整体性能进行改善，才可达到相应的条件要求。从物理学和应用工程的角度，改变电池片尺寸[1-3]、改善组件封装材料[4,5]和使用封装贴膜工艺三个方面可以对组件性能进行有效提升。

改变电池片尺寸，是指利用激光划片机对电池片进行切割，然后将切割后的电池片按照一定设计版型进行封装制造。对于一定的组件，光伏组件的电学性能会直接影响组件的输出功率，而焊带和电缆的选择对光伏组件的电学性能起着至关重要的作用。实际应用中，为了满足对电压、电流和功率的需求，光伏组件中的晶硅太阳电池完整片可以被激光划片机切割成 n 等分小电池片，然后将小电池片串焊接层压封装成组件，可以得到完全不同的外观和性能的光伏组件。根据光生伏特效应，理论上被切割每片的电池片前后的电压是不变的。此时如果把所有的小片串联起来，整体的电压就会变为原来的 n 倍[1]，而电流会发生变化。在光伏组件的制成过程中，由于组件自身结构原因会造成封装损失（cell to module，CTM）[2]，是指组件的实际功率与所有电池片的理论功率之和的差值，其计算过程为：组件功率损失等于理论功率减去实际功率，再除以理论功率之和。CTM 数值和组件的输出功率和组件中电池发电量之和的百分比相同，表示组件封装过程的损失。CTM 和组件输出的功率成线性关系，即 CTM 越大，组件输出功率越高。通过研究发现，经过封装产生的封装损失与 EVA 透光度、玻璃透光度、电池焊带焊接损失、焊带电阻损失、接线盒焊接损失、接线盒线损失等相关[6]。通常，玻璃透光度、EVA 透光度、接线盒焊接损失、接线盒线损失可改善空间不大。因此，电池焊带焊接损失、焊带电阻损失是减小封装损失的关键。此外，国内外对于影响小尺寸电池片组件性能进行了深入广泛的研究[3,7]。

从光伏发电基本单元可知，当互联条把电池片焊接成串时，在光照条件下其内部产生的电流会自上块电池片的汇流条经过该块电池片下方互联条和电池片内部，流向该块电池片上方互联条，然后流入下块电池片，形成基本回路。通过对内部电阻分析可知，电流在下方互联条和上方互联条呈线性分布，电流流入端电流小，而流出端电流大。通过积分方式可以求得下方互联条和下方互联条都存在相当于焊带三分之一长度电阻。当电池片被切割成相同的 n 等分小片电池片后，再形成小片组件，其组件内部的串联电阻和并联电阻发生变化。完整片电池串电学功率总损失与切割后电池串电学功率总损失的损失率用 ΔP 表示（$\Delta P = 1 - 1/n^2$）。分析表明[8]，切割片组件内部的电学损失功率会相对减小。当 n 为 2 时，即电池片被切割成二等分，即二分之一片，ΔP 为 75%，此时 $P_{损失(切割片)}$ 为 $P_{损失(完整片)}$ 的 1/4；当 n 为 4 时，即电池片被切割成四等分，即四分之一片，ΔP 为 94%，此时 $P_{损失(切割片)}$ 为 $P_{损失(完整片)}$ 的 1/16。随着电池尺寸的减小，封装损失尤其是焊带电阻损失会大大降低[8,9]。

电池片经过划片再封装成光伏组件时，其优点有以下三个方面[10]：（1）有外观缺陷电池再利用：对于部分缺角、崩边、小范围的隐裂和部分脏污的电池片，可经过划片工艺将其分割成小尺寸电池片，对电池片无缺陷部分进行再次利用；（2）电池片失配损失减小：在对组件生产端，生产厂商一般只对电池片的功率进行检验，不会对电池片的其余电学性能参数进行分档，这样导致不同电学性能的电池片有可能被封装在同一组件，由于各个电池电学性能不匹配而产生失配损失。对于小块电池片，电池片各项电学性能会趋于相近，会降低因不匹配而产生的组件内部失配损失；（3）电流在组件内部的自身损耗：通过设计符合小尺寸电池版型，组件能够有效减少电学损失和热阻，从而降低组件自身损耗。

激光器具有功率密度高、热源集中、聚焦点温度高等一系列特点，使得激光划片成为硅基电池片加工的主要手段。在激光划片过程中，激光引起电池片性能降低，此损失会影响组件输出功率。1916 年爱因斯坦对辐射的理论基础为激光的产生提供理论依据，1960 年美国人 Maiman[11] 研制成世界上第一台红宝石激光器。随着对激光技术不断探究和革新，实现了激光波段的全范围覆盖，其输出功率千瓦内也可以连续调节，脉冲持续时间从纳秒缩短到皮秒甚至到飞秒。在众多激光器中以红外和远红外的激光器相关研究最为成熟，其中 CO_2 和 Nd：YAG

激光器在市场上的占有率最大，性价比最高[12]。

目前，对于激光加工的过程中激光脉冲和物质相互作用的机理还无法给出满意解释。但可以确定的是，纳秒脉冲激光加工过程是个复杂的过程，包含了热作用、光化学作用等多个作用过程，并且彼此之相互作用和影响[13]。激光加工工具有打孔、切割、焊接、雕刻、划片等多种方式[14]。非金属材料在和激光发生作用时，半导体对激光的吸收率比较高，而对激光的反射率比较低。以硅材料为例，很多学者认为激光加工过程不是依靠自由电子加热，而是靠吸收光子的能量破坏化学键形成，或者激光作用下使硅材料的晶格热运动加剧，将激光脉冲的能量转化为材料内部的热量[15]。不同波长的脉冲激光作用在硅材料上时，对于不同波长的激光来说，硅材料吸收率是完全不同的。其中，波长较短的紫外光因具有较高的能量，容易克服禁带能量而更容易被硅材料所吸收[16]。此外，硅材料因其独特的晶体结构、导电特性等因素会影响激光作用的烧蚀阈值，当激光脉冲能量达到一定强度值时，才会使硅材料表面产生裂纹，达到激光划片的目的。

在国外，德国汉诺威大学激光研究中心[17]率先总结硅基太阳电池内部载流子的扩散浓度和扩散深度的曲线关系并发展激光刻槽相关工艺理论体系。该团队认为刻槽的深度需在 $0.5\mu m$ 以上才可以完全切断边缘硅中的 PN 结，这些相关研究结果为接下来的研究提供了重要的理论依据。新加坡国家光伏工程中心也对半片增效组件做出具体深入的研究，该团队首先在单玻组件上利用半片实现组件增效。此外，该团队还设计出适合 60 片和 72 片规格的单玻光伏组件排布方式。在国内，王学孟[18]等发现当固定激光器的波长为 1064nm、脉宽 ms 数量级时，通过控制激光器的激光电流和移动速度，可以达到完全隔断 PN 结的效果。於孝建[19]等利用激光切割将失效部分电池片切割剔除，并对提出部分补充良好的电池片，取得初步效果。同时对激光切割电池片的微观结构进行建模处理，做出非常详细的对比。贾河顺等人[10]设计了一种二分之一片光伏组件，其过程是对电池片进行划片，重新串焊接排版之后测得二分之一片的组件功率比完整片电池片组件发电功率有着明显提升，实验中使用的单玻多晶硅组件其输出功率可以提高约 3.5W。另外，用于航天机电设计的 N 型双面半片电池组件，采用二分之一 N 型电池片进行组件功率提效，得到了较好的效果。青岛瑞元鼎泰新能源有限公司也推出了半片光伏组件，拥有抗 PID 性能、胶膜封边工艺、安装便捷快速等独特的优势，在 2015 年的上海国际光伏展会上大放异彩。

通过对激光作用机理和作用条件的了解，影响激光脉冲加工效果的因素主要有以下几点[20,21]：

（1）激光脉冲宽度。激光脉冲宽度是指激光在一定工作状态所持续的时长。激光脉冲宽度是一个时间衡量单位，有毫秒、微秒、纳秒、皮秒、飞秒等不同的量级。量级越小，激光工作持续的时间越短。在加工效果方面，激光脉冲宽度越小，加工热影响区越小，对被加工对象的破坏程度越小。

（2）脉冲重复频率。激光的脉冲重复频率是指单位时间内激光脉冲重复工作次数。在加工过程中，脉冲重复频率影响着激光加工尺寸及深度。频率越高，相邻脉冲作用到单晶硅表面的时间间隔就越短，由于纳秒脉冲激光加工过程中存在不可忽视的热作用，时间越长激光脉冲的热作用的积累就越明显，热量散失变慢，加工中的热熔物飞溅起来并沉积在加工区域附近，使得受热影响区域比较大。随着重复频率的升高，加工的线槽宽度变细，并且加工线槽的宽度随着脉冲重复频率的升高而下降，其下降趋势接近线性。从激光加工的结果看，热作用随着脉冲重复频率的升高而减弱，导致的飞溅物沉积也变得不明显。当激光的重复频率增加，相邻激光脉冲之间的间隔时间缩短，使得激光能量累加效果消减，同时运动平台的移动也会带动激光能量不断在未加工硅材料的表面，减弱了能量的扩散的效果，所以加工的线宽变细，同时热效应影响也不明显。

（3）划片速度。激光加工速度是指激光对材料加工时移动的速度，通常由底座机台控制。由加工结果可知，当速度较低时，加工的直线效果较好，边缘较为光滑整齐，触摸感觉切割面飞溅物较少；随着加工速度的提高，加工线宽并没有显著变化，并且加工的直线稳定性变差，激光出现抖动，此外在加工边缘残留激光脉冲的烧蚀痕迹。因此，合适的运动速度对加工效果产生决定性的影响。已知在激光能量、脉冲重复频率等参数不变时，适中的加工速度会提高加工结果的直线稳定性和加工表面光滑度。

（4）激光能量分布。激光在二维空间上呈高斯分布。当激光能量较小时，在硅表面只能留下淡淡的脉冲烧蚀痕迹，不能达到划片分片的目的；而随着激光能量的增大，加工的直线线槽宽度越来越宽，其深度也越来越深，线槽边缘也变得比较粗糙，热作用导致的飞溅物沉积也越来越明显。究其原因，是因为激光能量的改变，导致在加工过程中作用在硅表面激光脉冲能量降低，硅材料吸收能量后的热作用和光化学作用的剧烈程度减弱，破坏硅材料的能力就会相应减弱，不难看到激光加工槽刻尺寸发生变化。因此，在激光器一定时，激光的能量分布很难发生改变。

晶硅太阳能电池可以看作无数个 PN 结并联，在激光对其进行切割过程中，聚焦的激光光束作用在硅基太阳能电池上，表面的硅材料被气化，形成激光切割熔道，从外观上看仿佛一道"沟槽"[22]。毫无疑问，在激光加工过程中，电池片的结构会被破坏，电池片的性能难免受到影响。激光划片过程对晶硅太阳能电池的使用性能和稳定性能影响主要有：（1）电池片损耗较大；（2）光伏组件制成过程良品率降低；（3）半片电池片可靠性测试时漏电流现象增加；（4）户外使用可靠性较差。这些问题成为制备高效组件的主要障碍。所以，如何降低切割过程中对电池片结构的破坏，最小程度减少对电池片性能的影响，是研制高效组件重点关注的问题。因此，重点开展如下工作：（1）对激光器的脉冲宽度、脉冲重复频率、加工速度进行调节，达到最佳划片效果；（2）研究切割后电池片的电压、电流、并阻、串阻及功率与切割前这些参数的区别，探究引起不同参数变化的根本原因；（3）重新设计光伏组件的版型，结合实际工业化标准，达到使激光划片工艺可以进行工业化生产。

此外，封装材料和封装工艺对组件的效率提升也是值得关注的问题。目前，商业应用的组件封装材料主流还是 EVA 胶膜。晶硅光伏组件经常处在高温度、高湿度及高辐射的自然环境中，为增加晶硅电池片抗老化、抗衰减的性能，因此在晶硅光伏组件封装过程中使用封装胶膜，提高光伏组件寿命。常见的光伏组件封装材料为 EVA（乙烯醋酸乙烯酯）胶膜，其主要成分为 EVA 树脂。EVA 胶膜在常温常压下无黏结性，经过热压后发生交联固化反应，产生非常强的黏合力。通过不断探索和改良，可采用不同工艺、设备和材质将 EVA 制成各种性能的EVA 胶膜。使用在光伏组件中的 EVA 胶膜有着独特的性能要求，通常需要满足如下三个条件：（1）具有良好的耐候性和弹性，层压工艺后制作光伏组件所需要前面玻璃、电池片、焊带、背板玻璃能够黏结为一体；（2）具有良好的透光率或反光率，提升光伏组件对太阳能的利用效率；（3）具有较高的生产良率，生产稳定性好。

由于不同厂商的特别需求，EVA 材料的表面光洁度、光照稳定性、耐紫外和湿热强度、改良剂的掺混性、着色和模具成型难度等方面都有待进一步提高，相应 EVA 胶膜的性能也不断改进。自 20 世纪 80 年代开始，美国率先开始研究交联改性 EVA 应用于晶体硅组件封装工艺上，并实现了工业化生产。随着光伏组件材料的推陈更新，光伏市场先后出现了单玻组件用 EVA 胶膜[4]，双玻组件用 EVA 胶膜等不同性能的胶膜封装材料[5]。德国北欧化工生产的 EVA 胶膜可靠性测试结果较好，能够满足组件的寿命设计，市场占有率较高。我国早在 80 年代开始引进 EVA 胶膜应用在太阳能电池生产线上，90 年代末有众多科研院所和企业[23,24]开始研究 EVA 胶膜的国产化，并取得良好进展。随着我国光伏事业的发展，国产 EVA 不断提升其质量和性能，以其拥有绝对的成本优势，逐渐占据市场份额。随着光伏产业"领跑者计划"的推行，行业内对光伏组件的整体性能要求不断提高。

根据市场需求，使用在光伏组件中 EVA 胶膜有如下两个主要的发展方向[25]：（1）拥有更高的透光率或者反光率，提高电池光电转化效率，提高光伏组件的输出功率；（2）拥有更好的耐黄变热性能，提高抗老化性能，提高光伏组件使用寿命。在 2012 年之前，双玻组件已经产业化生产，然而到 2015 年才被市场大范围接受。在很长一段时间里，尽管双玻组件有很多优势，但是由于双玻组件一开始使用前后都是透明 EVA 胶膜，导致双玻组件的发电量相对于单玻组件有一定量降低，在光伏电站应用端受到一定阻碍。但随 EVA 性能的改善，双玻组件已经得到广泛推广和应用。

透明 EVA 胶膜在对于可见光的透光率很高，在波长为 380nm 以上的可见光的透过率达到 91%~94%，导致使用相同材料和功率档位电池片双玻组件功率相比较单玻组件有大幅度降低，因此降低了电站整体发电量[26]。随着行业内专业人员不断研究攻克，一种含有钛白粉（TiO_2）的高反光率 EVA 解决了这个问题，TiO_2 具有对太阳光线的高反射功能，因此这种 EVA 胶膜被称为瓷白 EVA。已经在市场上推广应用瓷白 EVA 胶膜的光学性能具有良好的反光率。一方面，瓷白 EVA 胶膜提高组件抗紫外老化性，同时有利于组件对光线的再吸收和再利用，主要是因为瓷白 EVA 可将波长较短（波长为 360~400nm）的紫外光转换为波长较长（波长为 500~800nm）的可见光；另一方面，瓷白 EVA 胶膜可以反射 400~600nm 波长范围内的可见光，同时将吸收的紫外光线转换成为可见光线反射或者漫反射到前面玻璃，前面玻璃对光线再进行反射或者漫反射到电池片上可以增加电池片对光线的吸收量。对于双玻光伏组件来说，在同样的工艺和加工过程条件下，使用瓷白 EVA 胶膜和透明 EVA 胶膜时，对于光伏组件输出功率具体差异数值还值得深入研究。

光伏焊带对光伏组件效率的影响也是不容忽视的因素。在组件内部，汇流条和互联条统称为光伏焊带，其功能不同。汇流条对电池串串并联从而形成回路，互联条负责将电池片生成的电流收集起来。通常使用的光伏焊带为镀锡铜带，其好坏直接影响光伏组件电流的收集效率。然而，互联条的覆盖导致晶硅电池表面遮挡影响组件的发电功率，一直是光伏行业研究的热点和难点问题。

美国 Ulbrich 公司于 20 世纪 90 年代开始生产光伏焊带，其 Light-Capturing Ribbon™ 产品通过对焊带表面加工纹路提高了对太阳光的反射，从而提升光伏组件的效率。此外，3M 公司研制一种双层结构焊带贴膜，通过提高在汇流条表面入射光的反射和散射率从而提高组件对光线的利用率，达到提升光伏组件的效率。国内方面，三立特公司采用液体冷却方法生产的焊带表面粗糙度降低，提高焊带表面反光率。江苏无锡思威客科技有限公司研发出低电导率的光伏焊带，降低了光伏组件内部电学损失并取得良好效果。

4.2　电池片激光切割工艺和组件性能

4.2.1　电池片的激光切割工艺

4.2.1.1　激光划片机参数

所用的激光划片设备为江苏启澜 GSC-20F 激光划片机，激光划片机的核心部件光源使用的武汉瑞科 20W 脉冲光纤激光器（Raycus，RRL-P20）。

GSC-10F/20F 系列光纤激光划片机由开关控制板、电控柜、光纤激光器、XY 运动台、精密调焦器、负压吸尘风机、脚踏装置等系统组成。该型号激光划片机具体参数如表 4-1 所示。

表 4-1　江苏启澜 GSC-20 光纤激光划片机参数

性能类别	性能参数	性能类别	性能参数
激光波长	1064nm	工作台运动速度	0~220mm/s
激光模式	基模 TEM00	工作台行程	200mm×200mm
激光最大输出功率	20W	切割厚度	≤1.2mm
激光调制频率	30~60kHz	划片线宽	≤0.03mm
冷却方式	自然风冷	使用电源	220V/50Hz/1kW

激光划片机中最核心的器件是激光器，划片机的整体性能取决于划片机的质量好坏。江苏启澜 GSC-20 光纤激光划片机的激光器为武汉瑞科 RRL-P20 20W 信号光纤激光器，具体参数如表 4-2 所示。

表 4-2　武汉瑞科 RRL-P20 20W 脉冲光纤激光器参数

性能类别	性能参数	性能类别	性能参数
波长	1064nm	脉冲宽度	<140ns@ 30kHz
激光质量	$1.2M^2$	单脉冲能量	0.67mJ@ 30kHz
激光占空比	50%	功率调节量	10~100%
激光功率	20W	重复频率	30~60kHz
切割厚度	≤1.2mm	冷却方式	自然风冷
扫描线宽	20μm	激光模式	基模 TEM00

4.2.1.2　激光划片工艺流程

根据工业化生产的需要，结合市场国产化设备生产分片双玻晶硅组件制作工艺流程如图 4-1 所示。其过程主要分为分选电池片、串焊接、层叠、中间测试、层压、削边清理、安装接线盒、清理固化、外观检测、最终测试及成品打包 11 个详细具体的环节。

每个环节都包一个或多个步骤，具体细节如下：

（1）分选电池片：电池分选主要是为了检出不合格的电池片，如电池片缺角、断栅、裂片、脏污等情况。同时对有色差的电池片进行剔除，保证生产出组件的美观。其目的是保证生产出的组件质量良好，外观美观，提高后续工序的工作效率。

（2）串焊接：串焊机将平行的互联条拉出切断，按照大约 2 倍的长度进行裁切，分别焊接在硅基电池片正面的主栅线上及反面的负电极上，相互搭接形成电

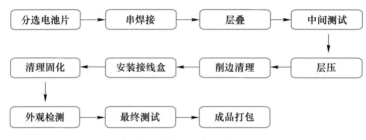

图 4-1 分片双玻晶硅组件制作工艺流程图

池串，焊接时精确定位。焊接加热时采用电磁感应加热，通过利用电磁感应的热效应将焊带表面的锡材料和主栅线表面的银浆焊接在一起。同时利用吸盘将焊接好的电池串进行分区存放。

（3）层叠：层叠是对光伏组件的材料进行堆叠的过程。此操作使用模具，模具上刻有电池片、汇流条和互联条的标识，操作时将其一一对应排列。操作人员根据组件的模板，使用高温电烙铁将电池串按照正负极相连的方式依次串接在一起，形成组件内部的断路回路。最后将电池串、EVA 胶膜、钢化玻璃和汇流条按照设计版型铺设好，同时注意电池串间距和外形美观，并用定位胶带定位防止在后续操作时错位。此过程在无尘恒温的环境中操作，严格按照行业内工业标准进行操作。

（4）中间测试：中间测试主要是检验组件的外观和电池片是否有缺陷。对玻璃外观有无瑕疵和电池片排版是否错位、焊接及叠层材料和质量采用肉眼观测，采用 EL 测试检验组件的电性能，防止电池片组件内部任何一片电池片出现隐裂、黑心、断栅、虚焊等不合格情况进入下一道工序。如有发现不良情况，及时进行返修。

（5）层压：层压是利用组件层压机对已叠层组件在高温真空条件下进行封装。在层压过程中，组件的 EVA 胶膜在高温、抽真空条件下发生固化交联反应，冷却后将电池片、焊带和玻璃黏结成一体。而在层压过程中，层压工艺十分重要，直接影响组件质量的好坏。

（6）削边清理：削边清理是对组件边部和前后纸张进行清理。组件经过高温真空层压时 EVA 熔化从两个玻璃夹层中外渗，固化后形成溢胶，层压纸张黏附在表面。为了不影响美观，在旋转台上使用电热刀将其四周的 EVA 溢胶切除清理，并将纸张撕掉。

（7）安装接线盒：安装接线盒是将分体式或一体式接线盒安装利用硅胶黏结在汇流条的端部，使组件在使用时能够连接形成光伏方阵。黏结后将灌封胶灌入接线盒内部，放入固化室进行恒温恒湿固化。

（8）清理固化：清理固化是安装接线盒之后针对溢胶等情况进行清理，并在恒温恒湿固化室内使密封胶和灌封胶固化，防止在湿气和暴晒等自然环境中组件失效，同时为了保证良品率和避免不必要的材料浪费。

（9）外观检测：此时的外观检测是对组件进行最后一次外观检测，及时将有安全隐患和外观不符合要求的不良组件进行剔除。

（10）最终测试：最终测试是对光伏组件的电学性能进行出厂标定，测试光伏组件输出特性，对光伏组件进行等级标定，分为 EL 和 *I-V* 测试。EL 测试是为了确认光伏组件在经过前面众多工序时，其内部电池片是否出现裂片、隐裂、断栅、虚焊、黑心、低效等不合格情况，若有应对其进行剔除。*I-V* 测试是在使用标片校准的前提下，测试光伏组件的开路电压 V_{oc}、短路电流 I_{sc}、工作最佳功率 P_{mpp}、工作最佳电压 V_{mpp}、工作最佳电流 I_{mpp}、填充因子 *FF* 等各项指标，并进行记录标定。若光伏组件经过测试合格，则进入良品区域等待下一环节。若组件经过测试后出现质量问题，则进入复判区域等待复判，若复判后仍不合格，则须将组件等级进入不良品区域，等待处理。

（11）成品打包：成品打包是最后一道工序，是将组件进行封装打包，进入库存或者直接发货。将木质托盘黏结定位泡沫进行改装后，将标定好的光伏组件侧卧排列放入包材箱体内，用打包扎带进行封箱打包，在四周贴入护角防止对组件造成损伤。待打包合格后对包装箱进行标记编号，等待货物发出。

4.2.2 激光切割损耗对性能的影响

激光切割所用的电池片是中电电器 CSUN-M156-4B-96 型多晶电池片，功率为 4.5W，多晶电池片性能参数如表 4-3 所示。

表 4-3 中电 4.5W 多晶电池片性能参数

性能类别	性能参数	性能类别	性能参数
尺寸	156mm×156mm	后主栅宽度	1.8mm
厚度	200μm±20μm	测试条件	GB/T 0.6—1996c[①]
前主栅宽度	0.95mm	功率	4.5W±0.01W

① 光照强度 1000W/m²；大气质量。AM1.5G；温度 25℃。

为了研究切割表面和电池片切割损耗之间的关系，将切割的电池片前后的电学性能进行对比。在激光划片加工前后通过对电池片 *I-V* 数据的测量，计算出电池片性能具体变化。其中主要对比的性能参数有最大功率 P_{mpp}、短路电流 I_{sc}、开路电压 V_{oc}、填充因子 *FF*。切割损耗值可以按照如下公式计算：

$$P_{mpp损失} = \frac{P_{mpp(损失)}}{P_{mpp(切割前)}} \times 100\% \tag{4-1}$$

$$I_{sc损失} = \frac{I_{sc(损失)}}{I_{sc(切割前)}} \times 100\% \tag{4-2}$$

$$V_{oc\,损失} = \frac{V_{oc(损失)}}{V_{oc(切割前)}} \times 100\% \qquad (4\text{-}3)$$

$$FF_{损失} = \frac{FF_{(损失)}}{FF_{(切割前)}} \times 100\% \qquad (4\text{-}4)$$

式中，$P_{mpp(损失)}$、$I_{sc(损失)}$、$V_{oc(损失)}$ 和 $FF_{(损失)}$ 分别为电池片划片之后的电学损失；$P_{mpp(切割前)}$、$I_{sc(切割前)}$、$V_{oc(切割前)}$ 和 $FF_{(切割前)}$ 分别为电池片划片之前的电学参数。

（1）切割正反面：对多晶电池片正面和反面的切割，并将切割之前的电池片电学性能和切割之后的电池片电学性能进行对比，结果如图 4-2 所示。

通过图 4-2 可以明显看出，电池片正面切割时最大功率 P_{mpp} 切割损耗为 3.91%，反面切割最大功率 P_{mpp} 切削损耗为 1.79%。电池片正面切割时的填充因子 FF 切割损耗为 3.91%，反面切割时的填充因子 FF 切割损耗为 1.79%。

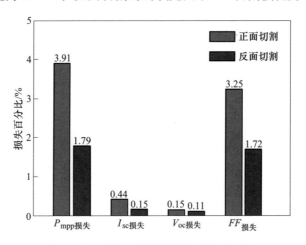

图 4-2　电池片正反面切割电学性能对比

激光加工正面划片造成对电池片的电学性能损失较大，而反面划片造成对电池片电学性能损失相对较小，因此激光适合在电池片反面进行加工。这是因为在对电池进行切割时，电池片表面结构被激光高温破坏，并在激光周围区域产生热影响区而导致划片后分片的有效光照面积减小。如图 4-3 所示，正面切割产生的热效应区域大，对电池片的 PN 结损坏较多；反面切割时产生的热效应较小，对 PN 结损坏较小，并且热影响区域对电池片的损耗较大。

（2）切割重复次数：对多晶电池片正面和反面进行切割，并将切割之前的电池片电学性能和切割之后的电池片电学性能进行对比，结果如图 4-4 所示。

由图 4-4 可以看到，当重复切割一次时，最大功率 P_{mpp} 损耗是 1.79%，短路电流 I_{sc} 损耗是 0.15%，开路电压 V_{oc} 损耗是 0.11%，填充因子 FF 的损耗是 1.72%。当重复切割两次时，最大功率 P_{mpp} 损耗是 1.33%，短路电流 I_{sc} 损耗是

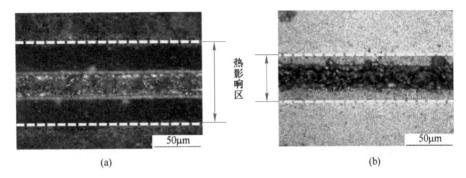

图 4-3 热影响区

（a）正面切割；（b）反面切割

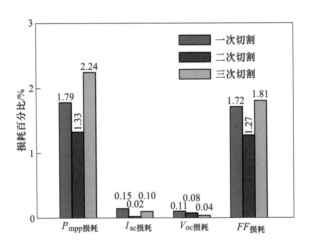

图 4-4 电池片切割重复次数和电学损失比较图

0.02%，开路电压 V_{oc} 损耗是 0.08%，填充因子 FF 损耗是 1.27%。当重复切割三次时，最大功率 P_{mpp} 损耗是 2.24%，短路电流 I_{sc} 损耗是 0.1%，开路电压 V_{oc} 损耗是 0.04%，填充因子 FF 损耗是 1.81%。

通过对激光在电池片加工次数对比，发现激光加工重复一次比重复两次切割造成对电池片电学性能损失较大。因此，可以认为激光适合在电池片进行两次重复加工时引起的切割损耗较小。图 4-5 所示是不同重复切割后电池片的 SEM 图。

从图 4-5 可以看出，激光加工重复次数和切割深度相关。切割一次时，如图 4-5（a）所示，仅把铝背切开，切割损耗来自影响区；两次重复切割，如图 4-5（b）所示，切割深度增加 20~25μm，重复切割切割深度适中，同时二次切割有效将"沟槽"的残余颗粒清理出去，减少因载流子复合造成的损失；切割三次，如图 4-5（c）所示，深度增加 50~55μm，此时硅片厚度被切割厚度约为

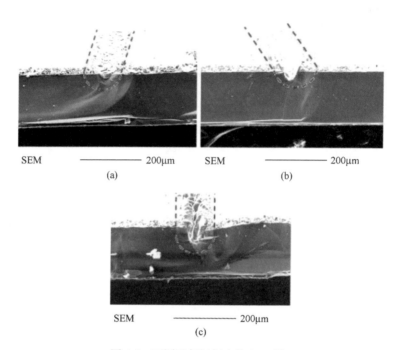

图 4-5 不同重复切割次数 SEM 图

（a）一次重复切割；（b）二次重复切割；（c）三次重复切割

1/3，重复切割深度过多，导致对电池片热影响区过大，损坏 PN 结过多，因此带来的切割损耗最大。结合相应的功率损耗，可以明显看出两次重复切割效果最好。

4.2.3 分片数量与组件性能

图 4-6 为不同尺寸电池片实验组件版型设计图及电路图。在实际应用时，为了寻找电池片最佳切割工艺、减小激光切割对多晶电池片性能影响，按照如图 4-6 所示的排版将完整电池片进行串并联以对电池电路进行优化，从而对切割工艺进行优化。然后根据最佳工艺，结合生产产线的实际情况进行深入研究。

在图 4-6（a）中，组件内部共有 32 块完整片，其电路图如图 4-6（d）所示，假设其电学损失为 P_a；在图 4-6（b）中，组件内部共有 64 块二分之一片，其电路图如图 4-7（e）所示，假设其电学损失为 P_b，则 P_b 为（1/4）P_a；在图 4-6（c）中，组件内部共有 128 块四分之一片，其电路图如图 4-6（f）所示，假设其电学损失为 P_c，则 P_b 为（1/16）P_a。

针对不同分片的光伏组件，用光伏组件 I-V 测试仪对不同类型的组件功率进行测试，测试结果如表 4-4 所示。

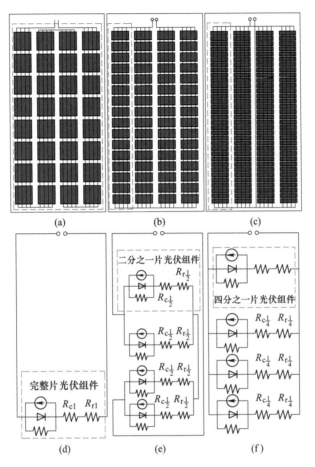

图 4-6 不同尺寸电池片实验组件版型设计图及电路图

（a）完整片光伏组件；（b）二分一片光伏组件；（c）四分之一片光伏组件；（d）完整片光伏组件电路图；

（e）二分之一片光伏组件电路图；（f）四分之一片光伏组件电路图

表 4-4 不同尺寸电池片的输出功率

组件类型	P_{mpp}/W	I_{sc}/A	V_{oc}/V	FF/%
完整电池片组件	139.390	8.945	20.284	76.810
二分之一电池片组件	141.430	8.982	20.211	77.910
四分之一电池片组件	142.080	8.986	20.237	78.120

从表 4-4 中可以看出，不同分片组件的电学性能有明显的差别。图 4-7 为不同分片电池片光伏组件输出功率。从图 4-7 中可以看出，完整电池片的功率最低，为 139.39W，二分一电池片组件功率为 141.43W，与完整电池片组件相比增加了 2.04W，平均每块完整尺寸电池增加 0.064W；四分之一电池片功率为 142.08W，与

完整电池片组件相比增加了 2.69W，平均每块完整尺寸电池增加 0.084W。

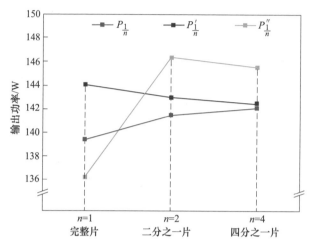

图 4-7 不同尺寸电池片光伏组件输出功率

为了将研究结果进行工业应用，设计了一种半片组件并与常规产品类似的排版进行对比，其版型电路图如图 4-8 所示。

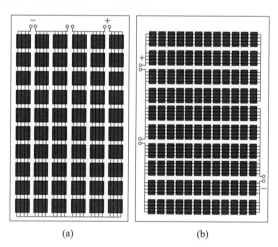

(a)　　　　　　　　　　(b)

图 4-8 常规产品与半片组件电路图
（a）常规产品组件版型；（b）半片组件版型

选取生产线上 4-8（a）版型 10 板 6×10 透光完整电池片透明光伏组件样品，实物图如图 4-9（a）所示。从组件外观上看，光伏组件前后的封装玻璃无缺陷和机械损伤，组件内所有电池片无裂片、划伤、断栅等不良缺陷，组件内部前后封装材料无气泡、脏污、皱纹和翻胶等不良缺陷，汇流条和互联条无溢白和遮挡等问题，接线盒符合设计及安装要求。为了检测电池组件经过层压等工艺是否有内损失等不良缺陷，对产品进行 EL 测试，检查所制作的光伏组件是否符合标准，得到图 4-9（b）所示的 EL 图像。

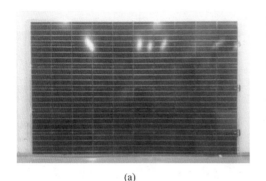
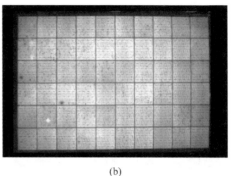

(a)　　　　　　　　　　　　　　(b)

图 4-9　常规产品版型组件

（资料来源：青岛瑞元鼎泰新能源）

（a）实物图；（b）EL 图像

根据组件的 EL 图像可以看到，组件内部电池片未发现如虚焊、隐裂、黑心和短路现象，组件达到质量要求可进行相关性能测试。经过光伏组件 *I-V* 测试仪所测的 10 板光伏组件 *I-V* 数据如表 4-5 所示。

表 4-5　完整电池片透明光伏组件 *I-V* 数据

组件类型	P_{mpp}/W	I_{sc}/A	V_{oc}/V	*FF*/%
1	264.51	8.95	37.93	77.86
2	267.03	9.07	37.91	77.60
3	264.60	8.91	37.94	78.21
4	264.28	8.94	37.94	77.87
5	264.84	8.94	38.00	77.93
6	265.04	8.93	37.98	78.08
7	264.53	8.90	37.98	78.18
8	264.85	8.91	37.99	78.17
9	265.28	8.99	37.98	77.67
10	265.15	8.89	37.90	78.62
平均值	265.01	8.94	37.95	78.02

图 4-10（a）所示为按照 4-8（b）版型做出的 10 板 12×10 版型二分之一电池片透光光伏组件样品。从组件外观上看，光伏组件前后的封装玻璃无缺陷和机械损伤，组件内所有电池片无裂片、划伤、断栅等不良缺陷，组件内部前后封装材料无气泡、脏污、皱纹和翻胶等不良缺陷，汇流条和互联条无溢白和遮挡等问

题，接线盒符合设计及安装要求。为了检测电池组件经过层压等工艺是否有内损失等不良缺陷，对产品进行 EL 测试，检查所制作的光伏组件是否符合标准，得到如图 4-10（b）所示的 EL 图像。

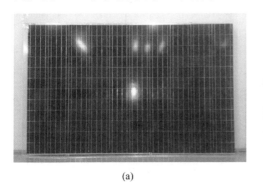
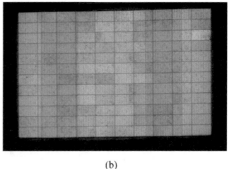

(a)   (b)

图 4-10　二分之一电池片透光光伏组件

（资料来源：青岛瑞元鼎泰新能源）

（a）实物图；（b）EL 图像

根据组件的 EL 图像，可以看到，组件内部电池片未发现如虚焊、隐裂、黑心和短路现象，所制备组件达到质量要求可进行相关性能测试。经过光伏组件 I-V 测试仪所测的 10 板二分之一电池片透光光伏组件 I-V 数据如表 4-6 所示。

表 4-6　二分之一电池片透光光伏组件 I-V 数据

组件类型	P_{mpp}/W	I_{sc}/A	V_{oc}/V	FF/%
1	269.29	9.06	37.99	78.14
2	269.37	9.07	37.98	78.16
3	266.42	8.97	38.00	78.13
4	269.27	9.06	37.99	77.94
5	269.35	8.96	38.00	78.15
6	269.26	9.06	37.97	78.18
7	269.22	9.06	37.99	78.15
8	269.33	9.07	37.99	78.14
9	265.73	8.95	38.00	78.09
10	269.30	9.07	37.98	78.12
平均值	269.32	9.03	37.99	78.12

通过对比发现，对于完整电池片组使用瓷白 EVA 的瓷白组件比透光组件功率输出有明显增加，两者电学性能对比如图 4-11 所示。从图 4-11 中可以看出，在相同制作条件下，二分之一片组件输出功率 P_{mpp} 比完整片组件平均高出

4.31W，提高了1.63%，增加较为明显；二分之一片组件短路电流 I_{sc} 比完整片组件比瓷白组件平均高出0.09A，提高了1.0%；二分之一片组件开路电压 V_{oc} 比完整片组件平均高出0.04V，提高了0.11%；二分之一片组件填充因子 FF 比完整片组件高出0.13%，略有增加。

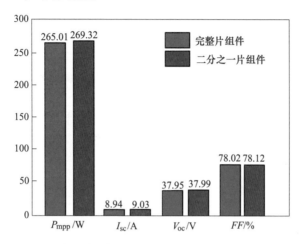

图4-11 完整片组件和二分之一片组件电学性能对比图

4.3 封装胶膜对光伏组件输出功率影响

4.3.1 透光 EVA 胶膜光伏组件

透光 EVA 光伏组件，是指在前后的 EVA 均选用不含钛白粉的 EVA 进行封装，所做出的组件称为透光组件。组件的透光率可以通过调节电池片的间距来改变。透光胶膜光伏组件采用电池片间距为4mm，电池串间距为4mm，实验版型制作的10个完整电池片透光 EVA 光伏组件样品输出功率。图4-12为完整电池片透光光伏组件实物图和 EL 图。

从组件外观上看，光伏组件前后的封装玻璃无缺陷和机械损伤，组件内所有电池片无裂片、划伤、断栅等不良缺陷，组件内部前后封装材料无气泡、脏污、皱纹和翻胶等不良缺陷，汇流条和互联条无溢白和遮挡等问题，接线盒符合设计及安装要求。为了检测电池组件经过层压等工艺是否有内损失等不良缺陷，对产品进行 EL 测试，检查所制作的光伏组件是否符合标准，得到如图4-12（b）所示的 EL 图像。根据组件的 EL 图像可以看到，组件内部电池片未发现如虚焊、隐裂、黑心和短路现象，所制备组件达到质量要求可进行相关性能测试。经过光伏组件 I-V 测试仪所测的10板完整片电池片透光光伏组件 I-V 数据如表4-7所示。

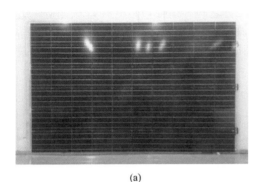 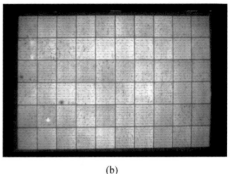

（a）　　　　　　　　　　　　　　　　（b）

图 4-12　完整电池片透光光伏组件

（资料来源：青岛瑞元鼎泰新能源）

（a）实物图；（b）EL 图

表 4-7　完整电池片透光光伏组件 I-V 数据

组件类型	P_{mpp}/W	I_{sc}/A	V_{oc}/V	FF/%
1	264.51	8.95	37.93	77.86
2	267.03	9.07	37.91	77.60
3	264.60	8.91	37.94	78.21
4	264.28	8.94	37.94	77.87
5	264.84	8.94	38.00	77.93
6	265.04	8.93	37.98	78.08
7	264.53	8.90	37.98	78.18
8	264.85	8.91	37.99	78.17
9	265.28	8.99	37.98	77.67
10	265.15	8.89	37.90	78.62
平均值	265.01	8.94	37.95	78.02

　　根据最佳切割工艺电池片制备二分之一片光伏组件，电池片间距为 4mm，电池串间距为 4mm。所制备的 10 个透明 EVA 光伏组件样品如图 4-13（a）所示。

　　从组件外观上看，光伏组件前后的封装玻璃无缺陷和机械损伤，组件内所有电池片无裂片、划伤、断栅等不良缺陷，组件内部前后封装材料无气泡、脏污、皱纹和翻胶等不良缺陷，汇流条和互联条无溢白和遮挡等问题，接线盒符合设计及安装要求。为了检测电池组件经过层压等工艺是否有内损失等不良缺陷，对产品进行 EL 测试，检查所制作的光伏组件是否符合标准，得到如图 4-13（b）所示的 EL 图像。根据组件的 EL 图像可以看到，组件内部电池片未发现如虚焊、隐裂、黑心和短路现象，所制备组件达到质量要求可进行相关性能测试。

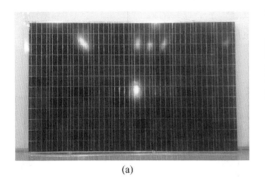 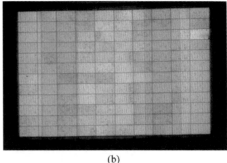

（a） （b）

图 4-13 二分之一片透光光伏组件

（a）实物图；（b）EL 图像

经过光伏组件 *I-V* 测试仪所测的 10 板完整片电池片透光光伏组件 *I-V* 数据如表 4-8 所示。

表 4-8 二分之一片透明 EVA 光伏组件输出功率

组件类型	P_{mpp}/W	I_{sc}/A	V_{oc}/V	FF/%
1	269.29	9.06	37.99	78.14
2	269.37	9.07	37.98	78.16
3	266.42	8.97	38.00	78.13
4	269.27	9.06	37.99	77.94
5	269.35	8.96	38.00	78.15
6	269.26	9.06	37.97	78.18
7	269.22	9.06	37.98	78.15
8	269.33	9.07	37.99	78.14
9	265.73	8.95	38.00	78.09
10	269.30	9.07	37.98	78.12
平均值	269.32	9.03	37.99	78.12

4.3.2 瓷白 EVA 胶膜光伏组件

瓷白 EVA 组件，是指在前胶膜选用透明 EVA 进行封装，后胶膜选用含钛白粉的 EVA 进行封装。瓷白胶膜组件采用电池片间距为 4mm，电池串间距为 4mm，实验所做 10 个瓷白完整片 EVA 光伏组件样品如图 4-14（a）所示。从组件外观上看，光伏组件前后的封装玻璃无缺陷和机械损伤，组件内所有电池片无裂片、划伤、断栅等不良缺陷，组件内部前后封装材料无气泡、脏污、皱纹和翻胶等不良缺陷，汇流条和互联条无溢白和遮挡等问题，接线盒符合设计及安装要求。为了检测电池组件经过层压等工艺是否有内损失等不良缺陷，对产品进行 EL 测试，检查所制作的光伏组件是否符合标准，得到如图 4-14（b）所示的 EL 图像。根据组件的 EL 图像可以看到，组件内部电池片未发现如虚焊、隐裂、黑心和短路现象，所制备组件达到质量要求可进行相关性能测试。

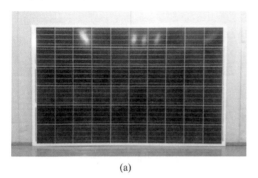
(a)

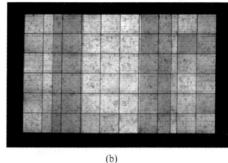
(b)

图 4-14   完整电池片瓷白光伏组件

（a）实物图；（b）EL 图像

经过光伏组件 I-V 测试仪所测的 10 板完整片电池片透光光伏组件 I-V 数据如表 4-9 所示。

表 4-9   完整电池片瓷白 EVA 光伏组件输出功率

组件类型	P_{mpp}/W	I_{sc}/A	V_{oc}/V	FF/%
1	272.45	9.40	37.99	76.20
2	272.61	9.41	38.00	76.15
3	272.00	9.43	37.99	75.89
4	272.21	9.42	38.00	75.99
5	272.40	9.42	38.03	76.00
6	273.39	9.42	38.04	76.21
7	273.57	9.42	38.05	76.26
8	272.72	9.39	38.03	76.33
9	272.82	9.39	38.02	76.32
10	272.10	9.39	37.96	76.29
平均值	272.63	9.41	38.01	76.17

采用电池片间距为 4mm，电池串间距为 4mm，所制备的 10 板瓷白二分之一片 EVA 光伏组件样品如图 4-15（a）所示。从组件外观上看，光伏组件前后的封装玻璃无缺陷和机械损伤，组件内所有电池片无裂片、划伤、断栅等不良缺陷，组件内部前后封装材料无气泡、脏污、皱纹和翻胶等不良缺陷，汇流条和互联条

无溢白和遮挡等问题，接线盒符合设计及安装要求。为了检测电池组件经过层压等工艺是否有内损失等不良缺陷，对产品进行 EL 测试，检查所制作的光伏组件是否符合标准，EL 图像如图 4-15（b）所示。根据组件的 EL 图像可以看到，组件内部电池片未发现如虚焊、隐裂、黑心和短路现象。因此，所制备的瓷白二分之一片 EVA 光伏组件达到质量要求可进行相关性能测试。

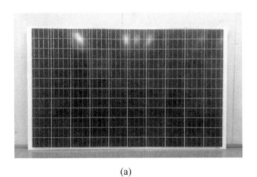 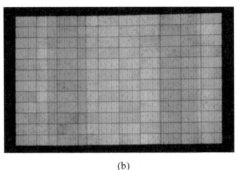

(a) (b)

图 4-15 二分之一片瓷白光伏组件

（a）实物图；（b）EL 图像

经过光伏组件 *I-V* 测试仪所测的 10 板二分之一片瓷白光伏组件 *I-V* 数据如表4-10 所示。

表 4-10 二分之一片瓷白 EVA 光伏组件输出功率

组件类型	P_{mpp}/W	I_{sc}/A	V_{oc}/V	$FF/\%$
1	278.65	9.35	38.12	78.07
2	278.45	9.35	38.12	78.03
3	277.52	9.36	38.15	77.87
4	277.50	9.36	38.14	77.83
5	278.21	9.47	38.10	77.14
6	277.44	9.36	38.13	77.82
7	277.47	9.36	38.14	77.86
8	278.49	9.46	38.10	77.27
9	275.96	9.38	38.08	77.26
10	278.77	9.46	38.14	77.23
平均值	277.85	9.39	38.11	77.64

4.3.3 透光和瓷白 EVA 胶膜组件对比分析

EVA 增加组件功率原理如图 4-16 所示。透明 EVA 胶膜在电池片串间距和片间距中是近乎透明的，导致大部分入射光线在此处直接透射出去，造成入射光线损失。对于瓷白 EVA 胶膜，由于瓷白 EVA 胶膜具有高反光率，透光率极低，入射光线不会透过电池片串间距和片间距，而是在瓷白 EVA 胶膜表面的作用下，入射光线经过反射或者漫反射再次被电池片吸收利用，从而提高电池表面的入射光强度，提高光伏组件的输出功率。

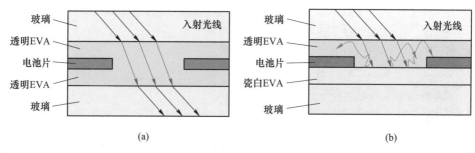

图 4-16　EVA 胶膜增功原理示意图
（a）透明 EVA 胶膜；（b）瓷白 EVA 胶膜

通过对比发现，对于完整电池片组件，使用瓷白 EVA 的瓷白组件比透光组件功率输出有明显增加，两者电学性能对比如图 4-17 所示。由图 4-17（a）可以看出，在相同制作条件下，完整电池片瓷白组件输出功率 P_{mpp} 比透光组件平均高出 7.62W，提高了 2.79%，增加较为明显；完整电池片瓷白组件短路电流 I_{sc} 比透光组件平均高出 0.47A，提高了 5.25%，完整电池片瓷白组件开路电压 V_{oc} 比透光组件平均高出 0.09V，提高了 0.24%，几乎没发生太多变化，与预期的理论相同。完整电池片瓷白组件的填充因子 FF 和透光组件平均几乎相同。

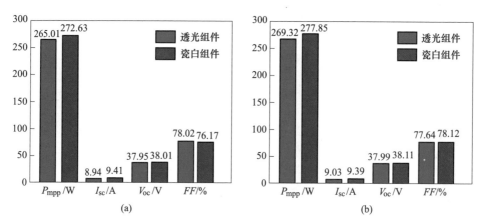

图 4-17　瓷白组件和透光组件电学性能对比图
（a）完整电池片；（b）二分之一电池片

同样，对于二分之一片组件，使用瓷白 EVA 的瓷白组件比透光组件功率输出也有明显增加，两者电学性能对比如图 4-17（b）所示。由图 4-17（b）可以看出，在相同制作条件下，完整电池片瓷白组件输出功率 P_{mpp} 比透光组件平均高出 8.53W，提高了 3.16%，增加较为明显；完整电池片瓷白组件短路电流 I_{sc} 比瓷白组件平均高出 0.36A，提高了 3.98%；完整电池片瓷白组件开路电压 V_{oc} 比透光组件平均高出 0.12V，提高了 0.31%；完整电池片瓷白组件的填充因子 FF 比透光组件平均高出 0.21%，增加明显。

4.3.4 瓷白完整片贴膜光伏组件的性能

采用 3M 焊带贴膜，上层为反射率较高的铝材质，下层为高分子黏性物质，此时对高分子黏性物质的厚度要求较高，保证熔化后上层铝和组件中的镀锡互联条不接触。铝表面采用激光加工，形成平行"沟槽"，如图 4-18 所示。应用时可将其安装在串焊机上对组件互联条进行贴膜，在串焊接步骤中，焊带将电池片串联时由于焊带的宽度大于电池片的主栅宽度，因此会遮盖住电池片受光的一部分，从而影响对光线的利用。如图 4-19 所示，将焊带表面附着一层反光条，利用反光条将照射到焊带表面的光线反射出去，并经过玻璃板的内表面再反射到电池片的表面，可以提高光线的利用率。

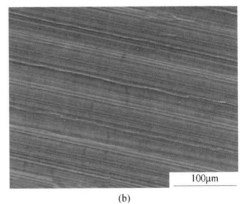

100μm

(a)　　　　　　　　　　(b)

图 4-18　3M 焊带贴膜焊带

（a）实物图；（b）贴膜 SEM 图

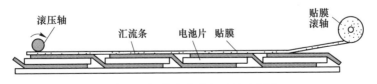

图 4-19　焊带贴膜贴合过程示意图

　　焊带贴膜工艺的提效原理如图 4-20 所示，通过"沟槽"的漫反射和玻璃的反射来提高反射效率。图 4-20（a）中的入射光线在无贴膜的组件焊带上发生漫反射，光线无法到达电池片表面被加以利用；图 4-20（b）中的入射光线在贴膜的组件焊带上发生反射，光线可以到达电池片表面被加以利用；选择完整片瓷白光伏组件而非透光光伏组件，是因为在层压时透明 EVA 流动性较大，对贴膜的稳定性有所影响，而瓷白 EVA 胶膜可以降低整体 EVA 胶膜的流动性。因此，有必要对非贴膜瓷白组件和贴膜瓷白组件的输出功率进行对比，以检验贴膜效果。

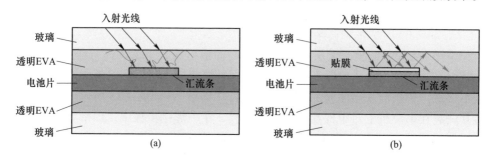

图 4-20　贴膜工艺增效原理示意图
（a）常规组件；（b）贴膜组件

　　根据贴膜工艺增效原理和瓷白胶膜对组件的提效作用，在产线上挑选 10 板完整片瓷白常规光伏组件，其电池片间距为 4mm，电池串间距为 4mm，所制作的瓷白完整片贴膜光伏组件样品如图 4-21 所示。

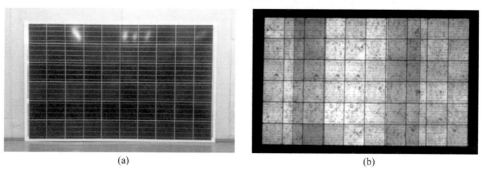

图 4-21　完整片贴膜组件
（a）实物图；（b）EL 图像

　　从组件外观上看，光伏组件前后的封装玻璃无缺陷和机械损伤，组件内所有电池片无裂片、划伤、断栅等不良缺陷，组件内部前后封装材料无气泡、脏污、皱纹和翻胶等不良缺陷，汇流条和互联条无溢白和遮挡等问题，接线盒符合设计及安装要求。为了检测电池组件经过层压等工艺是否有内损失等不良缺陷，对产品进行EL 测试，检查所制作的光伏组件是否符合标准，得到如图 4-21（b）所示的 EL 图像。根据组件的 EL 图像可以看到，组件内部电池片未发现如虚焊、隐裂、黑心和短路现象，因此瓷白完整片贴膜光伏组件达到质量要求可进行性能测试。

进行经过光伏组件 *I-V* 测试仪所测的 10 板完整片贴膜光伏组件 *I-V* 数据如表 4-11 所示。

表 4-11 多晶贴膜光伏组件输出功率

组件类型	P_{mpp}/W	I_{sc}/A	V_{oc}/V	FF/%
1	275.43	9.44	38.20	76.31
2	274.61	9.44	38.11	76.27
3	274.11	9.46	37.93	76.36
4	274.42	9.46	37.96	76.38
5	274.14	9.43	37.97	76.55
6	273.95	9.42	37.96	76.53
7	274.86	9.45	38.01	76.49
8	274.91	9.45	38.03	76.48
9	273.60	9.43	38.02	76.22
10	273.49	9.43	38.02	76.20
平均值	274.35	9.44	38.02	76.38

根据结果，可以得到瓷白常规组件和贴膜工艺组件电学性能对比，如图 4-22 所示。从对比图可以看出，在相同制作条件下贴膜工艺组件输出功率 P_{mpp} 比瓷白组件平均高出 1.72W，提高了 0.63%，组件功率增加较为明显；贴膜工艺组件短路电流 I_{sc} 比瓷白组件平均高出 0.03A，提高了 0.31%；贴膜工艺组件开路电压 V_{oc} 比瓷白组件平均高出 0.01V，提高了 0.03%；贴膜工艺组件的填充因子 FF 比瓷白组件平均高出 0.21%，增加明显。

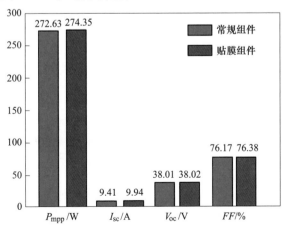

图 4-22 瓷白常规组件和贴膜工艺组件电学对比图

参 考 文 献

[1] Guo S, Schneider J, Lu F, et al. Investigation of the short-circuit current increase for PV modules using halved silicon wafer solar cells [J]. Solar Energy Material and Solar Cells, 2015, 133: 240-247.

[2] Haedrich I, Eitner U, Wiese M, et al. Unified methodology for determining CTM ratios: Systematic prediction of module power [J]. Solar Energy Materials & Solar Cells, 2014, 131: 14-23.

[3] 王炳楠. 几种减少阴影遮挡造成光伏组件失配的方法分析比较 [J]. 太阳能, 2013, 17: 21-23.

[4] 余鹏, 李伟博, 唐舫成, 等. 太阳能电池封装材料研究进展 [J]. 广州化工, 2011, 3: 34-35.

[5] 陈育淳, 余鹏. 双玻组件用 EVA 胶膜的制备及封装工艺研究 [J]. 广州化工, 2013, 40 (18): 41-42.

[6] Muller J, Hinken D, Blankemeyer S, et al. Resistive power loss analysis of PV modules made from halved 15. 6×15. 6cm^2 silicon PERC solar cells with efficiencies up to 20. 0% [J]. IEEE Journal of Photovoltaics, 2014, 5: 189-194.

[7] 夏俊杰, 张蠡, 姜波, 等. 一种半片设计的高效晶体硅光伏组件 [J]. Solar Energy, 2016, 4: 11-13.

[8] Guo S, Singh J P, Peters I M, et al. A quantitative analysis of photovoltaic modules using halved cells [J]. International Journal of Photoenergy, 2013: 231-233.

[9] Chen Y, Wang X, Li D, et al. Parameters extraction from commercial solar cells I-V characteristics and shunt analysis [J]. Apply Energy, 2011, 88: 2239-2244.

[10] 贾河顺, 罗磊, 姜言森, 等. 太阳电池组件划割重组增效研究 [J]. 人工晶体学报, 2014, 43 (1): 148-153.

[11] Chichkov B N, Momma C, Nolte S, et al. Femtosecond, picosecond and nanosecond laser ablation of solids [J]. Apply Physical A, 1996, 63: 109-115.

[12] Wang J, Wang H, Du J, et al. Performance improvement of amorphous silicon see-through solar modules with high transparency by the multi-line ns-laser scribing technique [J]. Optics and Lasers in Engineering, 2013, 51: 1206-1212.

[13] Chen J K, Tzou D Y, Beraun J E. A semiclassical two-temperature model for ultrafast laser heating [J]. Internal Journal of Heat and Mass Transfer, 2006, 49: 307-316.

[14] Porneala C, Willis D A. Observation of nanosecond laser-induced phase explosion in aluminum [J]. Applied Physics Letters, 2016, 89: 211121.

[15] Yoo J H, Jeong S H, Greif R, et al. Explosive change in crater properties during high power nanosecond laser ablation of silicon [J]. Journal of Applied Physics, 2000, 88: 638-1649.

[16] Lu Q, Mao S S, Mao X, et al. Delayed phase explosion during high-power nanosecond laser ablation of silicon [J]. Applied Physics Letters, 2002, 80: 3072-3074.

[17] Hopkins J A, Semak V V, Mccay M H, et al. Melt pool dynamics during laser welding [J].

Journal of Physics D：Applied Physics，1995，28：2443.

［18］王学孟．激光工艺在晶体硅太阳电池制备中的应用研究［D］．广州：中山大学，2010.

［19］於孝建．晶体硅太阳电池缺陷的研究［D］．南昌：南昌航空大学，2012.

［20］Meier D L，Davis H P，Garica R A，et al. Aluminum alloy back p-n junction dendritic web silicon solar cell［J］. Solar Energy Materials & Solar Cells，2001，65：621-627.

［21］Cai Y，Yang L，Zhang H，et al. Laser cutting silicon-glass double layer wafer with laser induced thermal-crack propagation［J］. Optics and Lasers in Engineering，2016，82：173-185.

［22］Kaminski A，Vandelle B，Fave A，et al. Aluminum BSF in silicon solar cells，［J］. Solar Energy Materials & Solar Cells，2002，72：373-379.

［23］郑文耀，张继伟，刘贤豪．太阳能电池封装材料及技术研究进展［J］．信息记录材料，2011，12（2）：28-33.

［24］刘峰，张俊，李承辉，等．光伏组件封装材料进展［J］．无机化学学报，2012，28（3）：430-436.

［25］陈如龙，汪义川，孔凡建，等．封装材料对太阳电池组件输出影响的初步研究［J］．太阳能学报，2003（z1）：28-30.

［26］常兰涛，王仕鹏，黄纬，等．晶硅光伏组件封装因子优化［J］．太阳能学报，2015，36（8）：1865-1868.

5 N型双面半片双玻晶硅组件

5.1 引言

光伏项目上网电价，已经从 2007 年的 4 元/(kW·h) 降低到现在约 0.4 元/(kW·h)。随着上网电价补贴政策的实施，已逐步实现评价上网，未来上网价格必定会进一步下降。国际可再生能源署（IRENA）也表示，未来光伏、风电等清洁能源会成为最便宜的发电来源，因此实现平价上网是光伏行业的未来。而光伏产业是技术密集型产业，技术迭代非常快，成本受技术影响非常大。降低成本的主要途径就是依靠技术进步、提高电池发电效率，各种高效电池及组件的更新换代成为必然。

在整个光伏产业链中，制造电池片的硅片主要是单晶硅和多晶硅，随着金刚石线切割技术的成熟，单晶硅的生产成本进一步下降，效率优势已经越加明显，2020 年的市场份额超过 50%[1]。而太阳能电池片环节是光伏产业的核心，目前仍是技术密集型产业，需要不断研发新技术来提高电池转换效率，降低生产成本，技术是促进进一步发展的核心动力[2]。整体而言，电池片的未来将由技术决定，能提升电池转换效率，能将研发出的新技术用于生产，实现大规模量产，就能降低电池生产成本，赢得市场的选择，走在行业前端。

目前市场上常规多晶太阳能电池的量产效率只能达到 19.2%，单晶电池的量产效率为 20.5%，其常规结构包括正背面电极、SiN_x 减反射层、发射层、硅衬底、铝背场。目前，市场认可的晶硅太阳能电池单元转换效率的理论极限值为 29%，除去材料方面的因素，理论与实际的效率差值主要原因有硅表面反射损失、载流子复合损失和接触电阻损失等。目前市场上主流的高效晶硅电池采用的提效技术包括表面钝化技术、接触钝化技术、背面接触技术、单晶-非晶硅薄膜结合技术和双面技术等[3-8]。

由于在 N 型硅片上形成发射结的技术和成本因素[9]，地面上的光伏组件中大约 90%都使用的是 P 型晶硅太阳能电池。然而，随着技术的进步，困扰 N 型晶硅电池的发射结浓度分布、均匀性和表面钝化等技术问题得到解决。随着市场对电池效率的要求越来越高，P 型电池的效率瓶颈已经越发明显，根本无法满足光伏产业对晶硅电池高效的追求。而 N 型晶硅太阳能电池具有无光衰、弱光效应好、温度系数低、高转化率等优势[10,11]，非常具有竞争力。再加上双面技术和多主栅技术在晶硅电池上成熟应用，N 型晶硅电池的市场份额会逐年增加，是晶硅太阳能电池迈向理论最高效率的希望。

单体太阳能电池不能直接做电源使用，必须将若干个单体电池进行串、并联接封装成组件，才可以成为光伏发电的电源。太阳能电池组件是太阳能发电系统中的核心部分，也是太阳能发电系统中最重要的部分。其作用是将太阳能转化为电能，并推动负载工作，或送往蓄电池中存储起来。随着人们对组件的质量和效率要求越来高，市场上光伏组件的样式也已经呈现多样化。从最初单玻发展到双玻的组件封装形式的变化，再有半片、叠片的组件内部排版方式的改变，光伏组件也在不断创新。

组件的封装损耗（cell to module，CTM）是每个光伏组件制造商所关心的问题。组件封装损失的发生主要有两点原因：（1）组件封装引起的光损耗；（2）组件内部栅线、焊带等电阻损耗[12,13]。组件中材料的光学性能是特定的，如果对组件中的材料不进行改进或者加工，就不可能降低组件的光学损耗。为了减少光损耗，专业人士已经进行了一些相关研究。例如，Kumar 等人[14]提出了一种优化光伏组件抗反射涂层的方法。Su 等人[15]研究表明了使用背板反射器提高输出功率的方法。关于减少焊带引起的电阻性损耗也有一些研究。Dyk 和 Meyer[16]讨论了内部串联和并联电阻对光伏组件性能的影响。Caballero 等人[17]的对光伏组件进行了串联电阻建模，优化了前端金属栅极结构。Kumar 等人[14]研究表明，增加铜带的厚度和减少电池间的间隙可以帮助减少电阻功率损失。目前，从组件端出发，有效减少组件封装损耗的可行技术有：一是采用半片技术和多主栅技术减少内部损耗；二是采用叠片技术增加组件的发电密度。

市场上晶硅太阳能组件大多采用常规整片设计，串联 156mm×156mm 太阳能电池片[18]。为了减少光伏组件的封装损失，使用半片电池的组件设计也开始在应用化推广。整片电池沿着垂直母线方向被激光切割成两半，这种设计可以使电池中的电流减少一半，从而减少组件内部电阻损耗[12,19]。此外，电池半片化应用使组件中总的电池间的间隙增加，有利于提高电池对光的收集。电学损耗的减少和光学增益理论上可以使半片组件比相应的整片组件的功率提高 4.7%[20]，同时，半片组件的热斑风险相对于整片组件降低了一半[21]。一般而言，金刚线被用来切割硅晶圆片[22]，高质量的晶圆片使用损耗很小的热激光切割[23]。晶硅电池片的分片主要使用光纤激光器[24,25]，但在激光切割过程中，电池片会发生不同程度的电性能和力学性能损耗。Muller 等人[26]研究了不同激光脉冲长度切割对电池电性能损耗的影响。Eiternick 等人[27]也提出了制作半片组件需要使用优化的切割工艺来控制电池片电性能的损耗。因此，在半片组件生产前，对电池片的切割工艺优化是有必要的。目前，制造商通常采用串并联（SPS）连接设计来制造半片组件，以保持电流和电压参数与传统组件一致，便于在电站中安装使用。2018 年底，中国的半片组件产能已经超过 20GW，市场份额将会逐年增加。

市场上的常规太阳能晶硅电池的主栅线一般为 5 条，通过光伏焊带将电池的正面主栅与相邻电池的背面电极相连形成电池串。随着对电池效率的要求越来越高，电池的主栅数量逐步被优化，从 2010 年三主栅线电池，到 2015 年四主栅线电池，再到 2015 年五主栅线电池，现如今已经有 12 栅线和 15 栅线电池。根据研究显示，太阳能的电池总功率损失随主栅线数量、宽度的降低而下降，当主栅线从 3 根增加到 16 根时：主栅宽度从 1.4mm 降低到 0.5mm 时，总功率损失从 0.5% 降到 0.2%；主栅宽度从 0.55mm 降低到 0.25mm 时，总功率损失从 0.57% 降到 0.05%[28]。电池主栅线的增加，缩短了载流子运输路径，减小了电池的串联电阻，同时增加了电池的受光面积，降低了栅线的用料量，总之，提升了组件的功率又可以降低生产成本。多主栅组件的技术难点主要在串焊过程，对焊接精度和可靠性挑战较大，很容易造成虚焊和偏焊，不良率相对于常规组件大大提升。现在市场上大多是使用五主栅线电池，更多主栅线电池的大规模量产还需要设备和技术的进一步发展。随着多主栅技术日趋成熟，性价比日益提升，多主栅组件的市场份额就会越来越多，根据 2018 年 ITRPV 预计，2025 年多主栅电池的产量会占到市场份额的 30%。

叠瓦组件是将电池片切成多片，按照排版设计将一片切片的电池边缘盖在另一片电池边缘[29,30]。传统晶硅组件采用金属栅线连接，一般会保留约 2~3mm 的电池片间距。叠瓦组件将传统电池片通常切割成 4~6 片[31]，将电池正反表面的边缘区域制成主栅，用专用导电胶使得前一电池片的前表面边缘和下一电池片的背表面边缘互联，省去了焊带焊接。在一张 60 片面积大小相当的版型组件内，叠瓦组件可以封装 66~68 片完整电池片，比常规封装模式平均多封装大约 13% 的电池片。叠瓦组件的功率相比常规组件提高 20W 以上，显著高于半片、多主栅等其他技术。据 PVinfolink 统计，2018 年年底叠瓦组件产能超过 3GW，预计 2023 年将超过 30GW。与传统组件产线相比，叠瓦组件产线的改动较大，生产成本较高，限制了叠瓦组件目前的发展。

半片组件无论在生产成本还是技术成熟度上，在现在的市场上都具有大力推广的潜力，不少厂商开始准备扩大半片组件的产能，市场上已经成为高效光伏组件的主流产品。

随着光伏组件的不断发展，双面组件越来越多地投入市场中。由于双面组件的双面发电特性，其正面吸收太阳直射光，背面接收地面反射光和空气中的散射光，正面和背面均可以发电。双面太阳能电池早在 20 世纪 80 年代初就已经制造出来，但双面光伏组件的商业化却花了将近 30 年的时间，2012 年英利、LG、PVGS 等[32-34]率先推出了双面光伏组件。特别是 N 型电池的双面技术已经非常成熟，双面率已经达到了 90%[35,36]。此外，当双面组件安装在合适的位置，阳光从两侧照射到组件时，输出功率可增加约 20%[37,38]。双面组件的输出功率很大程度依赖于位置和安装方式。普通组件的安装方式已经不适合直接应用于双面组件的安装。双面组件系统应用需要着重关注组件背面功率、安装高度、场景反射率、支架结构、组件安装方式等发电影响因子。

5.2　N型双面半片组件制备工艺

5.2.1　N型双面半片组件的工艺过程

5.2.1.1　主要材料

（1）光伏组件玻璃。在实验中，双面组件使用低铁压花镀膜钢化玻璃作为面板玻璃。这种玻璃的含铁量比普通玻璃低（≤0.015%），从而增加了玻璃的透光率。压花处理增加了玻璃的粗糙度，提高了玻璃和胶膜的黏结强度。玻璃表面利用物理和化学方法进行镀膜，减少了阳光的反射，增加了组件中电池的光吸收。钢化处理增加了玻璃的强度，抵御风沙冰雹等外力的冲击，长期保护太阳能电池。背板玻璃采用的是浮法普白半钢化玻璃，背板玻璃相对于面板玻璃而言，不易受到外力冲击，从性价比角度考虑，使用低成本的浮法半钢化玻璃既可以达到组件的使用强度又可以降低组件的成本。表5-1为光伏组件使用低铁玻璃的成分参数。

表5-1　光伏组件使用的低铁压花镀膜钢化玻璃成分参数

性能类别	性能参数	性能类别	性能参数
二氧化硅（SiO_2）	71.27%	氧化铁（Fe_2O_3）	0.0109%
氧化钠（Na_2O）	13.52%	铅（Pb）	< 248mg/kg
氧化镁（MgO）	2.55%	铬（Cr）	< 248mg/kg
三氧化二铝（Al_2O_3）	1.04%	汞（Hg）	< 250mg/kg
氧化钙（CaO）	10.70%	镉（Cr）	< 8mg/kg
三氧化二铝（Sb_2O_3）	0.14%	溴（Br）	< 121mg/kg

轻质化是组件发展的方向之一，有利于减少辅材的使用，降低组件的生产成本和安装成本，尤其是大型屋顶电站轻质化是最基本的要求。目前，玻璃厚度可以从3.2mm减少到2.5mm，使用2mm及以下的玻璃也处在研发阶段。组件玻璃采用长宽厚为1675mm×992mm×2.5mm的索尔玻璃。

（2）POE胶膜。POE胶膜是乙烯和辛烯的共聚物，是饱和脂肪链结构，且分子链中叔碳原子较少，是一种热熔胶，高温下可熔化从而实现与电池片和玻璃的紧密黏结密封，表现出良好的耐候性、耐紫外老化性能，优异的耐热、耐低温性能。与使用广泛的聚乙烯-醋酸乙烯（EVA）胶膜相比，POE胶膜最大的优势就是低水汽透过率和高体积电阻率，保证了组件在高温高湿环境下运行的安全性及长久的耐老化性，使组件能够长效使用。POE 胶膜的原材料供应商相对较少，产能低，成本比 EVA 高出约 25%。目前，POE 胶膜主要应用于高效率双面组件及对水汽阻隔要求很高的双玻组件，能够有效增强电池的转化效率和保证组件的长期寿命。使用的 POE 胶膜性能参数如表 5-2 所示。由于是双面组件，为保证双面组件的透光率，都使用高透的 POE 胶膜。

表 5-2 苏州度辰 933W 系列胶膜性能参数

性能类别	性能参数	性能类别	性能参数
厚度	0.45mm	抗 PID 特性功率衰减	<5%
透光率	≥90%	吸水率	MD%≤3%
交联度	>50%	收缩率	TD%≤3%
断裂拉伸强度	>20MPa	POE/玻璃剥离强度	≥80N/cm
断裂延伸率	>500%	POE/TPT 剥离强度	≥40N/cm
反射率	>87%	紫外老化（黏结强度/玻璃）	≥40N/cm
体积电阻率	>1.0×10^{15}Ω·cm	湿热老化（黏结强度/玻璃）	≥40N/cm

（3）晶硅电池片。电池片是光伏组件中实现发电最重要的器件。与常规电池相比，双面组件最大的优势能够利用背面发电，提高组件效率。组件制作使用了中来的 N-PERT 单晶双面电池和爱康的 PERC 单晶双面电池，双面电池片的实物图和结构示意图如图 5-1 所示。双面电池片性能参数如表 5-3 所示。

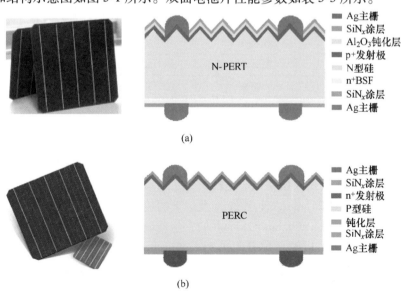

（a）

（b）

图 5-1 双面电池片实物图和结构示意图

（a）N-PERT 双面电池；（b）PERC 双面电池

表 5-3　双面电池的物性参数

参数	N-PERT	PERC
正面效率	21.11%	21.11%
输出功率	5.16W	5.16W
背面效率	17.05%	14.85%
尺寸	156.75mm×156.75mm±0.25mm	156.75mm×156.75mm±0.25mm
厚度	190μm ± 20μm	190μm ± 20μm
前主栅宽度	0.7mm	
后主栅宽度	0.7mm	
生产商	中来股份	爱康科技

（4）焊带。组件中常用的焊带是涂锡铜带，主要为了连接电池片，实现电流的收集和传递作用，按功能可分为互联条和汇流条。涂锡铜带是由铜带作为芯层，在其表面涂覆一层锡铅焊料，具体的性能参数如表 5-4 所示。互联条是用于电池片之间串联的焊带，宽度为 1mm，厚度为 0.25mm。汇流条是将各个电池串串联在一起的焊带，宽度为 6mm，厚度为 0.25mm。互联条和汇流条只是尺寸规格存在差别，汇流条比较宽是为了减小电阻，降低组件的内部损耗。

表 5-4　涂锡铜带型焊带的性能参数

性能类别	性能参数	性能类别	性能参数
状态	硬态 Y	厚度公差	±0.01mm
Cu 含量	≥99.97%	涂层厚度	0.025mm±0.010mm
O 含量	≤0.002%	屈服强度	≤130MPa
电阻系数	≤0.0172 Ω·mm²/m	抗拉强度	>180MPa
涂层成分	Sn63%Pb37%	延伸率	>30%
宽度公差	±0.05mm	弯曲度	≤5mm/m

（5）其他材料。接线盒所用的是通灵 TL-BOX029 的分体接线盒。双面半片组件版型的特殊性，接线盒以分体的方式安装在组件的背面中间区域，而且不能遮挡到背面的电池片。光伏组件在生产制造过程中，除了使用以上材料，还需要其他辅材。电池片在串焊过程中，为了保证焊接的可靠性使用了 SF-56 助焊剂，产品来自无锡朝日焊锡科技有限公司。为了实现光伏分体式接线盒与组件背板的连接，5299W-S 缩合型灌封硅橡胶配合自动点胶设备在组件制造过程中使用。灌封胶具有的特点：室温固化快，生产效率高，易于使用；电性能优异，导热性较好；防水防潮，耐化学介质，耐黄变，耐气候老化 25 年以上。所使用的灌封胶来自回天新材科技有限公司。

5.2.1.2　主要设备

（1）光纤激光划片机：采用的是江苏启澜的 GSC-20F 光纤激光划片机，该划片机可广泛应用于硅、锗、砷化镓和其他半导体衬底材料的划片与切割，特别适用于单晶硅、多晶硅、非晶硅太阳能电池的切割。该划片机采用当今国际最先进的光纤激光器作为工作光源，由计算机控制的二维精密工作台，能按预先设定的各种图形轨迹做相应精确运动。光纤激光划片机由开关控制板、电控柜、光纤激光器、XY 运动台、精密调焦器、负压吸尘风机、脚踏装置等系统组成。

GSC-20F 光纤激光划片机的工作原理是光纤激光器经启动预热后，处于等待输出激光状态；计算机通过专用激光划片软件一方面控制装载硅片的工作台做相应运动，另一方面输出信号控制光纤激光器发射激光，并通过软件控制其输出的激光能量值，输出的高峰值能量的激光经聚焦后，在硅片表面形成高密度光斑，使被加工硅片表面瞬间气化，从而实现激光刻划的目的。该激光划片机的技术参数如表 5-5 所示。

表 5-5　江苏启澜 GSC-20F 光纤激光划片机参数

性能类别	性能参数	性能类别	性能参数
激光波长	1064nm	工作台运动速度	0~220mm/s
激光模式	基模 TEM00	工作台行程	200mm×200mm
激光最大输出功率	20W	切割厚度	≤1.2mm
激光调制频率	30~60kHz	划片线宽	≤0.03mm
冷却方式	自然风冷	使用电源	220V/50Hz/1kW

光纤激光划片机中最重要的部件是光纤激光器，GSC-20F 光纤激光划片机使用了武汉瑞科 RRL-P20 20W 信号光纤激光器，具体技术参数如表 5-6 所示。

表 5-6　实验中使用的脉冲光纤激光器参数

性能类别	性能参数	性能类别	性能参数
波长	1064nm	脉冲宽度	<140ns@ 30kHz
激光质量	$1.2M^2$	单脉冲能量	0.67mJ@ 30kHz
激光占空比	50%	功率调节量	10%~100%
激光功率	20W	重复频率	30~60kHz
切割厚度	≤1.2mm	冷却方式	自然风冷
扫描线宽	20μm	激光模式	基模 TEM00

光纤激光划片机影响划片质量的主要因素有激光功率、激光频率及划片速度。为了保证材料切割后的质量，需要设置多组实验去探究合适的激光切割参数，使得激光对材料的损伤最小。

（2）串焊机：使用宁夏小牛牌 CH526 串焊机来完成电池片串焊工序。该串焊机的工作流程是首先将助焊剂喷涂到电池片的焊接处，然后利用机械抓手将电池片放到预热板上，此时对电池背面会进行焊带预焊。接着对电池正面焊带进行焊接，随着电池片移动到红外加热区，利用此串焊机独特的背加热红外焊接方式，焊带表面的锡铅合金熔化，焊带和电极会充分接触，利用压棒对焊带进行加固。最后，电池离开加热区，焊带自然冷却凝固，充分焊接到电池片上。焊接完成后，电池串随着传送带运行往下，然后利用吸盘吸起电池串，检测串焊的情况，一切正常则继续进行下一个步骤，有异常则进行返修。串焊机的技术参数如表 5-7 所示。

表 5-7　实验中使用的宁夏小牛牌串焊机参数

性能类别	性能参数	性能类别	性能参数
产能	1300pcs/h	最大串长	2000mm
焊接方式	电磁感应加热	气源	0.6~0.8MPa
电池片规格	125/156mm	电压	220V/380V
电池片间距	2~40mm	使用温度	10~40℃

（3）层压机：所用的层压机为秦皇岛博硕双腔层压机。层压机主要通过加热使组件中胶膜融化交联，然后加压实现胶膜与电池片及上下玻璃的紧密黏结来完成光伏组件的密封封装。双层层压机第一腔体主要是进行抽真空，第二个腔体主要进行层压，在两个阶段都有加热加压过程。双腔层压机的主要优点是节省时间，提高了生产效率，其规格参数如表 5-8 所示。

表 5-8　秦皇岛博硕层压机参数

性能类别	性能参数	性能类别	性能参数
层压面积	2200mm×3600mm	设备重量	约 18t
总功率	75kW	工作功率	45kW
加热方式	导热油循环加热	控温精度	±1.5℃
温控范围	室温~180℃	作业真空度	100~40Pa
温度均匀性	≤±2℃	抽真空速率	70L/S

所有样品的层压都是用同一台秦皇岛博硕双腔层压机，度辰 POE 胶膜层压机工艺参数设置如表 5-9 所示。

在样品的制备过程中，除了需要以上主要设备，还会用到胶膜裁剪机、焊带裁剪机、传送带、电烙铁、打胶机、生产手套和小推车等。

表5-9 度辰POE胶膜层压工艺参数设置

温度	131℃	温度	142℃
抽真空	350s	抽真空	20s
加压1	−80kPa	加压1	−75kPa
保压1	5s	保压1	10s
加压2	−60kPa	加压2	−50kPa
保压2	5s	保压2	10s
加压3	−40kPa	加压3	−40kPa
层压时间	100s	层压时间	400s

5.2.1.3 工艺流程

制备的样品组件包括：N型双面组件、N型双面半片组件和P型双面半片组件。双面双玻组件的制作类似常规双玻组件的制作过程，流程图如图5-2所示，步骤包括：分选电池片、电池片串焊、排版层叠、中间检测、层压、削边清理、安装接线盒、清理固化、外观检查、最终测试。双面半片组件的制作过程相对于双玻组件会多一道切片工序。

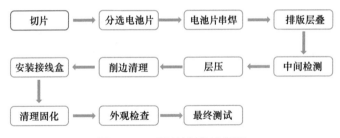

图5-2 双面组件制备流程图

双面组件制作过程中每个步骤里面都包含一个或者多个步骤，具体如下：

（1）切片：切片是半片组件制备过程中非常重要的一个步骤，也是半片组件制作过程中多于传统组件的工序。切片是先经过激光切割，然后沿着切缝进行掰片，如图5-3所示。通过大量的预实验得出合理的激光切割参数，使得电池片的电性能在切割过程中损耗最小。人工切片过程中，需要工作人员戴上工作手套，轻拿轻放，严格按照预先设计的切片路径和参数进行切割，保证半片电池的无任何外力损伤和污染。

（2）分选电池片：电池片分选是为了检测出不合格电池片，如电池片隐裂、缺角、断栅等，同时分选时要观察电池外观颜色是否均匀一致，保证组件里面电池片的质量，提升组件的合格率。

（3）电池片串焊：串焊主要是通过焊接的方法用涂锡焊带将单片电池片串

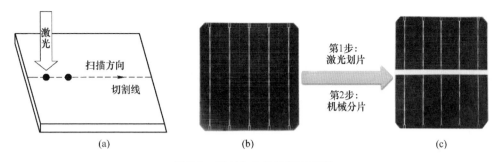

图 5-3 双面电池的切割示意图

（a）切割过程模拟图；（b）切割前的电池片；（c）切割后的电池片

联成串。串焊中需要严格监控焊接后电池片翘曲度、电池片定位精度、碎片率、露白现象、焊接附着力、漏焊和虚焊等，保证串焊后的电池串的良好质量。

（4）排版层叠：在排版层叠中，需要按照工艺要求焊接汇流条，保证焊接的精确度和质量。将汇焊好的组件在汇流条引出处铺设隔离 POE 和背板玻璃，然后在整体铺上根据图纸规定位置开好孔的 POE 和背板玻璃。

（5）中间检测：层压前进行外检查，通过反光镜检查组件内部、表面是否有异物，以及电池串的排版位置是否符合工艺要求，包括电池串的极性是否正确，防止不良流入下一条工序。通过了反光镜检查，再进行 EL 测试，借助 EL 检测设备检查电池片可能存在的一些缺陷，如隐裂、裂片、虚焊等。

（6）层压：叠层完毕的组件按照真空、高温、高压的层压工艺将钢化玻璃、POE、电池串、POE、背板玻璃，通过 POE 胶膜黏合为一个整体。排出电池板内各种材料之间的空气，抽成真空，然后利用 POE 的热熔性，完成材料之间的黏结。层压后的组件温度过高，需要冷却后才可以流入下一道工序。

（7）削边清理：削边清理主要是对组件边部和覆盖的层压纸张进行清理。在层压过程中，组件周边会残留溢出固化后的胶膜，需要对这些胶膜进行处理掉，同时层压机还会覆盖在上面，也需要清理干净，保证组件外观的整洁美观。

（8）安装接线盒：实验中，分体式接线盒打上硅胶后，立马安装到组件的要求位置处，接线盒要装正，不能有歪斜现象。

（9）清理固化：硅胶在未固化之前具有一定的流动性，为了使硅胶达到凝固的状态，需要在空气中水汽作用一段时间，从而使硅胶达到凝固状态。将组件放置于恒温恒湿固化室内进行固化。在固化之前，对于溢出的多余硅胶，进行适当的清理。

（10）外观检查：检查层压后组件的外观是否良好，同时也能够实时反映层压工艺运行是否正常，以便及时将不符合要求的组件进行剔除。

（11）最终测试：组件已经制作完成，最终对组件的缺陷和输出特性进行检测，分为 EL 测试和 *I-V* 测试。EL 测试利用半导体电致发光的原理，采用红外摄像机拍摄得到电致发光照片，操作人员通过照片检查电池片的隐裂、缺角等缺陷。*I-V* 测试机通过模拟太阳光照来测试组件样品的各项电性能参数，包括开路电压 V_{oc}、短路电流 I_{sc}、工作最佳功率 P_{mpp}、填充因子 *FF* 等各项参数，在测试之前，要进行标板的校正。

双面双玻组件的版型设计如图 5-4 所示，60 块（6×10）电池片，组件尺寸是 1658mm×992mm×6mm。双面半片双玻组件的版型设计如图 5-5 所示，上下每部分各自串联连接，再把上部分和下部分进行

图 5-4 双面双玻组件的正面和背面示意图（左边正面，右边背面）

并联。理论上，半片组件的开路电压等于相应的整片组件的开路电压。双面半片组件有 120 块半片电池，尺寸为 1678mm×992mm×6mm。

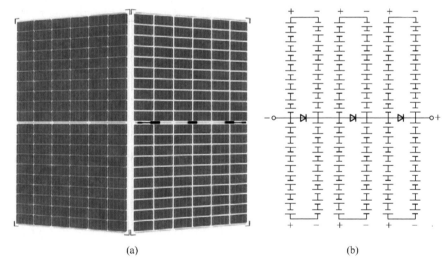

(a)   (b)

图 5-5 双面半片双玻组件的示意图和版型设计图
（a）左边为正面，右边为背面；（b）版型设计的等效电路图

5.2.1.4 性能测试

对激光切割前后的单片电池片进行 *I-V* 测试，分析电池电性能的切割损耗。激光切割区域进行微观形貌分析和元素分析，确定热影响的效果。光伏组件进行 EL 测试和 *I-V* 测试，确保组件的质量和输出特性；对组件进行光衰测试、热循环

测试、湿热测试和电势诱导测试，分析组件的可靠性。光伏组件在不同的安装方式下进行户外安装使用，对组件的发电量进行收集。以上测试所用的检测设备如表 5-10 所示。

表 5-10 测试样品用主要仪器

设 备 名 称	型号	生产厂家
单片 I-V 测试仪	XJCM-9	Gsolar
光伏组件 I-V 测试仪	Boger	瑞士梅耶伯格
光伏组件 EL 测试仪	Thinkeye	苏州巨能
恒温恒湿试验箱	GDJS	江苏艾默生
高低温试验箱	GDJW-013	江苏艾默生
扫描电子显微镜（SEM）	SU-70	日本 Hitachi 公司
电子探针显微分析（EMPA）	JXA8230	日本
微型逆变器	MI-500	杭州禾迈电子

所需测试条件和检测仪器的详细介绍如下：

（1）单片电池 I-V 测试仪：使用 XJCM-9 太阳模拟器模拟 AM1.5 光谱分布测试单片太阳能电池片。该系统采取独特的上打光模式，利用氙灯模拟太阳光以进行测试。XJCM-9 太阳能模拟器的光谱分布达到 IEC60904-9 所规定的 A 级标准，为太阳电池的电性能检测提供了可靠的保障。计算机系统（计算机、显示器和测试软件）控制太阳模拟器的运行，并且处理太阳能单片电池测试的各种参数。控制功能包括设置光源辐照度、设置电子负载和数据处理，数据处理包括采集超过 400 个数据点，并拟合 I-V、P-V 曲线等。单片电池的测试条件为模拟光照强度 $1000W/m^2$，温度 $25℃$，模拟光谱符合 AM1.5 的标准状态下。在进行测试前，需要利用相应的标准电池片对机器校正，再进行测试。电池片主要被测试的电性能参数有开路电压 V_{oc}、短路电路 I_{sc}、最大输出功率 P_m、最大功率时电压 V_m、最大功率时电流 I_m、填充因子 FF 等。

（2）光伏组件 I-V 测试：德国梅耶博格 I-V 测试仪用来测试光伏组件的电性能，所有组件样品都使用同一台的测试仪。该仪器的测试原理跟单片电池的 I-V 测试仪原理类似，测试条件为模拟光照强度 $1000W/m^2$，温度 $25℃$，1.5AM。组件测试前，要利用相应的标板组件进行校正。

（3）光伏组件 EL 测试：使用苏州巨能 EL 测试仪进行光伏组件的 EL 测试，EL 测试仪利用半导体电池发光的原理，采用高灵敏的红外相机拍照检测组件中缺陷情况。通过 EL 的测试图像，可以对组件中缺陷进行初步分析，常见的缺陷分析情况如下[39]。1）破片或者隐裂：在制作过程中，受到热应力或者外力导致的，易发生在层叠和层压过程；2）明暗电池片：组件中电池片的转化效率不同，电流较大则更亮,反之则暗;3)电池片黑片:全黑片是由于焊接造成短路导致的,除边缘发光外的全黑片是由于电池片的制作工艺导致质量存在的问题;4)中心呈现黑色区域的电池片:组件中存在了一些低效的黑心电池片。当组件被 EL 检测出缺陷时,要及时进行记录和返修。

(4)光衰测试:光伏组件放置在一般室外气候条件下,使组件受到的光照总辐射量达到 $60kW \cdot h/m^2$,然后拉回组件进行 $I\text{-}V$ 测试,利用光照前后组件的功率得出衰减率,评估组件经受室外条件暴晒的能力。

(5)热循环测试:使用江苏艾默生网络能源有限公司的高低温试验箱进行热循环测试,箱内的温度可设置为高低温度交替循环的状态。高低温试验箱主要由五大部分组成:加热系统、冷冻系统、控制系统、送风循环系统和安全保护系统。根据 IEC61215 标准,将组件竖直放置于实验箱内,组件的正面和背面同时都暴露在温度变化的环境中,设置测试条件为:初始温度 25℃,首先让温度在 40min 内升到 85℃,保温 40min,然后在 80min 内降温到 -40℃,接着保温 40min,最后在 40min 内让温度升到 25℃,完成一个热循环。每完成样品的热循环测试,需要取出放置 1h 以上才可以进行 $I\text{-}V$ 测试。通过热循环测试确定组件承受由于温度重复变化而引起的热失配、疲劳和其他应力的能力。

(6)湿热测试:使用江苏艾默生网络能源有限公司的恒温恒湿试验箱进行组件的湿热测试,调控箱内的湿度和温度来达到测试条件。恒温恒湿实验箱主要由四大部分组成:加热系统、湿度系统、制冷系统和传感器系统。四个系统协同作用,实现在所设定的稳定环境下完成测试。根据 IEC61215 标准,将组件竖直放置在恒温恒湿实验箱内,使得样品的正反面暴露在湿热环境中,设置的测试条件是:温度 85℃±2℃,相对湿度 85%±5%,实验时间 1000h。组件完成 1000h 测试后,经受 2~4h 的恢复期后,进行 $I\text{-}V$ 测试。实验中增加了一组 2000h 湿热实验。通过湿热测试确定组件承受长期湿气渗透的能力。

(7)电势诱导测试:将组件放置在江苏艾默生网络能源公司生产的恒温恒湿实验箱内,根据 IEC62804 标准,箱内温度设置在 85℃±2℃,湿度为 85%±5%,然后给组件通负偏压 1500V,测试时间为 96h。组件完成箱内实验后,将组件放置 2~4h,然后再进行组件的 $I\text{-}V$ 测试,根据测试前后电性能的数据,最后对组件的抗电势诱导衰减性能进行评价。

(8)微观形貌分析:使用扫描电子显微镜(SEM)对电池的激光切割区域的微观形貌进行观察分析,利用电子探针(EMPA)对切痕区域进行元素分析,综合微观形貌分析和元素分析来判断激光切割对电池损耗的影响。

(9)组件发电量收集:使用的是杭州禾迈电子电力有限公司的微型逆变器 MI-500 型,一台逆变器有 2 个最大功率点跟踪(MTTP)控制器,可以连接和测试 2 片组件。微型逆变器技术实现逆变器与单个组件集成,为每个组件单独配了一个具有交直流转换功能和 MTTP 功能的逆变器模块，将光伏组件的电量直接转换成交流输出。同时，微型逆变器能够快速反映组件的问题，实现单块智能监控，当组件阵列中有一块不良工作时，也不会影响其他组件正常工作。组件连接微型逆变器，每天登录发电管理平台后端查看组件的发电量和监控组件运行情况，对发电量数据进行收集分析和出现问题及时处理。

5.2.2 激光切割工艺参数对性能的影响

5.2.2.1 激光切割参数优化

激光切割是半片组件制备的第一道工序，整片电池片经过激光切割和掰片成为两个半片。为了在切割过程中使电池片的损耗最小，研究了激光参数、切割面和切割次数与电池片的电性能损耗之间的关系，将切割的电池片前后的电学性能进行对比，对损耗进行量化。在激光划片前后利用单片 I-V 测试仪记录每片电池片的重要电性能数据。电池片主要测量记录的电性能参数是：输出功率 P_{mpp}、开路电压 V_{oc}、短路电流 I_{sc}、填充因子 FF。这些参数的损耗率计算公式如下：

$$P_{mpploss} = \frac{P_{mpp1} - P_{mpp2}}{P_{mpp1}} \times 100\% \qquad (5-1)$$

$$V_{ocloss} = \frac{V_{oc1} - V_{oc2}}{V_{oc1}} \times 100\% \qquad (5-2)$$

$$I_{scloss} = \frac{I_{sc1} - I_{sc2}}{I_{sc1}} \times 100\% \qquad (5-3)$$

$$FF_{loss} = \frac{FF_1 - FF_2}{FF_1} \times 100\% \qquad (5-4)$$

式中，P_{mpp1}、V_{oc1}、I_{sc1}、FF_1 分别为激光切割电池片前的电性能参数；P_{mpp2}、V_{oc2}、I_{sc2}、FF_2 分别为激光切割电池片后的电性能参数。

激光切割参数的设计对划片质量的影响很大。为了探究激光的输出功率、重复频率和划片速度三个主要参数对电池片切割损耗的影响，实验中采用正交设计的方式研究激光参数的最佳组数，通过测量电池片切割的功率损耗来定量对比。进行三因素五水平正交实验，将激光输出功率、激光重复频率和划片速度作为三个因素，用这三个因数设定五个水平，详细参数如表 5-11 所示。

表 5-11 影响激光切割质量的三个主要因素水平设定表

水平	输出功率/W	重复频率/kHz	划片速度/mm·s^{-1}
区间范围	3~7	30~38	100~140
1	3	30	100
2	4	32	110

续表 5-11

水平	输出功率/W	重复频率/kHz	划片速度/mm·s⁻¹
3	5	34	120
4	6	36	130
5	7	38	140

根据表 5-11 数据和正交实验设计，具体的三因素五水平正交实验设计表格如表 5-12 所示。

表 5-12 三因素五水平正交实验设计表

L_{25} (5^3) 测试	1	2	3	L_{25} (5^3) 测试	1	2	3
1	1	1	1	14	3	4	2
2	1	2	2	15	3	5	3
3	1	3	3	16	4	1	3
4	1	4	4	17	4	2	4
5	1	5	5	18	4	3	5
6	2	1	5	19	4	4	1
7	2	2	1	20	4	5	2
8	2	3	2	21	5	1	2
9	2	4	3	22	5	2	3
10	2	5	4	23	5	3	4
11	3	1	4	24	5	4	5
12	3	2	5	25	5	5	1
13	3	3	1				

先对整片 N 型双面电池样品进行编号，然后一一进行单片 I-V 测试，记录电池片的功率参数。电池正面功率值的平均值为 5.160W。实验的双面电池片经过激光从背面划片，然后再进行单片 I-V 测试，记录划片后的电池片的正面功率。实验中采用背面划片，切割重复切割 2 次，每组条件对应 10 个样品，总共 25 组实验，计算正面功率的平均损耗来寻求最佳的激光参数组合。每组计算结果平均值如表 5-13 所示。

表 5-13 根据正交实验设计测定的电池功率损耗率表

L_{25} (5^3) 测试	P1/W	P2/kHz	P3/mm·s⁻¹	功率损耗率/%
1	3	30	100	0.92
2	3	32	110	0.87
3	3	34	120	0.88

续表 5-13

L_{25}（5^3）测试	P1/W	P2/kHz	P3/mm·s^{-1}	功率损耗率/%
4	3	36	130	0.76
5	3	38	140	0.74
6	4	30	140	0.78
7	4	32	100	0.75
8	4	34	110	0.76
9	4	36	120	0.67
10	4	38	130	0.66
11	5	30	130	0.65
12	5	32	140	0.67
13	5	34	100	0.71
14	5	36	110	0.74
15	5	38	120	0.70
16	6	30	120	0.83
17	6	32	130	0.99
18	6	34	140	0.81
19	6	36	100	0.96
20	6	38	110	1.06
21	7	30	110	1.54
22	7	32	120	1.67
23	7	34	130	1.65
24	7	36	140	1.76
25	7	38	100	1.81

通过对比 25 组激光切割前后的电池功率损耗，发现第 11 组的电池片的功率损耗最小，在此激光切割参数下，半片电池片的输出功率是最高的。同时，在切割的过程中，当设置的激光切割功率比较小时，电池在掰片过程中的破碎率比较高，特别是当激光功率是 3W 时，电池的破碎率达到了大约 8%。当激光切割功率设置在 4W 及以上，掰片过程中破碎率明显下降。第 11 组电池片的 I-V 各项正面参数的损失率如图 5-6 所示。第 11 组的双面 N 型电池片对应的激光切割参数是：输出功率 5W、重复频率 30kHz、划片速度 130mm/s。此时电池的功率为5.126W，损耗率为 0.65%，短路电流为 9.85A，损耗率 0.05%，开路电压为0.656V，损耗率为 0.21%，填充因子为 79.31%，损耗率为 0.55%。在接下来的切割工艺过程中，使用此激光切割参数来探究激光切割面和切割次数。

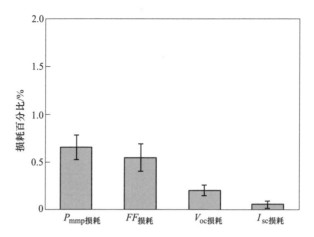

图 5-6 N 型双面 PERT 电池在最佳激光参数切割下的正面电性能损耗图

5.2.2.2 激光正面和反面切割

为了研究双面电池的切割面与切割损耗之间的关系，每个切割面下进行 40 个样品测试，通过单片太阳能电池测试仪记录激光切割前后每个电池的前后电性能参数，所有样本的切割重复次数为 2 次。电池的电性能切割损耗运用式（5-1）~式（5-4）计算，结果如图 5-7 所示。

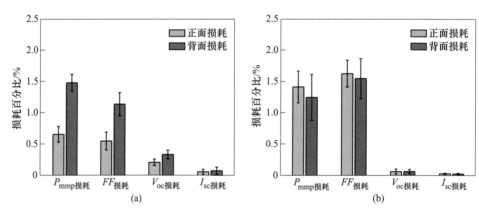

图 5-7 以背面切割（a）和正面切割（b）后前后电性能损耗的比较

图 5-7（a）和（b）分别给出了正面和背面切割后各电性能参数的平均损耗值。背面切割和正面切割的正面平均 $P_{mpp损耗}$ 值分别为 0.65% 和 1.41%。背面切割的正面平均 $P_{mpp损耗}$ 明显低于正面切割。另外，背面切割和正面切割的背面平均 $P_{mpp损耗}$ 分别为 1.48% 和 1.24%。背面切割和正面切割的正面平均 $FF_{损耗}$ 分别为 0.55% 和 1.62%。背、正切割的背面 $FF_{损耗}$ 分别为 1.14% 和 1.54%。V_{oc} 和 I_{sc} 的变化可以忽略不计。综合分析这些结果，双面电池应从背面切割来制备双面半片组

件。众所周知，双面太阳能电池的输出功率主要来自正面，太阳能电池中的 PN
结在正面下方。因此，重要的可能不是正面或背面进行切割，而是不要在靠近
PN 结的一侧进行切割。

5.2.2.3　切割重复次数

通过对比双面太阳能电池的切割面，确定了从背面切割的优点，进而研究从
后面切割的划片重复次数与双面太阳能电池的电性能损耗之间的关系。实验中对
20 个样本进行了测试分析，用校准过的单片太阳能电池测试仪记录电池正面的
切割前后的电性能参数。在 $1000W/m^2$ 光照下，重要的电性能参数的平均损耗率
如图 5-8 所示，其中不同颜色表示不同的切割重复次数。一次划片后，输出功率
损耗率为 0.96%。当切割过程重复两次时，输出功率损耗率降低到 0.65%，当切
割过程重复三次时，输出功率损耗率提高到 1.38%。从图 5-8 可以明显看出，在
三个不同的划片过程中，划片两次的功率损耗最小，同时划片两次的其他电性
能（FF_{loss}、V_{ocloss} 和 I_{scloss}）损耗也是最小的。

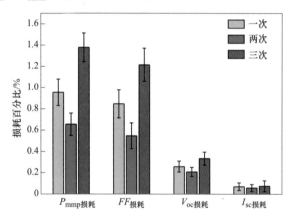

图 5-8　N-PERT 双面硅太阳能电池在不同划片重复次数下的电性能损耗率

N-PERT 硅太阳能电池经过一次、两次或三次切割后的横截面微观形貌如
图 5-9 所示，其中激光切割区域和机械断裂区域用直线标记物隔开。此外，在只
进行一次划片时，切割深度相对较小，如图 5-9（a）所示。进行掰片时，外力沿
着切割缝进行分片，由于此时的相对深度较浅，沿着切割槽进行掰片时，需要的
外力大，会容易产生一些隐藏的裂缝在电池中，隐藏的裂纹会导致太阳能电池的
电性能参数 V_{oc}、I_{sc} 和 FF 的降低[40]。对于两次划片过程，划片深度适合机械分
片。在掰片时，机械断裂过程不会造成过多的隐蔽裂纹。当电池片经过三次切割
后，激光几乎快要切穿了电池片，电池切割区被激光破坏的范围很大（包括靠近
正面的 PN 结），严重降低了太阳能电池的电学特性，如图 5-9（c）所示。综合
分析来看，激光切割重复两次是最佳的切割次数，有利于降低电池片在切割过程
中的电性能损耗。

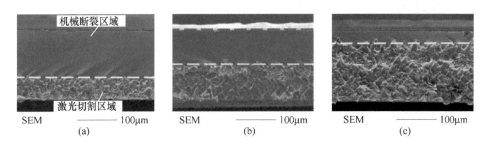

图 5-9　N-PERT 硅太阳能电池激光切割后的横截面微观形貌

（a）一次切割；（b）两次切割；（c）三次切割

5.2.3　切割损耗对性能的影响

5.2.3.1　分片过程分析

双面硅太阳能电池被分离成一半大小的电池过程中依次使用了激光划片和机械分片。为了研究激光划片和机械分片对电池整个切割过程的影响，记录了激光划片和机械分片前后的电池的电性能参数，使用优化的激光参数（激光切割功率5W，激光重复频率30kHz，切割速度130mm/s），从后面重复切割两次，对比双面电池正面的电性能参数。使用公式计算 P_{mpp}、FF、I_{sc} 和 V_{oc} 的损失率。

电池片总的切割损耗分别由激光划片和机械分片造成。P_{mpp}、FF、I_{sc}、V_{oc} 的平均损耗率如图 5-10 所示，其中红色表示激光划片造成的电性能损耗，绿色表示机械分片造成的电性能损耗。激光切割的 $P_{mpp损耗}$ 为 0.39%，高于机械分片的0.26%。激光切割的 $FF_{损耗}$ 为 0.36%，也高于机械分片的 0.19%。从结果可以很容易地观察到，激光划片引起的电性能损耗占总损耗的 60% 以上。这些结果表明，激光划片是双面太阳能电池在切片过程中电性能损耗的主要来源。根据研究报道，纳秒激光通过热作用切割晶体硅电池[41]。电池的切割面和横截面激光切割区域分别如图 5-11（a）和（b）所示。在激光的切割边缘处，大量熔融粒子凝固，激光切割区域的横截面充满不规则的熔点和小裂纹，增加了太阳能电池的漏电流。因此，激光划片比机械分片造成了更高程度的损伤。所以，提高激光质量和优化激光切割工艺对半片晶硅组件的开发具有重要意义。

5.2.3.2　热影响区分析

当晶硅太阳能电池处于开路状态时，通过外部负载（R_L）的电流（I_L）为0，理想状态下并联电阻（R_{sh}）趋近于无穷大。因此，定义的负载两端的开路电压（V_{oc}）使用下式计算：

$$V_{oc} = \frac{kT_0}{q}\ln\left(\frac{I_{ph}}{I_s} + 1\right) \tag{5-5}$$

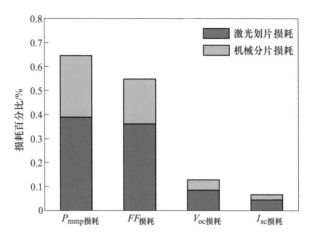

图 5-10　激光划片与机械分片的电性能损耗率比较

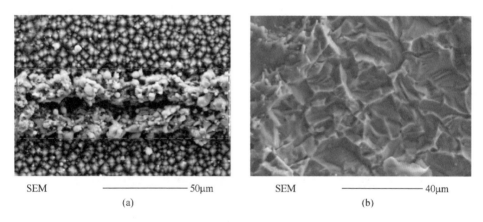

图 5-11　N-PERT 硅太阳能电池激光切割后的微观形貌
（a）表面形貌；（b）横断面激光切割区域 SEM 图像

式中，q 为电子电量；k 为玻耳兹曼常数；T 为绝对温度；I_{ph} 为光生电流；I_s 为反向饱和电流。然而，在非理想条件下，V_{oc} 会受到太阳能电池中 I_s 和漏电流（I_{sh}）的影响。串联电阻（R_s）的变化对 V_{oc} 没有影响，但上下电极局部短路引起的 I_{sh} 增加，导致 R_{sh} 降低，U_{oc} 值降低。在短路条件下，负载两端的电压（U_L）为 0。因此，电路中的电流（I_L）等于短路电流（I_{sc}）。此外，通过二极管的饱和电流（I_d）非常小，可以忽略。因此，从式（5-6）可以得到短路电流：

$$I_{sc} = \frac{I_{ph}}{1 + \dfrac{R_s}{R_{sh}}} \tag{5-6}$$

显然，R_s 的增加和 R_{sh} 的减少导致 I_{sc} 的降低。

　　基于以上分析，可以知道串联电阻和并联电阻对太阳能电池电性能的影响。激光辐照区的太阳能电池烧蚀为熔坑，熔坑中的 PN 结被完全破坏，丧失了收集光生载流子的能力。激光辐射引起的热影响区产生不同程度的损伤，导致掺杂的硅太阳能电池中的缺陷增多，使得从 PN 结区收集光生载流子的过程中，光电子的损失和电池的内部串联电阻增加[42]。激光烧蚀损伤了 PN 结，显著增加了 PN 结区缺陷的数量。这些缺陷可以作为有利的复合中心，产生漏电流。同时，烧蚀坑边缘的 PN 连接中的杂质和细胞边缘的裂纹也会导致漏电流的产生。反向电流的增加使光电流减小，导致太阳能电池并联电阻减小。总的来说，激光烧蚀损伤了太阳能电池，电池烧蚀区域完全失去了输出电能的能力。同时，电池的串联电阻增大，并联电阻减小，导致短路电流和开路电压减小。因此，这些因素的共同作用降低了太阳能电池的输出性能。

　　对切割区域进行了电子探针（EMPA）微观研究，在优化的激光切割条件下，探究激光热对双面硅太阳能电池的影响。图 5-12 EPMA 图谱显示了从电池背面切割，切割边缘各元素的分布情况。从图 5-1 可以看出，Si 和 N 是后切面的主要成分，而图 5-12 显示了 Si、N 和 O 是背面切割后的主要成分。此外，在切割痕迹附近 Si 和 N 的含量相对较低，而 O 的含量在切痕附近增加。值得注意的是，

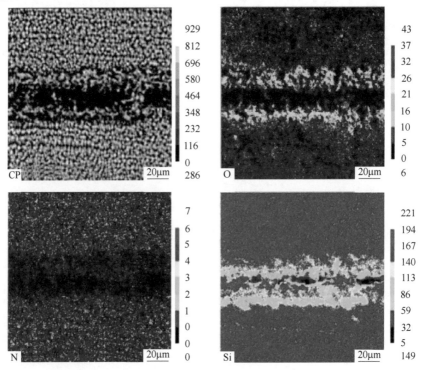

图 5-12　双面 N-PERT 电池在最佳切割条件下的 EMPA 图

SiN_x抗反射涂层在激光切割过程中被破坏，与空气中的 O_2 反应形成了 SiO 化合物。然而，富氧区的面积非常小。根据元素分布的分析表明，热影响区宽度约为 40μm。因此，在最佳激光切割条件下，热影响区对电性能的影响是非常有限的。

5.2.4 N 型双面半片组件的输出性能

使用优化的激光切割工艺按照半片双玻组件制备流程制作了 4 个 N 型双面整片组件和 4 个 N 型双面半片组件，组件的实物图和 EL 图如图 5-13 所示。这些组件的制备使用相同的原材料和设备，组件正面的电性能的测试结果如表 5-14 所示。基于表中的数据，可以看出半片组件的平均功率为 305.95W，整片组件的平均功率为 300.25W，半片组件比相应的整片组件的功率高出了大约 2%。

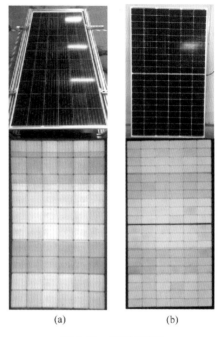

(a)　　　　(b)

图 5-13　双面 PERT
组件的实物图和 EL 图
（a）整片组件；（b）半片组件

通过单片太阳能电池测试仪的测量，一块完整的单片电池片功率为 5.160W，一块半片电池的功率为 2.563W。60 片电池的整片组件的理想功率 P_s 为 60 片电池的功率之和 309.6W，120 个半片组件在优化切割条件下的理想功率 P_s 为 307.58W。半片组件的激光切割损耗之和为 2.02W。考虑组件中的互联条和汇流条损耗，需要结合图 5-14 进行以下计算。

表 5-14　N 型双面半片组件和整片组件的 *I-V* 电性能参数表

参数	P_{mpp}/W	V_{mpp}/V	I_{mpp}/A	V_{oc}/V	I_{sc}/A	FF/%
半片组件-1	306.73	32.448	9.453	39.351	9.831	79.29
半片组件-2	306.36	32.426	9.448	39.328	9.829	79.26
半片组件-3	305.30	32.427	9.415	39.313	9.816	79.11
半片组件-4	305.44	32.414	9.423	39.243	9.819	79.27
整片组件-1	299.87	32.335	9.274	39.324	9.793	77.87
整片组件-2	299.76	31.948	9.383	39.256	9.824	77.73
整片组件-3	301.15	32.006	9.409	39.324	9.812	78.05
整片组件-4	300.21	32.218	9.318	39.223	9.801	78.10

注：V_{mpp} 是最大工作电压；I_{mpp} 是最大工作电流。

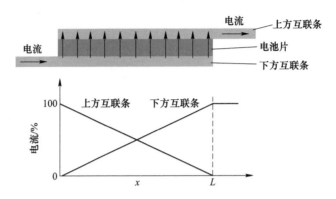

图 5-14　焊接在电池上的汇联条电流分析图

组件中的每个电池，上下方都有焊接互联条收集和传输电流。通过分析可知，电池的上下方的互联条电流呈线性分布，如图 5-14 所示。对于焊接总长度为 L 的互联条，电池产生的总电流为 I_L，则上方互联条中某点流过的电流为：

$$I_x = I_L \frac{x}{L} \tag{5-7}$$

则上方互联条的功率损失为：

$$P_r = \int_0^L \left(I_L \frac{x}{L} \right)^2 \rho_r \mathrm{d}x = \frac{\rho_r L I_L^2}{3} \tag{5-8}$$

式中，ρ_r 为互联条单位长度电阻，Ω/m；L 为互联条的有效长度；x 为互联条中某点的电流。同理，则电池下方互联条电阻功率损耗为 $\rho_r L I_L^2/3$。因此，互联条所造成的功率总损失为 $2\rho_r L I_L^2/3$。结合表 5-15 的数据，利用式（5-8）计算得出整片组件和半片组件的互联条损耗分别为 9.49W 和 2.38W。

表 5-15　组件中的互联条基本参数

参数	$\rho_r/\Omega \cdot \mathrm{m}^{-1}$	L_{r1}/mm	L_{r2}/mm
数值	0.084	1943	1910

注：L_{r1} 和 L_{r2} 分别为整片组件和半片组件的有效互联条长度。

汇流条连接互联条，起到收集互联条中的电流进行传输，各部分承载的电流不同，如图 5-15 所示。电池上的 5 根焊带是呈并联连接到汇流条上，沿着电流传输方向电流逐渐累加。汇流条的电阻损失计算如下。

$$P_b = \left[\left(\frac{1}{5} I_L \right)^2 \times L_1 + \left(\frac{2}{5} I_L \right)^2 \times L_2 + \left(\frac{3}{5} I_L \right)^2 \times L_3 + \right.$$
$$\left. \left(\frac{4}{5} I_L \right)^2 \times L_4 + I_L^2 \times L_5 \right] \times \rho_b \tag{5-9}$$

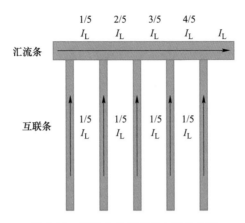

图 5-15 组件中的汇流条电流分布图

组件中的汇流条基本参数如表 5-16 所示。半片电池产生的电流约为整片电池的一半，结合表 5-16 中的数据，利用式（5-9）可以计算出整片组件和半片组件中的汇流条损耗分别为 0.88W 和 0.63W。光伏组件的理论功率输出值（P）：

$$P = P_s - P_r - P_b \tag{5-10}$$

表 5-16　组件中的汇流条基本参数

参数	$\rho_r/\Omega \cdot m^{-1}$	L_1/mm	L_2/mm	L_3/mm	L_4/mm	L_5/mm
整片数值	0.014	388.8	374.4	374.4	374.4	279.6
半片数值		777.6	748.8	748.8	748.8	559.2

注：ρ_r 表示汇流条单位长度电阻；L_1、L_2、L_3、L_4 和 L_5 分别表示电流为 $1/5I_L$、$2/5I_L$、$3/5I_L$、$4/5I_L$ 和 I_L 的汇流条长度。

根据上面互联条和汇流条的电损耗，可得整片组件和半片组件的理论输出功率分别为 299.23W 和 304.57W，半片组件的理论增益为 5.34W，但实际功率增益为 5.7W。半片组件的实际输出功率值高于理论值，这是由于其他因素的影响，如半片组件的焊带和电池间隙多于整片组件，增加光的反射到电池表面等。

5.3　N型双面半片组件的可靠性

5.3.1　光衰减性能

组件可靠性测试的目的就是模拟组件在未来使用中可能遇到的状况，对组件产品的质量进行检测和把控。国内的光伏组件主要参考国际电工委员会（IEC）标准来对组件的进行可靠性测试。利用确定的最佳切割工艺制备了 4 板 N-PERT 双面半片组件和 4 板 PERC 双面半片组件，组件的正面电性能参数如表 5-17 所示。根据 IEC 61215：2016 和 IEC 62804：2015 标准对双面半片组件进行光衰测试（LID）、热循环老化测试（TC200）、湿热老化测试（DH2000h）和电势诱导测试（PID），当经过测试后，组件的功率衰减率小于5%时，组件则合格。所有组件都先放置在外面暴晒，使其辐照量达到 $60kW \cdot h/m^2$，再进行其他可靠性测试，每项测试对应一板组件。

表 5-17　N-PERT 和 PERC 双面半片组件的正面电性能参数

参数	P_{mpp}/W	V_{mpp}/V	I_{mpp}/A	V_{oc}/V	I_{sc}/A	FF/%
N-1	306.73	32.448	9.453	39.351	9.831	79.29
N-2	306.36	32.426	9.448	39.328	9.829	79.26
N-3	305.30	32.427	9.415	39.313	9.816	79.11
N-4	305.44	32.414	9.423	39.243	9.819	79.27
P-1	307.31	32.689	9.401	39.758	9.886	78.19
P-2	308.58	32.602	9.465	39.728	9.910	78.38
P-3	305.88	32.412	9.437	39.703	9.890	77.90
P-4	306.49	32.438	9.449	39.718	9.917	77.81

根据 IEC 61215(2016) 标准，在达到 $60kW \cdot h/m^2$ 辐照量后，组件的电性能通过 LMTS 测试，光衰测试的结果如图 5-16 所示，N-PERT 双面半片组件正背面功率衰减分别为 0.26% 和 2.7%，PERC 双面半片组件正背面功率衰减为 1.7% 和 7.2%。N 型电池是选用掺磷的 N 型硅材料形成的电池，没有光致衰减效应的存在。N 型组件的正面几乎是没有发生光致衰减的，由于 N 型电池的背面制作工艺的成熟度和目前市场对背面还没有标准要求等原因导致背面发生了一定量的衰减。PERC 电池是用掺硼的 P 型硅材料制成的，光衰的主要原因就是光照或者电流注入导致硼和氧形成硼氧复合体，硼氧复合体是一种亚稳态缺陷，形成了复合中心，从而降低了少数载流子寿命，影响电池效率[43,44]。所以，N 型组件在光衰上相对 P 型组件具有明显的优势。

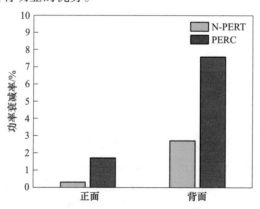

图 5-16　N-PERT 和 PERC 双面半片组件光照后的功率衰减率

5.3.2 热循环老化性能

根据 IEC 61215（2016）标准，在热循环 200 次后，对组件进行电性能检测，功率衰减率的结果如图 5-17 所示。N-PERT 双面半片组件的正面和背面功率衰减率分别约为 1.2% 和 2.6%，低于 PERC 双面半片组件的 3.4% 和 5.9%。这些结果表明，在热循环老化测试中，N-PERT 双面半片组件比 PERC 双面半片组件更具有优势。N-PERT 双面电池结构对称，内应力小，双面都印刷了银浆，提高了电池的稳定性，N 型双面组件抵抗由于温度重复变化引起的热应变能力强。热循环老化测试之前和之后的 N-PERT 和 PERC 双面半片组件的正面 EL 图像如图 5-18 所示，显示没有明显缺陷。

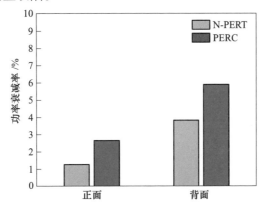

图 5-17 N-PERT 和 PERC 双面半片组件热循环老化的功率衰减率

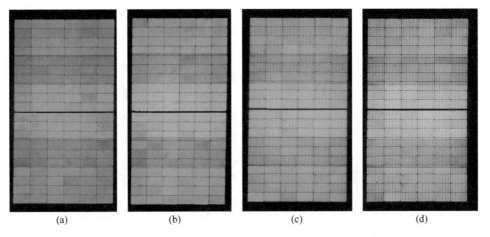

图 5-18 N-PERT 和 PERC 双面半片组件热循环老化测试前后的 EL 图像

（a）N 型热循环 200 次前；（b）N 型热循环 200 次后；

（c）P 型热循环 200 次前；（d）P 型热循环 200 次后

5.3.3 湿热老化性能

湿热试验主要是通过模拟热带和亚热带长期湿度和温度的影响来评估组件的寿命。根据 IEC 61215（2016）标准，在高温高湿（85℃和 85%RH，DH1000h）条件下进行测试后，DH1000h 和 DH2000h 测试的结果如图 5-19 所示。DH2000h后，N-PERT 双面半片组件的正面和背面功率损耗率分别约为 1.3%和 3.2%，PERC 双面半片组件的正面和背面功率损耗率为 4.5%和 6.1%。这些结果表明，N-PERT 双面半片组件在抵抗湿热老化方面能力优于 PERC 双面半片组件。DH2000h 测试之前和之后的 N-PERT 和 PERC 模块的正面 EL 图像分别如图 5-20所示，显示没有产生明显缺陷。

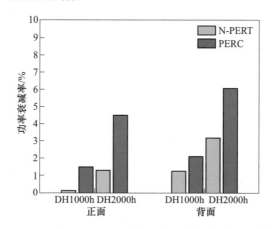

图 5-19 N-PERT 和 PERC 双面半片组件湿热老化测试的功率衰减率

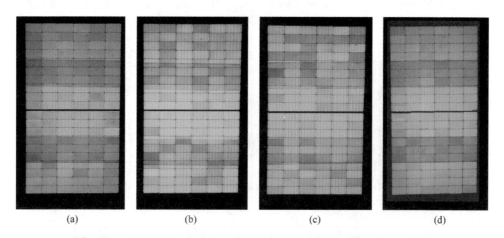

图 5-20 N-PERT 和 PERC 双面半片组件湿热老化测试前后的 EL 图像

（a）N 型 DH 测试前；（b）N 型 DH 测试后；（c）P 型 DH 测试前；（d）P 型 DH 测试后

5.3.4 电势诱导效应性能

当内部电路与光伏组件的框架之间存在高压偏置时，可能会发生电势诱导效应（PID）衰减。由于电池通过封装材料形成的模块框架的环路带来的泄漏电流（通常是 EVA 和玻璃的上表面），组件的性能会降低。根据 IEC 62804：2015，双面组件的 PID 测试负偏压增加到 1500V，时间为 96h，功率衰减如图 5-21 所示。N-PERT 双面半片组件的正面和背面功率衰减率分别约为 3% 和 1.7%，PERC 双面半片组件的正面和背面功率衰减率为 2.3% 和 6.9%。组件测试前后的正面 EL 图像如图 5-22 所示，显示没有产生明显缺陷。

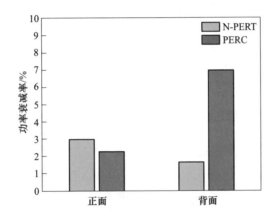

图 5-21　N-PERT 和 PERC 双面半片组件电势诱导测试后的功率衰减率

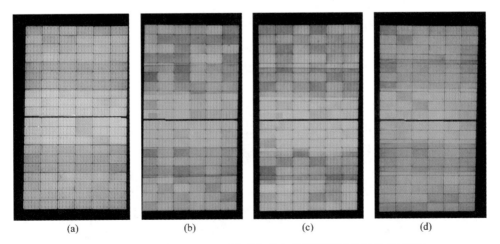

(a)　　　　　　　　(b)　　　　　　　　(c)　　　　　　　　(d)

图 5-22　N-PERT 和 PERC 双面半片组件电势诱导测试前后的 EL 图像

（a）N 型 PID 测试前；（b）N 型 PID 测试后；（c）P 型 PID 测试前；（d）P 型 PID 测试后

根据结果可以明显地看出，N 型双面组件的正面功率衰减大于背面，是因为 N-PERT 双面电池片的正面为场钝化，Al_2O_3 具有较高负电荷密度，可以通过屏蔽电子提高载流子效率，但加上负偏压后，正面富集的阳离子形成了由 P→N 的电场方向，减弱了原场钝化效果；而背面为 SiO_2 化学钝化，其中含有高密度的固定正电荷，对阳离子有一定的排斥作用，会减弱一部分阳离子的富集，对钝化的效果影响较小。PERC 双面电池正面为化学钝化，其中 SiN 中含有高密度的固定正电荷，能够减弱阳离子的富集；但背面为场钝化，其固定的负电荷会增加背面阳离子的富集，形成了 P+→P 场效应，减弱了原场钝化效果[45]。

总的来说，目前市场上对双面电池的效率是以正面为准，更多的技术核心和重点都投入在提高正面效率的研究，电池背面质量把控规范化的标准还需要进一步发展。PERC 双面电池在制造过程中需要激光开槽，弱化了本身的机械性能，在电站的应用中会增加隐裂、碎片等概率，严重影响组件的可靠性。而 N 型双面电池双面银浆，对称结构，无需用激光开槽工艺。因此，N-PERT 双面组件相比 PERC 组件具有更好的可靠性。

5.4　N 型双面半片组件的应用

5.4.1　不同发射地面的双面组件发电量比较

双面组件相对单面组件有很多优势，如高的发电量可以缩短投资回报周期，更高的土地利用率和低度电成本等。为了使双面组件能够发挥出双面技术的优势，组件在安装的时候要考虑很多因素，如场景反射率、组件方位角、安装倾角、离地高度、安装方式和支架设计等。为了检验 N 型双面半片组件的发电效果，需要探索不同的场景反射率和安装方式对组件发电量的影响。组件安装方式为以正南方向，距离地面 1.2m，倾斜角度为 30°安装，如图 5-23 所示。

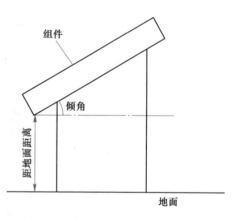

图 5-23　户外光伏组件的安装模拟图

地面的反射背景对双面组件的发电量有一定影响，分别用草地、水泥地、白漆地和塑料薄膜模拟不同的发射背景，如图 5-24 所示。草地环境模拟较空旷山坡或荒地等，水泥地模拟屋顶分布式完整，白漆地面模拟适宜小面积分布式应用，塑料薄膜模拟适用农业大棚上安装光伏应用。每个反射背景上安装两块组件，组件连接微型逆变器，实时收集数据，上传到网站后台，便于查看。

草地　　　　　　　　　　　　　薄膜

水泥地　　　　　　　　　　　　　白漆地

图 5-24　双面组件以草地、塑料薄膜、水泥地和白漆地为反射背景的安装图

　　采集记录了 2018 年 5 月到 8 月发电量数据，在相同的时段监控和收集了两块单面透光多晶组件作为参照组，用组件每个月的发电量除以组件的正面功率得到组件单位功率的发电量，结果如图 5-25 所示。每个月里面，白漆反射背景的发电量最高，其次是水泥、薄膜和草地，双面组件由于背面发电，明显每个月份的单位功率发电量高于单面多晶组件。图 5-26 显示，相对于单面多晶组件，N型双面组件在白漆反射场景下增加 26.58% 的发电量，在水泥发射场景下增加 19.63% 的发电量，在薄膜和草地的反射场景下分别增加 16.12% 和 13.32% 的发电量。N 型双面组件的发电量增益是明显的，当处在白漆地面的高反射场景下，发电量增益能达到 26% 以上。

5.4.2　不同类型组件的发电量比较

　　市场上双面组件主要分成 N 型和 P 型，为了对比不同类型组件的发电量，选取了常见的 N 型 PERT 双面组件、P 型 PERC 双面组件和普通单面组件作为实验样品，每种类型组件两块，连接着微型逆变器安装在户外实验地，记录下了

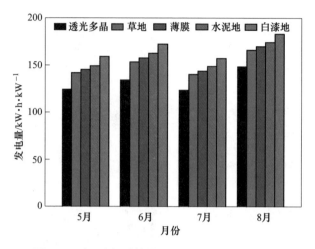

图 5-25 在不同反射场景下的双面组件发电量图

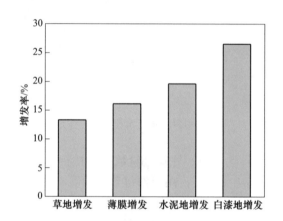

图 5-26 不同反射场景下 N 型双面组件相对透光多晶组件的增发数据图

2018 年 2~8 月组件的发电量数据，以正面功率为基准，每个月的组件的单位功率发电量的数据和相对增发率如图 5-27 所示。

可以明显看出，在每个月里，N 型双面组件的发电量都是最高的，P 型双面组件的发电量次之，普通单面组件的发电量最低。相对于普通单面组件，在 8 个月时间里，相同的反射背景下，N 型双面组件平均发电量增加 12.36%，P 型双面组件平均发电量增加了 8.89%。在户外电站中，N 型双面组件高的双面率、弱光性能好、温度系数良好及无光衰等优势能够使得组件保持高的发电量，降低度电成本。

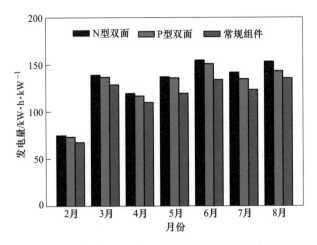

图 5-27　N 型双面组件、P 型双面组件和常规组件的发电量数据图

5.4.3 背面安装檩条遮挡对双面组件发电量的影响

双面组件常规的安装方式可以分为横向和纵向安装，如图 5-28 所示。两种安装方式明显的区别是：当组件横向安装时，背面没有遮挡，纵向安装时，背面檩条有明显遮挡，影响组件背面光的辐照度。为了探究背面檩条遮挡对组件发电量的影响，选取了四块 N 型双面组件为实验样品，每两块组件用一种安装方式，收集记录了 2018 年 5~10 月的发电量数据，结果如图 5-29 所示。

图 5-28　双面组件两种户外安装方式图
（a）纵向安装，背面有檩条遮挡；（b）横向安装，背面无檩条遮挡

可以明显看出，横向安装的背面无遮挡组件的发电量在每个月都高于纵向背面檩条遮挡的组件。相对于背面有檩条遮挡，双面组件在背面无檩条遮挡安装时，组件的发电量平均提高约 3.7%。因此，双面组件在安装方式选择时，除了

考虑组件的安装成本，也要考虑组件背面的遮挡情况，尽量使得组件背面无遮挡，最大程度地发挥组件的双面发电效益。

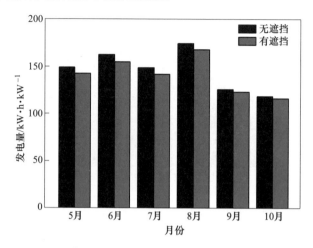

图 5-29　横向安装和纵向安装双面组件发电量对比图

参 考 文 献

［1］中国产业调研网，2020 年中国单晶硅市场现状调研与发展趋势预测分析报告［R］. 2019.

［2］戴准. 多孔硅制备工艺及其在硅太阳能电池上的应用［D］. 杭州：浙江大学，2015.

［3］Catchpole K R，Blakers A W. Modelling the PERC structure for industrial quality silicon［J］. Solar Energy Materials and Solar Cells，2002，73（2）：189-202.

［4］隆基乐叶. 隆基乐叶 PERC 双面率纪录实现再突破［J］. 电源世界，2017（11）：1.

［5］Song D，Xiong J，Hu Z，et al. In Progress in n-type Si solar cell and module technology for high efficiency and low cost［C］// Photovoltaic Specialists Conference（PVSC），2012 38th IEEE，2012.

［6］Feldmann F，Bivour M，Reichel C，et al. Tunnel oxide passivated contacts as an alternative to partial rear contacts［J］. Solar. Energy Materials and Solar Cells，2014，131：46-50.

［7］Lammert M D，Schwartz R J. The interdigitated back contact solar cell：A silicon solar cell for use in concentrated sunlight［J］. Electron Devices IEEE Transactions on，1977，24（4）：337-342.

［8］李俊泓. 异质结及其技术在新型硅基太阳能电池中的应用［J］. 科技展望，2017，27（4）：163.

［9］Komatsu Y，Mihailetchi V D，et al. Homogeneous p（+）emitter diffused using boron tribromide for record 16. 4% screen-printed large area N-type mc-Si solar cell［J］. Solar Energy Materials and Solar Cells，2009，93（6-7）：750-752.

［10］ Kerschaver E V, Beaucarne G. Back-contact solar cells: a review ［J］. Prostate, 2005, 14 (2): 107-123.

［11］ Cotter J E, Guo J H, Cousins P J, et al. P-type Versus N-type Silicon Wafers: Prospects for High-Efficiency Commercial Silicon Solar Cells ［J］. IEEE Transactions on Electron Devices, 2006, 53 (8): 1893-1901.

［12］ Haedrich I, Eitner U, Wiese M, et al. Unified methodology for determining CTM ratios: Systematic prediction of module power ［J］. Solar Energy Materials and Solar Cells, 2014, 131: 14-23.

［13］ Dasari S M, Srivastav P, Shaw R, et al. Optimization of cell to module conversion loss by reducing the resistive losses ［J］. Renewable Energy, 2013, 50: 82-85.

［14］ Kumar N D, Mounika C, Sailaja T, et al. Design and reduction of wattage losses in solar module using AR coating, cell-to-cell gap and thickness ［R］. In 2011 3rd International Conference on Electronics Computer Technology, Kanyakumari, 2011, Vol. 42-47.

［15］ Su W S, Chen Y C, Liao W H, et al. Optimization of the output power by effect of backsheet reflectance and spacing between cell strings ［J］. Conference Record of the IEEE Photovoltaic Specialists Conference, 2011: 003218-003220.

［16］ Dyk E V, Meyer E L. Analysis of the effect of parasitic resistances on the performance of photovoltaic modules ［J］. Renewable Energy, 2004, 29 (3): 333-344.

［17］ Caballero L J, Sanchez-Friera P, Lalaguna B, et al. In series resistance modelling of industrial screen-printed monocrystalline silicon solar cells and modules including the effect of spot soldering ［C］//IEEE World conference on Photovoltaic Engry Conversion. IEEE, 2006.

［18］ Ji E L, Bae S, Oh W, et al. Investigation of damage caused by partial shading of $CuIn_xGa_{(1-x)}Se_2$ photovoltaic modules with bypass diodes ［J］. Progress in Photovoltaics Research & Applications 2016, 24 (8): 1035-1043.

［19］ Guo S, Singh J P, Peters I M, et al. A quantitative analysis of photovoltaic modules using halved cells ［J］. International Journal of Photoenergy, 2013: 231-233.

［20］ Schneider J, Schnfelder S, Dietrich S, et al. Solar module with half size solar cells ［C］// 29th European Photovoltaic Solar Energy Conference and Exhibition. 2014, Vol. 185-189.

［21］ Qian J D, Thomson A, Blakers A, et al. Comparison of half-cell and full-cell module hotspot-induced temperature by simulation ［J］. Ieee Journal of Photovoltaics 2018, 8 (3): 834-839.

［22］ Kumar A, Melkote S N. Diamond wire sawing of solar silicon wafers: a sustainable manufacturing alternative to loose abrasive slurry sawing ［J］. Procedia Manufacturing, 2018, 21: 549-566.

［23］ Koitzsch M, Lewke D, Schellenberger M, et al. In Enhancements in resizing single crystalline silicon wafers up to 450mm by using thermal laser separation ［C］// Advanced Semiconductor Manufacturing Conference (ASMC), 2012 23rd Annual SEMI, 2012.

［24］ Feng S, Huang C, Wang J, et al. Investigation and modelling of hybrid laser-waterjet micromachining of single crystal SiC wafers using response surface methodology ［J］. Materials Science in Semiconductor Processing, 2017, 68: 199-212.

[25] Mishra S, Sridhara N, Mitra A, et al. CO_2 laser cutting of ultra thin (75μm) glass based rigid optical solar reflector (OSR) for spacecraft application [J]. Optics & Lasers in Engineering, 2017, 90: 128-138.

[26] Muller J, Hinken D, Blankemeyer S, et al. Resistive power loss analysis of PV modules made from halved 15.6×15.6cm² silicon PERC solar cells with efficiencies up to 20.0% [J]. IEEE Journal of Photovoltaics, 2014, 5 (1): 189-194.

[27] Eiternick S, Kai K, Schneider J, et al. Loss analysis for laser separated solar cells [J]. Energy Procedia, 2014, 55: 326-330.

[28] 张治, 卢刚, 何凤琴, 等. 无主栅太阳电池多线串接技术研究 [J]. 太阳能, 2018 (7): 45-50.

[29] Schmidt W, Rasch K D. New interconnection technology for enhanced module efficiency [J]. IEEE Transactions on Electron Devices, 1990, 37 (2): 355-357.

[30] Beaucarne G. Materials challenge for shingled cells interconnection [J]. Energy Procedia, 2016, 98: 115-124.

[31] Roeth J, Facchini A, Bernhard N. Optimized Size and Tab Width in Partial Solar Cell Modules including Shingled Designs [J]. International Journal of Photoenergy, 2017: 1-7.

[32] Castillo-Aguilella J E, Hauser P S. Multi-Variable Bifacial Photovoltaic Module Test Results and Best-Fit Annual Bifacial Energy Yield Model [J]. IEEE Access, 2016, 4: 498-506.

[33] Shoukry I, Libal J, Kopecek R, et al. Modelling of bifacial gain for stand-alone and in-field installed bifacial PV modules [J]. Energy Procedia, 2016, 92: 600-608.

[34] Song D, Xiong J, Hu Z, et al. Progress in N-type Si Solar Cell and Module Technology for High Efficiency and Low Cost [C]// IEEE, 2012: 3004-3008.

[35] Wei Q, Wu C, Liu X, et al. The Glass-glass Module Using n-type Bifacial Solar Cell with PERT Structure and its Performance [J]. Energy Procedia, 2016: 92: 750-754.

[36] Kiefer F, Krügener J, Heinemeyer F, et al. Bifacial fully screen-printed n-PERT solar cells with BF2 and B implanted emitters [J]. Solar Energy Materials & Solar Cells, 2016, 157: 326-330.

[37] Wang S, Wilkie O, Lam J, et al. Bifacial photovoltaic systems energy yield modelling [J]. Energy Procedia, 2015, 77: 428-433.

[38] Guo S Y, Walsh T M, Peters M. Vertically mounted bifacial photovoltaic modules: A global analysis [J]. Energy, 2013, 61: 447-454.

[39] 肖娇, 徐林, 曹建明. 缺陷太阳电池 EL 图像及伏安特性分析 [J]. 现代科学仪器, 2010 (5): 105-108.

[40] 李长岭, 戴丽丽, 张海磊, 等. 隐裂对光伏组件性能影响的研究 [J]. 上海有色金属, 2012, 33 (4): 180-183.

[41] 夏小平, 王声波, 吴鸿兴, 等. 激光技术对强激光与物质相互作用实验 [J]. 物理实验, 2003, 2: 6-8.

[42] Hwang Y, Park C S, Kim J, et al. Effect of laser damage etching on i-PERC solar cells [J]. Renewable Energy, 2015, 79: 131-134.

［43］ Sopori B. Basnyat P, Devayajanam S, et al. In Understanding light-induced degradation of c-Si solar cells ［C］// 2012 38th IEEE Photovoltaic Specialists Conference, 2012.

［44］ Padmanabhan M, Jhaveri K, Sharma R, et al. Light-induced degradation and regeneration of multicrystalline silicon Al-BSF and PERC solar cells ［J］. Physica Status Solidi Rapid: Research Letters, 2016, 10 (12): 874-881.

［45］ Wei L, Ning C, Shanmugam V, et al. Investigation of potential-induced degradation in N-PERT bifacial silicon photovoltaic modules with a glass/glass structure ［J］. IEEE Journal of Photovoltaics: 2018, 8 (1): 16-22.

6 叠瓦双玻晶硅组件

6.1 引言

叠瓦组件的发展宗旨是减少封装损失（CTM），提高组件单位面积发电效率，从而降低度电成本，推进光伏发电平价上网。目前，主要从两方面发展高效组件技术：一是提高发电功率，如多主栅组件和半片组件；二是提高发电密度，如叠瓦组件。

常规组件是通过焊带焊接实现电池片串联电连接，串焊工艺成熟，电连接牢固，但自身也存在发展的局限性：（1）受串接模板及焊接应力限制，电池片之间留有 2~3mm 的片间距，浪费使用面积；（2）焊带自身电阻增加组件串阻损失；（3）焊带遮挡减少电池片的受光面积，降低组件光生功率。

多主栅组件是通过改进电池片的栅线设计并匹配圆形焊带连接实现组件提效。表面银栅线的作用是收集和传输电流，但栅线的存在也会带来电阻损失 P_r 和遮光损失 P_s，两者受栅线宽度 w、厚度 d 及数量 n 影响。主栅线宽度、厚度和数量的数值越大，电阻损失越小。主栅线宽度越大，遮挡损失越大。随着主栅数量的增加，最佳主栅宽度和总功率损失均不断减小，但减少的速率在不断降低，最终趋缓[1]。主栅数量增加，主栅宽度变细，主栅间的间距变窄，细栅线将电流传输到主栅线的距离缩短，而功率损失与距离平方成正比，因此电阻损耗降低。此外，有学者研究[2-4]，增加主栅数量不仅可以提高发电效率，还可以降低原材料成本。对比 15 根主栅线（15BB）和 3 根主栅线（3BB）的银浆用量，可发现在 3BB 电池转换效率到达最佳点时，其银浆消耗量为 102mg，约为 15BB 电池银浆用量的一倍。虽然从理论上早已提出多主栅电池增效优势，但基于银电极的丝网印刷技术和焊带焊接良率的限制，多主栅组件技术发展缓慢，几乎每两年才增加一根。2008 年电池片的主栅根数为 2，2010 年增至 3，2013 年变到 4，2015 年加到 5，2017 年直接跳到 12。目前被广泛应用的仍然是 5BB 电池，12BB 电池变成主流还需要一定时间。不同于 5BB 电池组件采用的是矩形焊带，多主栅电池的栅线宽度小，可供焊接的面积小，匹配的是圆形焊带。此外，使用圆形焊带还可给组件带来光学增益。矩形焊带对入射光的遮挡要多于圆形焊带，对反射光的增加又小于圆形焊带，而组件的短路电流又取决于入射光强，所以采用圆形焊带可提高焊带区域的光学利用率从而提高组件的短路电流。除了组件效率得到增加，多主栅技术还可降低隐裂、断栅风险，提高组件可靠性[5]。

半片组件技术比较简单，仅是将传统电池片一切为二，不改变后续组件制备工艺，依旧采用镀锡铜带的连接方式，易实现量产。至 2018 年年底，中国半片产能已超过 20GW，2019 年产能进一步扩大。半片组件增效原理是通过降低电路电流来减少电阻损失[6]，电池片的光生电流正比于受光面积，所以半片电池的工作电流是整片电池的一半，而电阻损失正比于电流的平方，所以半片电池的电阻损失为整片的四分之一，显然电池的效率越高，电流越大，半片组件的功率增益也越大，功率输出大约提升 2%~3%，约 6~10W。目前，市场半片组件的电路设计统一为先串后并，以保持和传统组件相似的电性能参数，更好地匹配现有的电站应用。除了功率增益，半片组件还具备降低热斑和遮挡优势[7]，提高组件的可靠性和使用寿命。

叠瓦组件是将电池切片后，按照叠瓦的设计将一个切片电池的边缘叠盖在另一个切片的边缘[8-10]。叠瓦组件使用导电胶实现切片电池直接衔接导电，摒弃传统组件利用焊带方式的间距衔接导电。无焊带焊接因而消除焊接应力，并降低电连接结构热膨胀系数不匹配引入的热应力。相比间接导体衔接方式，直接衔接使得电子运动距离缩短，电阻降低，功率提升。另外，由于不受串焊机工艺的局限，电池片间无留白间距，在同等组件面积情况下可封装更多电池数量，提高组件发电密度。将整片电池平均切成 $1/n$ 片，则该 $1/n$ 切片电池的电流也降为原先的 $1/n$，从而减小电阻损失，提高组件效率。n 值越大，功率增益越大。但电池切片也会造成切片损失，降低组件效率，n 值越大，切片损失越多[6,11]。对比切割损失和电流增益，n 的优选值为 5 或 6[12]。

半片在技术上相对更容易控制，设备投资门槛较低，不少厂商已从 2018 年下半年开始导入半片组件，大厂将会大量提升半片产能，现在已经成为主流产品之一。多主栅也是未来的重点趋势，但短期内难以形成规模。叠片技术的技术门槛及资金门槛更高，发展要比半片和多主栅技术更缓慢一些。

1989 年 Schmidt[9] 提出叠瓦技术，创下组件封装密度超 96%、单晶组件转换效率达 17.3% 和多晶组件转换效率达 13.4% 的纪录。1996 年新南威尔士大学[13]利用叠瓦技术搭配 PERL 电池制备出效率超 23% 的光伏组件，并将其应用于太阳能汽车，助力本田梦想太阳能车在太阳能汽车挑战赛中拿下第一名。2015 年叠瓦技术被首次应用到常规组件中，美国光伏制造商 Cogenra 将单晶电池片重叠排布并通过锡膏实现电连接，制备出最大功率超 400W 的 72 片版型叠瓦组件，较常规组件功率输出提高 14%，创造组件功率的最新纪录。2016 年国内光伏制造商赛拉弗也利用叠片技术搭配高效电池片并通过导电胶实现电连接，制备出功率超过 320W 的 60 片版型组件，较常规组件功率输出提高 15%。

目前，国内外组件厂商纷纷投入到叠瓦组件的研发制备中，2018 年的国际光伏 SNEC 展会上叠瓦组件已经成为展会上主流展品。再加上"531"新政对实现光伏平价上网的激励，系统成本和晶硅电池片成本持续下降，而组件非硅成本占比提升，据中国光伏行业协会 CPIA 统计，目前我国组件非硅成本为 0.68 元/瓦，约占组件成本的 47%，说明可明显降低组件非硅成本的叠瓦组件具有绝对的技术优势，在未来几年其将成为高效组件发展主力，产能加速提升。

虽然目前大多数组件制造商均已具备叠瓦组件制备技术，但真正实现大批量量产导入还有一定的困难。叠瓦组件量产主要存在两大阻力：（1）设备投资成本昂贵；（2）叠瓦组件的可靠性有待验证。

叠瓦组件产线与传统组件产线相比，层压之前的产线相容性很小。首先需要添加激光划片机，将整片电池平均切成 n 份切片电池；其次需要添加切片分选机，测试切片的电性能以实现切片电池的分档，尽可能降低组件的电流失配损失；再次需要将焊带焊接设备改为导电胶涂覆设备和电池片叠片设备，实现切片电池的正负极相连成串及导电胶的固化；最后还需要添加汇流条焊接机，实现组件正负电极引出。叠瓦组件产线单位 GW 设备费用投资约为 2 亿元，比传统组件单位 GW 设备投资额高出 1 倍多。

由于叠瓦组件特殊的电连接结构特性，导电胶的连接稳定性及可靠性至关重要。导电胶作为电路的连接材料，需具备良好的导电性能、可靠的黏结性能及一定的耐老化性能，以保障叠瓦组件在户外使用中的可靠性。此外，导电胶需要配合生产工艺并具备，以保障叠瓦组件的量产效率和质量，需要具备可返修性，降低组件的生产成本。已有研究者发现[14]，在"双八五"湿热老化条件下，导电胶中金属颗粒有氧化风险，胶黏剂吸湿导致界面形成电化学腐蚀使得导电粒子氧化腐蚀，导电胶体电阻增大，导电性能下降；在热循环老化条件下，导电胶蠕变外溢导致黏结界面变薄、开裂、孔洞或气泡，进而导致接触电阻增大，电连接导电性能降低；热循环老化条件下，导电胶老化降解导致其与封装胶膜 EVA 的相容性降低，出现气泡发黄等现象。所以，导电胶的选型及工艺设定需要继续探索研究，提出优化改进方案。

6.2　叠瓦晶硅组件的制备工艺

6.2.1　叠瓦组件的工艺过程

6.2.1.1　主要材料

制备叠瓦组件和常规组件所需物料不同之处主要在于使用的电池片、汇流条和导电胶不同，其他物料都相同。

（1）电池片：用于常规组件的电池片和用于叠瓦组件的电池片主要是银电极分布不一样，这两种电池片的实物图分别如图 6-1 和图 6-2 所示，性能参数如表 6-1 所示。

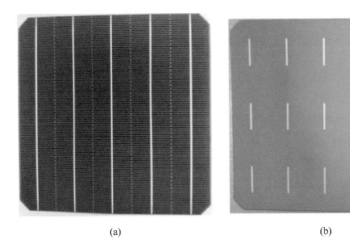

(a)   (b)

图 6-1 常规组件用单晶电池片实物图

（a）正面；（b）反面

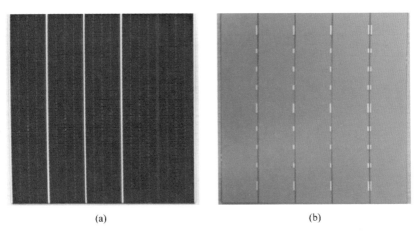

(a)   (b)

图 6-2 叠瓦组件用方单晶电池片实物图

（a）正面；（b）反面

表 6-1 电池片性能参数

性能类别	常规组件用电池片	叠瓦组件用电池片
尺寸	156.75mm×156.75mm	156.75mm×156.75mm
厚度	（200±20）μm	（200±20）μm
前主栅宽度	0.7mm	1.1mm
背电极宽度	1.75mm	1.1mm

常规组件用电池片的主栅线均匀分布在电池片表面，而叠瓦组件用电池片的

主栅线设计：2 根分布在边缘，另 3 根等间距分布在电池片的一边。此外，为了增加导电胶的黏结面积以提高黏结可靠度，主栅宽度由 0.7mm 增加到 1.1mm。预留切割宽 0.8mm，分给每小片 0.4mm，电池片的叠宽可达到 1.5mm。两种电池片的背电极设计也明显不同，常规组件用电池片的背电极分段少、尺寸长，分段长度为 26mm，分段距离为 27.5mm，离电池的边缘距离为 11.875mm。叠瓦组件用电池片的背电极则分段多、尺寸短，3 段 8mm 长的短电极间又加 3 段 4mm 长更短电极，分段距离为 11mm，离电池的边缘距离为 9.975mm。因导电胶的黏结强度小于焊带焊接强度，所以叠瓦电池片背电极设计更多分段。

（2）导电胶：导电胶是取代焊带实现叠瓦组件电连接的重要组成部分，实验中对两类被广泛应用的导电胶进行对比，以探索最适合叠瓦组件电连接的导电胶类型。两类导电胶分别是汉高生产的丙烯酸酯类导电胶和瑞力博生产的有机硅类导电胶，两者的性能参数列在表 6-2 中。

表 6-2 导电胶性能参数

导电胶	汉高 CA 3556HF	瑞力博 RPV-622
导电填料	银粉	银包铜（60%~80%）
有机基体	丙烯酸酯	有机硅
黏度/Pa·s	31.5	150~180
密度/g·cm^{-3}	4.5	2.2±0.1
玻璃转化温度/℃	−30	≤−40
体积电阻率/Ω·cm	0.0025	≤1×10^{-3}
抗拉强度/MPa	8	≥1
机构测试条件	固化 10min@ 120℃	固化 10min@ 150℃

汉高导电胶偏银灰色而瑞力博导电胶偏深灰色。由性能参数对比可知，汉高导电胶的黏度小于瑞力博导电胶，所以其胶体的流动性好，摊开面积大，容易发生溢胶情况，而瑞力博导电胶则流动性低，摊开面积小，不易溢胶，但容易堵塞出胶针头。汉高导电胶的体积电阻率大于瑞力博导电胶，说明瑞力博导电胶的导电性更优。另外，汉高导电胶的抗拉强度大于瑞力博导电胶，说明汉高导电胶结构强度更高，但这也降低其可返工性。这两种导电胶产品的储存温度均在−20℃左右，使用前需要置于室温下回温，理想使用温度为 20~25℃，胶体涂覆到电极后要加热完成固化确保连接可靠。

（3）涂锡铜带：涂锡铜带主要用于实现组件的电互联、电汇流，按功能可分为互联条（或称为焊带）和汇流条。它们均是由铜芯层和浸涂的锡铅焊料组成，涂锡铜带的具体参数见表 6-3。互联条和汇流条之间只存在尺寸的不同，互联条宽 1mm，厚 0.25mm，汇流条宽 6mm，厚度为 0.25mm。汇流条做宽是为了减小电阻，电流汇集到汇流条上导致电流增加，若不降低电阻，则会产生较大的热量而带来热隐患。

表6-3 涂锡铜带的性能参数

性能类别	性能参数	性能类别	性能参数
牌号	TU1	厚度公差	±0.01mm
状态	硬态Y	涂层厚度	(0.025±0.010)mm
Cu含量	≥99.97%	电阻率	≤0.0225MPa
O含量	≤0.002%	屈服强度	≤130MPa
电阻系数	≤0.0172 Ω·mm²/m	抗拉强度	>180MPa
涂层成分	Sn63%Pb37%	延伸率	>30%
宽度公差	±0.05mm	弯曲度	≤5mm/m

叠瓦组件电流先沿着电池片横向传输到串联串两端电池，若引出电流则需在两端的电池片焊上汇流条，为了降低电池片的碎片率和隐裂的概率，提高组件热循环老化可靠性，需重新设计适用于叠瓦的汇流条结构。铜片改为铜箔，厚度降为0.1mm，宽度至少在10mm以上以便制作冲孔焊带，增加组件在外力作用下的应力释放。采用的冲孔焊带的结构设计如图6-3所示，汇流条宽20mm，孔间距为20mm，引出焊带长1.6mm，宽4mm，每个电池片有6个引出焊带，最终汇集到宽5mm的涂锡铜箔上。

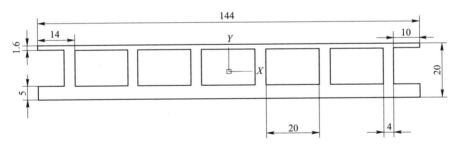

图6-3 冲孔焊带的结构设计图

除了以上光伏组件的主要组成材料，制备过程中还需要其他辅材，如提高焊接性能保证焊接顺利的SF-56助焊剂，产品购自无锡朝日焊锡科技有限公司；将接线盒粘在组件上的缩合型灌封硅橡胶，产品购自回天新材科技有限公司；实现叠瓦组件分串以便引入旁路二极管的铜箔导电胶带，产品购自艾飞敏科技有限公司；固定电池串的高温胶带和避免组件边缘出现气泡的封边胶带。

6.2.1.2 主要设备及工艺

制备常规组件和叠瓦组件所涉及的主要设备型号及厂家汇总于表6-4中。

表 6-4　组件制备用主要设备

设备名称	型号	生产厂家
光纤激光划片机	GSC-20F	江苏启澜
自动点胶机	983A	鑫威新材
红外串焊机	CH526	宁夏小牛
层压机	BoostSolar-F	秦皇岛博硕

　　制备叠瓦组件比制备常规组件多两大设备，首先需要激光划片机来实现电池片切片，其次需要点胶机来实现导电胶电互联，而常规组件则是通过红外或电磁感应串焊机来实现焊带电连接。除此之外，所要用到的设备均是相同的。

　　（1）光纤激光划片机：光纤激光划片机主要是借助激光光束能量破坏脆性材料结构使材料形成裂缝。激光光束是激光划片机的重要组成部分，按光束的脉冲宽度可将激光光束分为皮秒和纳秒激光光束，两者的作用原理大不相同，纳秒激光光束是通过光热作用，即材料受到光能后晶格振动加剧，材料温度升高，由于温度梯度而产生热变形。该光束会带来较大的热影响区，在切割表面留下明显的碎屑，且重铸材料区域存在细小裂纹。皮秒激光光束则是利用光化学作用，能量相对较低，材料直接吸收外来光子的能量后激发化学烧蚀。该光束带来的热影响区甚微且没有明显的细小裂痕和表面碎屑。两者具体对比结果如图 6-4 所示。

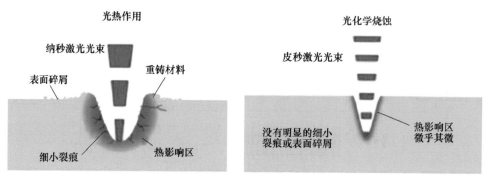

图 6-4　激光划片原理

　　采用的划片设备是江苏启澜 GSC-20F 纳秒激光划片机，脉冲重复频率 30～60kHz 连续可调，激光脉冲峰值可达到 20kW，具体的技术参数列在表 6-5 中。系统结构组成自上而下主要包括报警灯、开关控制板、精密调焦器、聚焦透镜、吸尘管、工作平台吸附管、工作平台、XY 运动台、键盘、鼠标。调焦器调节聚焦透镜与工件表面间距离的，激光在焦点位置单位面积内能量最大，调节器可以将聚焦透镜的焦点位置调到工件表面。顺时针旋转千分尺（千分尺通过旋转调节距离），聚焦透镜向下移动，与工件间的距离缩小；逆时针旋转千分尺，聚焦透镜向上移动，与工件间的距离增大。

表 6-5　江苏启澜 GSC-20F 光纤激光划片机技术参数

性能类别	性能参数	性能类别	性能参数
激光波长	1064nm	工作台运动速度	0~220mm/s
激光模式	基模 TEM00	工作台行程	200mm×200mm
激光最大输出功率	20W	切割厚度	≤1.2mm
激光调制频率	30~60kHz	划片线宽	≤0.03mm
冷却方式	自然风冷	使用电源	220V/50Hz/1kW

通过软件可改变划片速度，激光频率及激光功率的参数，这三者是决定划片效果的主要因素。激光速度影响切片产能，激光频率决定打点次数，激光功率影响切槽宽度、深度和热影响区大小。对同一材料，若设定速度较高，则要求激光频率也较大，以保证划片线条的连续性，同时要求的激光功率也较大，以保证划片深度。注意：不要使激光重复频率低于 20kHz，因为高能量密度的激光输出会对激光器造成有损害。

（2）自动点胶机：实现导电胶涂胶方式主要有 3 种：丝网印刷、螺杆点胶和喷射点胶。所研制的叠瓦组件采用的点胶方式，设备为鑫威新材 982A 型号自动点胶机。其技术参数如表 6-6 所示。

表 6-6　鑫威新材 982A 自动点胶机技术参数

性能类别	性能参数	性能类别	性能参数
电源	AC 220V±10%50Hz	空气源	<0.99MPa
消耗功率	<8W	吐出量	>0.01mL
重复精度	+0.05%	吐出频率	600 次/分

自动点胶机主要包括电源开关、吐出时间显示、测试按键、吐出时间拨码、间隔时间设定、输入压调节阀、吐出输出口、真空控制、气压显示表盘、气压输入口、吐出方式编程。其中，吐出时间拨码设定胶体吐出时间，采用加减方式实现 0.001~99s 的调控。间隔时间拨码设定吐出间隔时间，采用加减方式实现 0.1~9.9s 的调控。吐出方式编程器可设置 16 种自由设定吐出方式，具体模式列在表 6-7 中。气压输入口连接高压气源，通过输入气压调节器决定气压大小，从而影响胶体吐出量，逆转调小气压，顺转相反。吐出输出口连接一条气管和一个含有导电胶的针筒。真空控制则是避免导电胶在背压作用下出现胶体漏滴现象，太小的针头会影响液体的流动，产生背压导致胶阀关闭后胶体滴漏。

表 6-7 16 种吐出方式选择模式

模式开关状态	S1	S2	S3	S4	吐出方式及工作对应功能
F1	OFF	OFF	OFF	OFF	踩住脚踩开关，恒定持续吐出；松开停止吐出
F2	ON	OFF	ON	ON	踩一次脚踩开关，按设定时间连续吐出；再踩一次停止吐出
F3	OFF	ON	ON	ON	踩住脚踩开关，按设定时间连续吐出；松开停止吐出
F4	ON	ON	ON	ON	自动定时连续吐出
F5	ON	OFF	OFF	OFF	踩一次脚踩开关，按设定时间吐出一次
F6	OFF	ON	OFF	OFF	踩一次脚踩开关，按设定时间吐出二次
F7	ON	ON	OFF	OFF	踩一次脚踩开关，按设定时间吐出三次
F8	OFF	OFF	ON	OFF	踩一次脚踩开关，按设定时间吐出四次
F9	ON	OFF	ON	OFF	踩一次脚踩开关，按设定时间吐出五次
F10	OFF	ON	ON	OFF	踩一次脚踩开关，按设定时间吐出六次
F11	ON	ON	ON	OFF	踩一次脚踩开关，按设定时间吐出七次
F12	OFF	OFF	OFF	ON	踩一次脚踩开关，按设定时间吐出八次
F13	ON	OFF	OFF	ON	踩一次脚踩开关，按设定时间吐出九次
F14	OFF	ON	OFF	ON	踩一次脚踩开关，按设定时间吐出十次
F15	ON	ON	OFF	ON	踩一次脚踩开关，按设定时间吐出十一次
F16	OFF	OFF	ON	ON	踩一次脚踩开关，按设定时间吐出十二次

（3）红外串焊机：若要实现焊带焊接，首先要有加热装置，使得焊接温度能够达到锡铅焊料的熔化温度；其次还要有一定的加压装置，使得焊带和银电极充分接触，确保高品质的焊接。目前市场上的串焊机实现加热的方式主要有两种：一种是电磁感应加热，另一种则是红外灯管加热。

使用的宁夏小牛牌 CH526 串焊机则是利用独特的背加热红外焊接方式，而核心的红外焊接机部分由红外线灯加热装置和 11 排焊丝组成，具体的技术参数如表 6-8 所示。

表 6-8 宁夏小牛牌 CH526 串焊机技术参数

性能类别	性能参数	性能类别	性能参数
产能	2500pcs/h	最大串长	2000mm
焊接方式	背加热式红外焊接	气源	0.5~0.8MPa
电池片规格	156mm/5BB	电压	220V/380V
电池片间距	1.5~40mm	使用温度	10~40℃

首先将 SF-56 助焊剂均匀地涂于电池片表面的主栅上，然后电池被机械手放置到预热板上，预热板上有对应背电极位置预先放置好的焊带，然后通过抓手在电池片正面的主栅线对应位置放上焊带，当电池片移动到红外加热区，就会被红外线灯加热，高温使焊带的 $Sn_{37}Pb$ 合金受热熔化。当电池温度上升到焊接温度后，焊接钢丝会自动降低压到电池片上，使得焊带和电极接触充分，焊接牢固。最后，焊接好的电池离开加热区，电池逐渐冷却，熔化的 $Sn_{37}Pb$ 合金凝固。根据传输轨迹，温度变化可分为 3 个部分，70℃预热 2s，150℃预热 2s，200℃焊接 2s，最后降至室温。采用相同的方法，每个焊接单元的焊接参数相同，以保证焊接接头样品的均匀性，提高研究的可靠性。

（4）层压机：层压机主要通过加热使封装胶膜熔化交联、加压使胶膜和电池片及玻璃黏结紧密以实现光伏组件的密封封装。所用的层压机为光秦皇岛博硕双腔层压机，规格参数如表 6-9 所示。

表 6-9　秦皇岛博硕层压机参数

性能类别	性能参数	性能类别	性能参数
层压面积	2200mm×3600mm	设备重量	约 18t
总功率	75kW	工作功率	45kW
加热方式	导热油循环加热	控温精度	±1.5℃
温控范围	室温～180℃	作业真空度	100～40Pa
温度均匀性	≤±2℃	抽真空速率	70L/s

该机组构成包括进料段、热压一段、热压二段、出料段、2 台真空泵和 2 台加热站。相比单腔层压机，双腔层压机不仅可以增加产能，还可以提高层压质量，减少组件缺陷气泡的形成。所用的层压参数见表 6-10，层压参数的设定主要取决于封装 EVA 胶膜的性能。

表 6-10　度辰 EVA 胶膜层压参数

温度	131℃	温度	142℃
抽真空	350s	抽真空	20
加压 1	−80kPa	加压 1	−75kPa
保压 1	5s	保压 1	10s
加压 2	−60kPa	加压 2	−50kPa
保压 2	5s	保压 2	10s
加压 3	−40kPa	加压 3	−40kPa
层压时间	100s	层压时间	400s

除了以上主要设备，样品制备过程中还会用到焊带裁剪机、胶膜裁剪机、镊

子、电烙铁、连接线、机械抓手、传送带和小推车。

6.2.1.3 制备工艺流程

常规双玻组件制备流程图如图6-5所示,包括电池片分选、电池片焊接成串、排版层叠、中期外观和EL测试、层压、削边清理、装接线盒、清理固化、外观检测、最终I-V和EL测试。

不同于常规组件的制备流程,叠瓦组件制备流程图如图6-6所示。制备叠瓦组件要比常规组件多出红色框标出的四步工序:电池片切片、导电胶涂覆到切片电极、切片电极叠粘及导电胶固化。

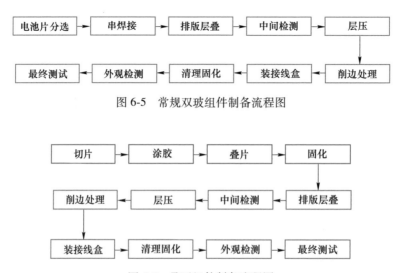

图6-5 常规双玻组件制备流程图

图6-6 叠瓦组件制备流程图

叠瓦组件制备关键工序的实际操作图如图6-7所示。首先完整的电池片被激光切割机均匀切成5份,接着使用点胶机将导电胶涂覆在切片的正面电极,将另一个切片的背电极叠粘到上面,并确保无偏位,电池串的首尾两片电池预先焊接好焊条以引出电极,每完成一串需及时进行高温固化。若有流动的加热平台,则每完成一片即加热固化,有助于提高叠瓦组件量产效率,也能提高导电胶连接强度。固化后的电池串通过排版,焊接汇流条,然后覆盖上EVA胶膜和背板玻璃,完成层叠。接着进行中期的外观和EL检测,若发现有缺陷,则进行返工,替换问题电池片。中期检测没问题可以进行层压,为了得到更好的组件外观,可以要高温胶带给组件封边,这样层压就不会使得边缘过分溢出EVA胶,或者因骤冷引起空气倒吸,组件边缘出现气泡。层压完后,用刮刀刮去边缘多余的热熔胶,并撕掉放在组件表面的高温纸,接着用灌封胶将接线盒装到组件上,灌封胶需要固化才能实现可靠黏结。最后进行I-V和EL测试,评估组件性能。

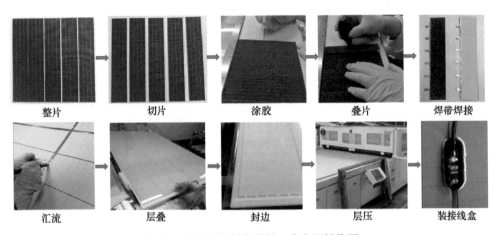

| 整片 | 切片 | 涂胶 | 叠片 | 焊带焊接 |

| 汇流 | 层叠 | 封边 | 层压 | 装接线盒 |

图 6-7 叠瓦组件制备关键工序实际操作图

6.2.1.4 性能测试

对电池片和光伏组件进行 I-V 和 EL 测试以确定它们的输出电性能和检测缺陷，对导电胶进行电阻率测试以确定导电性，对焊带连接结构进行剥离测试以确定焊接强度，对组件进行热老化测试以确定其承受由温差变化而引起的热应力能力，对组件进行湿热测试以确定其抗湿气渗透能力，对实验样品进行微观形貌测试以分析内部结构变化，所用到的测试设备清单列在表 6-11 中。

表 6-11 测试样品用实验设备

设备名称	型号	生产厂家
单片 I-V 测试仪	XJCM-8	Gsolar
单片 EL 测试仪	GEL-C3	Gsolar
光伏组件 I-V 测试仪	Boger	瑞士梅耶伯格
光伏组件 EL 测试仪	Thinkeye	苏州巨能
智能直流低电阻测试仪	2512 B	常州中策
万能拉力机	CTM200	上海协强
恒温恒湿试验箱	GDJS	江苏艾默生
高低温试验箱	GDJW-013	江苏艾默生
扫描电子显微镜（SEM）	SU-70	日本 Hitachi 公司

6.2.2 激光切割对电池性能的影响

6.2.2.1 切割功率

激光切割是制备叠瓦组件的第一道工序，整片电池片经过该工序后均匀划分成 5 个 1/5 切片。由于激光切割是通过光热作用，电池片受到瞄准光束为波长 632nm 可见红光的照射后，光子能量与晶格相互作用，振动加剧，材料温度升高受损，表面产生碎屑，开槽区附近会有一段硅片熔融后重铸热影响区，并且可能有裂纹存在，这些均导致电池效率降低，从而增加电池片到组件的封装损失。通过工艺参数的调节，可找到合适的切割参数范围，尽可能减小电池效率的损失。

激光功率的大小决定划片的能量，功率越大对电池的切割作用越明显，越有利于电池瓣片。控制其他切割参数不变：切割频率为 30kHz，占空比为 50%，反面切 2 次，探究切割功率对电池片电学性能的影响。图 6-8 给出同一批电池片在不同切割功率切割后的最大功率 P_{mpp} 的统计分布，当切割功率不高于 6W 时电池片的切后功率稳定在 (5.1 ± 0.05) W，达到 7W 时 P_{mpp} 开始出现明显的降低，随着切割功率的继续提高，功率损失速率提高。从图 6-9 中各性能的损失百分比中可看出，最大功率 P_{mpp} 和填充因子 FF 有着相似的变化趋势，串联电阻 R_s 则具有相反的变化，而不同切割功率对开路电压 V_{oc} 和短路电流 I_{sc} 影响甚微。

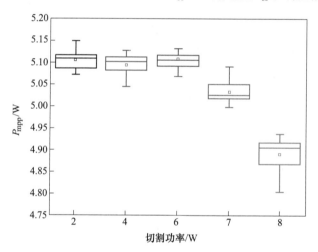

图 6-8 电池片最大功率 P_{mpp} 随切割功率的变化

填充因子 FF 的计算公式如下：

$$FF = \frac{P_{mpp}}{V_{oc} \times I_{sc}} \times 100\% \tag{6-1}$$

FF 大小取决于 P_{mpp}、V_{oc} 和 I_{sc}，但后两者变化较小，所以 P_{mpp} 与其有相似的变化并受其主导影响。FF 本质上是电池发电过程中的传输速率与复合速率之比，传输速率越大，复合速率越小，则电池质量越好，输出功率越高。从物理性能上分析，串阻 R_s 越小，并联电阻越大即漏电流 I_{rev} 越小，FF 则越大，从而 P_{mpp} 越大。表 6-12 显示不同切割功率后的电池片的电性能平均值。显然在切割功率达到 7W 后，串联阻和并联电阻都明显增加，从而 P_{mpp} 明显减小。

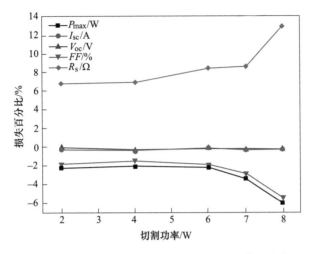

图 6-9　电池片各性能损失百分比随切割功率的变化

表 6-12　不同切割功率下各电池的具体电学性能值

切割功率/W	P_{mpp}/W	I_{sc}/A	V_{oc}/V	FF/%	R_s/Ω	I_{rev}/Ω
2	5.1073	9.5931	0.6845	77.78	0.005429	0.070923
4	5.0998	9.5828	0.6838	77.83	0.005471	0.030151
6	5.1032	9.5978	0.6840	77.73	0.005482	0.044759
7	5.0330	9.5856	0.6830	76.87	0.005572	0.162546
8	4.8910	9.5817	0.6822	74.82	0.005729	4.070923

切割功率过低，电池片的结构损伤减小，但是不利于掰片，易产生碎片，增加生产成本；切割功率过高，有利于降低掰片过程造成的碎片率，但电池片的输出电性能损失增加，最终导致组件封装损失增加。综合两者，激光切割功率的最优选择在 4~6W。

通过微观结构观察，发现随着切割功率的增加，热影响区（红色区域）不断扩大，切割损伤平面图如图 6-10 所示。此外，随着切割功率的增加，切割深度（黄色区域）也不断扩大，切割损伤截面图如图 6-11 所示。切割功率为 6W 时，切割高度已经达到约电池厚度的 3/4，但功率衰减并不明显，说明还未切到 PN 结；但是到 7W 时，虽然未切穿电池片，但从功率衰减来看，明显 PN 结已受损；切割功率为 8W 时，整个电池在厚度上已经被切穿，输出功率快速下降。

6.2.2.2　切割次数

切割次数影响最为明显的是产能。不同于半片组件，切割总长为电池片的宽度 156mm，叠瓦组件需要将常规电池片切成 5 个 1/5 个小片，切一次的切割总长

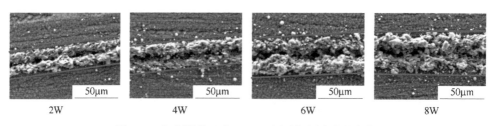

图 6-10　切割损伤区表面 SEM 图随切割功率的变化

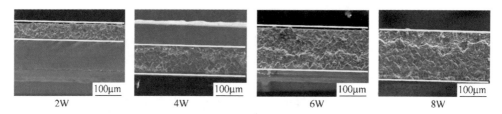

图 6-11　切割损伤区截面 SEM 图随切割功率的变化

为 4 倍的电池片宽，624mm。划片速度设置为 100mm/s，则切完一次需耗时约 6s，两次约 12s，三次约 19s，显然，每小时切完的电池片数随着切割次数的增加会呈倍数减小，产能也会呈倍数损失。

不同的切割次数对电池片的电性能的影响也有所不同。如图 6-12 所示，控制其他变量相同：切割功率为 5W（根据上述选择的功率优化区），切割频率为 30kHz，占空比为 50%，随着背面切割次数的增加，P_{mpp}、V_{oc}、FF 的划片损失逐渐增大，掰片损失逐渐减小；而 I_{sc} 的划片损失逐渐减小，掰片损失不稳定。其中

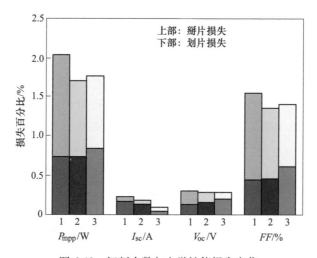

图 6-12　切割次数与电学性能损失变化

具体的划片及掰片损失百分比如表 6-13 所示，总的切割损失百分比如表 6-14 所示。显然，最大输出功率 P_{mpp} 所受影响最大，其次是填充因子 FF，且两者的变化相同，切 1 次损失最大，切 2 次损失最小，切 3 次损失略微会增加，并且掰片损失始终要大于划片损失。短路电流和开路电压损失相对很小。

表 6-13 不同切割次数下各电学性能具体的划片及掰片损失

参数	切 1 次		切 2 次		切 3 次	
	划片损失	掰片损失	划片损失	掰片损失	划片损失	掰片损失
$P_{mpp}/\%$	0.729	1.311	0.734	0.980	0.835	0.932
$I_{sc}/\%$	0.164	0.055	0.128	0.044	0.037	0.050
$V_{oc}/\%$	0.126	0.166	0.152	0.125	0.193	0.086
$FF/\%$	0.442	1.095	0.457	0.901	0.607	0.800

表 6-14 不同切割次数下各电学性能总的切割损失

参数	$P_{mpp}/\%$	$I_{sc}/\%$	$V_{oc}/\%$	$FF/\%$	$R_s/\%$
切 1 次	2.039	0.219	0.291	1.537	2.368
切 2 次	1.713	0.084	0.277	1.358	1.367
切 3 次	1.768	0.087	0.278	1.407	2.522

激光光束加热脆性材料引起该区域大的热梯度和严重的机械变形，导致材料形成裂缝，如图 6-13 所示。随着切割次数的增加，切割损伤区发生明显的变化，其中热影响区（红色区域）随着切割次数的增加而增大，而刻槽区（蓝色区域）随着切割次数的增加显示较为复杂的变化。切 1 次刻槽明显，而切 2 次则刻槽变窄甚至看不出，原因可能是切第 1 次刻槽附近的熔化物经过切第 2 次再熔化，冷凝后覆盖切缝。因此，切 1 次的划片损失和切 2 次相当。切 3 次刻槽再次出现，可能是因为切第 3 次将凝固物再次切开，所以切 3 次划片损失增大。如图 6-14 所示，切割深度（黄色区域）随着切割次数的增加而增大。切 1 次的切割深度约 $58\mu m$，切 2 次的切割深度约 $96\mu m$，切 3 次的切割深度约 $111\mu m$。切 2 次较切 1

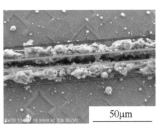
切1次

切2次

切3次

图 6-13 切割损伤区表面 SEM 图随切割次数的变化

次的切割深度增加较大，切 3 次较切 2 次的切割深度增加大幅减小，所以切 1 次的掰片损失明显大于切 2 次，而切 2 次的掰片损失略微大于切 3 次。优选掰片工艺至少需要满足刻槽深度占电池片总厚度的 50%。

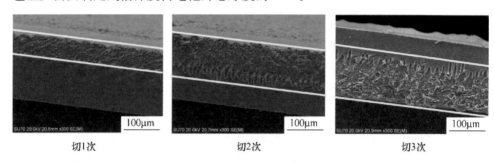

切1次   切2次   切3次

图 6-14 切割损伤区截面 SEM 图随切割次数的变化

综上所述，切割次数为 2 时电池片的电性能损失最小。但考虑到切割次数带来的产能降低，需权衡降低电性能损失所带来的效率增益与产能减小导致的成本增加，做出最优选择。

6.2.3 导电胶特性及固化工艺

6.2.3.1 导电胶种

导电胶的基本组成是导电粒子和聚合物载体，电池片之间电连接的实现是通过导电粒子提供电路通道形成的，而电池片之间牢固的黏结结构强度则是通过聚合物基体实现的，所以这两个基本组成元素及它们之间的协同效应决定叠瓦组件的导电胶电连接性能。导电粒子主要影响导电胶的导电性，其质量比范围在 60%~80%；聚合物基体主要影响导电胶的固化方式、胶的黏结强度及其耐老化性能，其质量比范围在 20%~40%。

按照聚合物基体分类，可将导电胶分为 4 大类：丙烯酸酯体系、环氧体系、有机硅体系及有机氟体系，而不同的胶系决定导电胶不同的力学性能，影响制备工艺，如表 6-15 所示。

表 6-15 不同聚合物胶基体的物理性能对比

类别	丙烯酸酯	有机氟	环氧	有机硅
固化速度	快	中等	快	快
黏结强度	优	中等	优	中等
可返工性	差	优	差	优
耐候性	中等	优	差	优
低温柔顺性	差	差	差	优

导电胶基体经过加热固化后由线性结构变成三维立体网状结构，显著提高胶体的结构强度。在电连接制备工序中，导电胶黏结后的电池串在移动的过程中不可避免会受到外力作用，若胶体未完全固化，导电胶自身强度不够，即使导电胶与电池片的黏结强度优异，电池片也会因胶体分层而脱黏。只有导电胶固化完成或者至少满足一定的结构强度才能进入下一工序，所以固化速度越快，则产能越高，越能节约生产成本。

黏结强度及耐候性则会影响电连接结构的可靠性，黏结强度越低，耐候性越差，电连接结构的可靠性越得不到保障。但黏结强度又很大程度地影响组件的可返工性，黏结强度越高，可返工性越差。所以黏结强度需要一个折中值，既满足黏结强度的最低要求又满足可返工性。一般在层叠之后层压之前先对组件进行一次前 EL 检测，检测组件上有没有原本自身存在缺陷的电池片，或者因焊接不良而引入的焊接裂纹或虚焊，或者因前工序制备过程中人为引入的脏污或者外力导致的电池片裂纹。若有，则需要将这些电池片替换出来，对于焊带连接可以通过加热使得焊料再次融化将有缺陷的电池片取出来，但是对于导电胶连接导电胶固化后硬化，结构强度提高，且这个过程是不可逆的，加热也不能使黏结好的电极分开。所以只有当固化后的导电胶的结构强度不是特别高时，可以通过薄硬片外力促使导电胶结构破坏，实现缺陷电池片的去除。导电胶的可返工性对组件的制造成本影响极大，若不可返工，则组件因为缺陷存在只能降档卖出，若不降档，只能将含有缺陷电池片的那一整串舍弃。图 6-15 为不同聚合物胶基体的物理性能对比。从图 6-15（a）中可知，环氧系导电胶的剪切强度最大，有机氟系最小，有机硅系则处在中间值，剪切强度小，断裂伸长率又高，所以有机硅系的导电胶黏结强度适中。

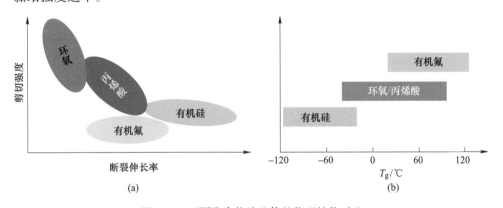

图 6-15 不同聚合物胶基体的物理性能对比
（a）剪切强度和断裂伸长率；（b）玻璃转化温度

各有机载体的玻璃转化温度分布见图 6-15（b）。有机硅系的最低，低于常温。聚合物温度低于玻璃转化温度时，其处于玻璃态，为刚性体，不易产生形变；聚合物温度高于玻璃转化温度时，尤其是进入黏流态之后，可发生的形变增大。而除了有机硅，其他有机载体的玻璃化转变都高于常温，使得它们在较低温度下受外力作用变形很小，所以有机硅系具有良好的低温柔顺性，在热胀冷缩中可通过形变降低热应力，从而减小电连接结构因为应力集中而产生裂纹。

化学键的键能决定有机物基体的耐热性和模量，一般化学键键能越高，则导电胶的耐热性越好，模量越高。图 6-16 为不同聚合物胶基体的物理性能对比。各导电胶基体的化学键键能（kJ/mol）大小如下：Si—O(444)>C—F(427)>C—C(356)>C—O(339)，因此有机硅和有机氟的耐高温性能优异，如图 6-16（a）所示，它们的质量衰减随温度的增加要明显低于环氧和丙烯酸酯系的导电胶。此外，图 6-16（b）说明有机硅在温度较低时剪切模量也较低，而其他胶类的模量低温时较高，所以有机硅系具有优异的低温柔顺性且在较大的温度范围内模量也基本无变化。

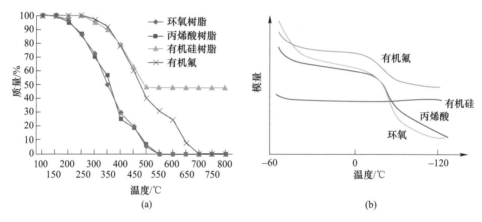

图 6-16　不同聚合物胶基体的物理性能对比
（a）质量随温度的变化；（b）模量随温度的变化

按导电粒子分类则可将导电胶分为 3 类：铜、银、银包铜。银的电阻率是 $1.65\times10^{-8}\Omega\cdot m$，铜的电阻率是 $1.75\times10^{-8}\Omega\cdot m$，银的导电性优于铜，所以市场上的导电胶通常加银。但银的价格比铜贵，综合考虑材料成本和两者的电性能差异，可用铜取代银。铜的化学稳定性低，易被氧化，所以有研究者利用包覆方法制备出银包覆铜粒子，实验验证该导电粒子既具有优异的导电性，又可提高化学稳定性，达到降本提效的目的。

由此可见，导电胶聚合物基体采用与叠瓦组件的制备工艺更为匹配的有机硅类载体，导电粒子采用可提供优良导电性和耐氧化的银包铜粒子，两者协同保证导电胶的电连接可靠性。

6.2.3.2 固化时间与温度

针对高效叠瓦晶硅组件,选用两种代表性的导电胶用于实现叠瓦组件的电互联,一种是已被广泛用于封装电子产品中的丙烯酸酯类导电胶,导电粒子是银粒子,汉高 CA 3556HF;另一种是匹配叠瓦组件制备工艺而新研发出的有机硅类导电胶,导电粒子是银包铜粒子,瑞力博 RPV-622。固化温度为150℃,测试不同固化时间下的导电胶的电阻率,测试结果如图 6-17 所示。从图 6-17 中可看出,两种类型导电胶的电阻率都随着固化时间的增加先快速降低,后逐渐趋于平缓。随着固化时间的增加,聚合物基体交联越完全,原本分散在黏流态基体中的导电粒子因基体交联固化体积收缩而接触紧密,提高电流通路,因而测得的电阻率越来越低。但交联度有极限值,越接近交联完全,体积缩小范围越有限,导电粒子之间的位置关系改变微小,导电通道增加不明显,因而电阻率最终趋于平缓。

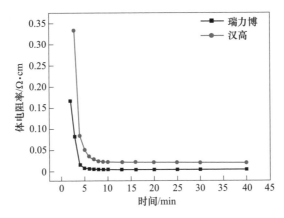

图 6-17 瑞力博和汉高导电胶的电阻率随固化时间的变化

对比这两者导电胶,瑞力博导电胶的电阻率在固化5min 之后趋于平缓,而汉高导电胶则是在固化7min 之后,所以从固化速度来看,瑞力博导电胶优于汉高导电胶。此外,瑞力博导电胶的电阻率一直低于汉高导电胶,所以从导电性上来看,瑞力博导电胶依旧优于汉高。汉高导电胶的聚合物基体是丙烯酸酯,黏度小,胶体不易凝聚易摊开,所以导电粒子分散不聚集,体电阻率就大一些。

图 6-18 显示固化后导电胶的表面形貌图,从图 6-18(a)和(c)来看,两者的导电填料都被加工成薄片状,由颗粒状的点对点接触变成面和面或线和线接触,增大接触面积,提高导电性。此外,瑞力博导电胶中的导电填料含量少于汉高的,但是其导电性却优于汉高,说明银包铜的导电性优于银片的。从导电填料的放大图图 6-18(b)和(d)中可以得知,银包铜的导电粒子的颗粒度更小,堆积密度增大,可提供更多的电子回路增多,导电通道大幅度增加,从而电阻率降低,导电性提高。而纯银片的形状不规则加上丙烯酸酯的黏度小,导致银导电

填料的含量虽然高，但接触不紧密，所以电阻率较高，导电性较低。

在连接过程中发现瑞力博导电胶在室温下即可发生交联，只不过耗时很长，需要数小时，而汉高导电胶则需要高温加热才可以实现固化。固化后，瑞力博导电胶较软，溢出来的导电胶可用硬片刮去，已粘贴好的连接结构也可以借助细薄片刮开，而汉高导电胶固化后硬化黏结强度高，不利于返工。

图6-18 瑞力博（a）和汉高（c）导电胶固化后的表面 SEM 图，
（b）和（d）分别为（a）和（c）中红色框的放大图

6.2.4 电路连接结构与失效机理

由于单个电池的输出功率比较小，所以需将电池片串联起来以满足对输出功率的要求。常规晶硅组件通过焊带焊接实现一个电池片的正极与另一个电池片的负极的串联连接，但该电连接方式会因焊带厚度差的存在引入形变应力，因焊接温度过高加上连接结构间的热膨胀系数差异引入热应力[15,16]，所以，焊接和层压制备工序中，连接结构内可能会产生初始微裂纹，给组件的可靠性带来隐患。当组件在户外使用时，昼夜温差的存在使得连接结构不断受到热应力作用，从而导致新裂纹的产生及初始裂纹的扩展长大[17]，严重时连接结构甚至失效。电连接结构是电流传输的核心路径[18]，其损坏会阻断电流收集，输出功率明显降低[19-21]。Quintana 等人[22]已在使用 20 年的组件里发现电连接结构失效，组件的使用寿命未达到至少 20 年的标准。

许多学者研究了叠瓦组件电连接结构经过长期户外使用后的失效形式。King 等人[23]通过对比户外使用过与未使用过的电连接结构，发现焊料及焊料界面间的裂纹；Jeong 等人[24]也在一板使用 25 年的晶硅组件里发现焊料中的裂纹，除此之外，他们还发现焊料和银电极间的裂纹；Sakamoto 等人[25]发现由于硅基体与银电极间存在裂纹，导致仅使用 10 年的组件的电连接结构失效。有部分研究者[26-29]在热膨胀系数差异的基础上计算模拟出焊接连接结构的焊接残余应力及组件在热循环老化中的热应力。此外，在组件长期使用过程中，焊料粗化在电连接结构中引入内应力，导致裂纹形成[30,31]。焊料与铜导带的界面[32-34]和焊料与硅[35,36]的界面合金化合物的存在与生长也会影响电连接结构的力学可靠性。在热力学应力作用下，较脆的金属间化合物更易产生裂纹，裂纹在层内扩展甚至传播至界面[23]。

为了避免焊带焊接带来的应力破坏，导电胶成为实现组件电连接的替代品。导电胶的固化温度要远低于焊带焊接温度，并且在热变形时，导电胶基体的热塑性可满足电池片之间的移动[10]，避免热应力过度集中，降低电连接失效的可能性。虽然理论上导电胶电连接方式有很多优点，但依旧需要通过实验验证其电连接可靠性，并与焊带电连接结构的失效原因对比，分析导电胶电连接结构在制备及热老化作用下可能的失效模式，有助于对导电胶结构性能改善及使用注意事项做出指导性的建议。

6.2.4.1 焊带连接

A 焊带连接组件的热老化失效

焊带连接的组件在经过热循环老化后，可利用 EL 图检测电连接结构失效。如图 6-19 所示，原始组件的 EL 图显色均匀无明显的黑色区域，表明初始状态下组件是正常的，无缺陷。但经过 200 个热循环之后，EL 图上出现很多黑色区域，或深或浅。这些黑色区域都集中在靠近电池片最边缘的焊带附近。从放大红色框中的图中可以发现，根据黑色区形状及位置不同可将其分成两类，类型 1：焊带焊接对应的位置其失效处黑度要比邻近的电池部分深很多，类型 2：在焊接末端区域甚至出现一小片全黑的形状，这表明已完全没有电流流过这片区域。由于 EL 图中亮度越暗，表明失效越严重，所以从失效区亮度的变化推测焊接连接失效过程是焊接连接处先断开后慢慢扩展至主细栅交界处。

表 6-16 列出热老化前后的组件的电性能的具体值，经过 200 个热循环老化后，组件的最大功率 P_{mpp} 由 285W 降至 277W，衰减 2.86%。而短路电流 I_{sc}、开路电压 V_{oc} 和填充因子 FF 的衰减率分别为 1.94%、0.34% 和 0.6%。电池上未被连接的部分使得可收集的光生电流降低，因此短路电流明显减小；另外，电连接失效使得金属与半导体之间的接触电阻明显增大[37]，从而填充因子减小。

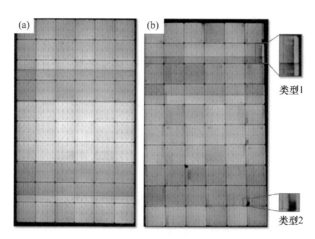

图 6-19　焊带连接组件的电致发光图

（a）初始状态；（b）200 个热循环

表 6-16　不同热循环次数下焊带连接组件的电学性能参数

热循环次数	P_{mpp}/W	I_{sc}/A	V_{oc}/V	FF/%
0	285.47	9.44	38.55	78.42
200	277.30	9.26	38.42	77.95

B　焊带连接热老化失效过程

为了验证以上结果，通过实验设计将制备好的小组件垂直放在热循环实验箱里，在同样的热循环老化测试条件下实时观察样品 EL 图的变化，以此来追踪焊带连接结构的失效过程。

小组件的 EL 图随热老化不断增加而变化的图显示在图 6-20 中（下面一排是小组件的原始 EL 图，上面对应红色框中的局部放大图），初始样品 EL 图上的亮度是均匀的，说明未经过热老化处理的小组件的电连接结构无缺陷。但是 20 个热循环后，焊接端点出现一根黑色加粗线，焊接端点是焊接残留应力及层压应力包括之后的热循环应力的集中点，这个变化说明在热老化作用下电连接失效首先是焊接端点处的电连接结构破坏，并且该失效已经影响电流向旁边电池的传输，但连接结构还没有完全脱焊，因为周边电池的亮度只是有少许变暗。50 个热循环之后，该失效加重，失效处旁的电池已经完全变黑，完全没有电流流过，说明连接结构完全脱连，电池片上接收不到电流，无法实现电致发光，对应的 EL 图部分也就无亮光。在此之后，随着热老化的继续进行，EL 图上黑色区域沿着一开始的失效区域缓慢扩展。

图 6-21 为焊带连接脱连后的两种附带破坏形式。从未封装但是已经焊接好的电池片样品中可以观察到，焊带与电池的连接结构受外力破坏后可能产生如图

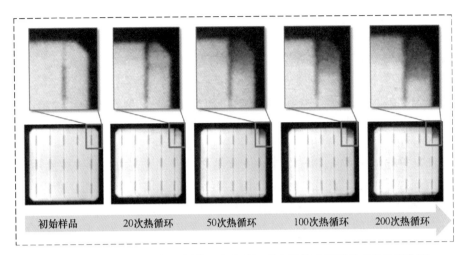

图 6-20　焊带连接小组件（封装一个电池）的电致发光图随热老化的变化图

6-21（a）所示的主栅与细栅连接断开，甚至图 6-21（b）所示的硅片层破坏。这两种失效形式均使电流无法再从焊带传递给电池片，电池片无法实现电致发光，对应部分的 EL 图变暗。图 6-21（b）中硅基片损坏对应的位置处 EL 图的暗度与封装组件热循环后失效点的暗度相似，硅片破坏处形成电子复合中心，电流密度进一步降低，发光能力更弱，因而 EL 图更暗。

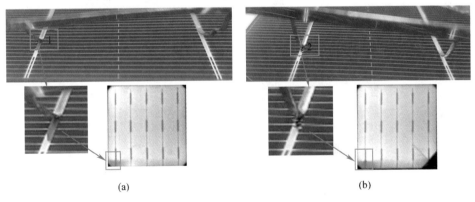

图 6-21　焊带连接脱连后的两种附带破坏

（a）硅基体损坏；（b）主栅和细栅连接断裂

C　焊带连接结构热老化失效原因

通过焊带剥离测试，在剥离力作用下，焊带连接结构中薄弱区（黏结不牢固的界面或结构中存在的裂纹）易被从基体上剥离，所以通过分析不同热循环次数下剥离界面的变化来研究热老化对电连接结构的影响及具体的失效原因。

先测试焊接后还未经过热老化的样品，其剥离界面如图6-22（a）所示。共有3种情况同时出现：嵌有银微晶的玻璃相、银电极损坏和硅基片损坏。前者占据剥离表面的主要部分，后两者零散地分布在表面上，只占很小一部分。所以初始状态下，银电极和玻璃相黏结界面是焊带连接结构的薄弱点。

如图6-22（b）所示，剥离表面上残留的银电极表明剥离力使得烧结体中的银粒子聚合体遭到破坏，此外在损坏的银电极表面还有薄片状的玻璃相存在。银电极是通过银浆烧结形成的[38]，而银浆中通常由银粉、含有低熔点氧化铅的硼酸盐玻璃粉及有机黏合剂组成[39-41]。在烧结之初，首先有机黏合剂被加热挥发，从而留下很多孔洞，结构松散；接着继续加热到玻璃粉的熔点，玻璃粉熔化后包覆在银颗粒周围，促进银的熔化；在颗粒间内聚力的作用下，银颗粒相互接触；最终在降低表面能的作用力下，银颗粒合并实现银电极的密实。在银颗粒合并过程中，有部分玻璃相被困在孤立的孔洞中，打断银粒子之间的连接，因而银电极的损坏终止在玻璃相处。

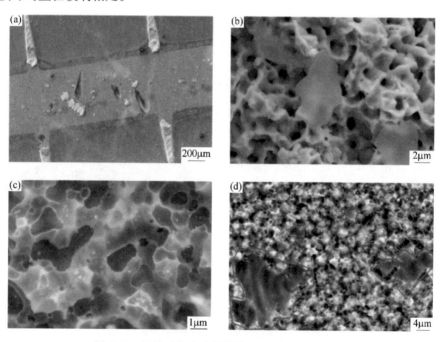

图6-22　焊接后的电连接结构的剥离表面SEM图
（a）整个表面；（b）银电极损坏的放大图；（c）嵌有银微晶的玻璃相的放大图；
（d）硅基片损坏的放大图

有研究证明，硅电池片基体与银电极之间的中间接触界面是含银微晶的玻璃层[42,43]，这与图6-23中能谱测试给出的结果一致。Si和O是主要元素，来自SiO_2玻璃相，Ag元素则很少，来自银微晶，所以图6-22（c）中玻璃表面上灰色

物质是玻璃相 SiO_2，同时硅发射层之上玻璃相之内的白色点是银微晶。该中间层的形成可通过银电极与硅片形成金属化接触的机理解释[40,44-47]：

（1）玻璃相中的金属氧化物刻蚀氮化硅（SiN_x）减反射层：

$$2PbO + SiN_x \longrightarrow 2Pb + SiO_2 + \frac{x}{2}N_2 \tag{6-2}$$

（2）生成的铅附在银颗粒上形成 Ag-Pb 合金，促进液相烧结降低银的熔点，银熔进玻璃相中并向下扩散。

（3）减反射层刻蚀掉之后，硅发射层暴露出来，硅被氧化。二氧化硅产物融入熔融的玻璃相中，同时银产物沉积到硅发射层表面。

$$2PbO + Si \longrightarrow Pb + SiO_2 \tag{6-3}$$

$$2Ag_2O + Si \longrightarrow 4Ag + SiO_2 \tag{6-4}$$

快速冷却，银的溶解度降低，加上动力学约束，银纳米颗粒从溶解的熔体基体中析出，沉积到硅表面但依旧在玻璃相里面。所以，银电极和硅表面之间的中间层是嵌有银微晶的二氧化硅玻璃相。

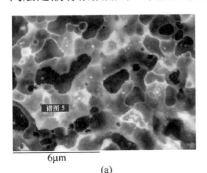
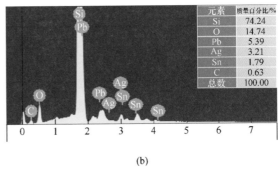

元素	质量百分比/%
Si	74.24
O	14.74
Pb	5.39
Ag	3.21
Sn	1.79
C	0.63
总数	100.00

（a）　　　　　　　　　　　　　　（b）

图 6-23　剥离表面主体部分能谱测试结果图

（a）扫描区域；（b）能谱分析

在中间层玻璃相层中分布着很多孔洞，这些微孔直接隔开银电极和硅基片，没有连接介质，外力作用下界面易被分开。这些孔洞的形成是因为熔融玻璃相向下渗透时，连续导通的通道是有限的，有时就会被银颗粒阻断导致有些位置玻璃相就覆盖不到。此外，为了减小电池片的反射率，硅基片表面需要刻蚀成金字塔形貌，表面不平坦，所以不能均匀地浸湿硅基底，凹下去的地方易出现孔洞。

在剥离力作用下，部分硅片从硅基底上剥离下来，在剥离表面上留下损坏的硅坑，如图 6-22（d）红色标注显示，这些凹坑的大小从数微米到数百微米，有的表面光滑，有的表面则是线性波纹。

Ag_2O 和 Si 之间的氧化还原反应可实现银微晶长入硅基片中[40,44]，银与硅之间通过原子键结合。烧结冷却过程中，银晶体聚集长大，有的甚至长到超过玻璃相覆盖层直接与银电极相连。在这种情况下，银电极与硅基片结合牢固没有被中间接触层玻璃相打断。所以在剥离力的作用下，可能会出现硅片连着银电极一起被剥离的焊带带出。尤其是硅片较脆，在应力作用下，产生的裂纹成为剥离薄弱点。

剥离表面上三种情况分布比例说明，中间玻璃相层与银电极的连接界面是焊带连接结构的薄弱之处。同是界面，在剥离力作用下，焊带与银电极的连接界面则未被破坏，因为银电极多孔状态有助于融化的焊料渗进银电极中，焊带和银电极接触面积增加，连接紧密。而玻璃相层和银电极界面接触却是不连续的，有空隙存在，界面缺陷易引发界面失效。

随着热老化的进行，发现玻璃表面上硅片和银电极损坏增加。图6-24比较了不同热老化次数下剥离表面上硅片损坏的程度。结果显示，随着热循环次数的增加，剥离表面上损坏的硅片的凹坑面积和深度不断扩大。温度不断变化，加上连接结构之间的热膨胀系数不匹配会在连接结构中不断引入热应力，而当温度低于脆韧转变温度（BDT），单晶硅无法通过产生位错来释放内热应力[48]，所以初始裂纹成应力集中区，随着热循环次数的增加，裂纹不断扩展。

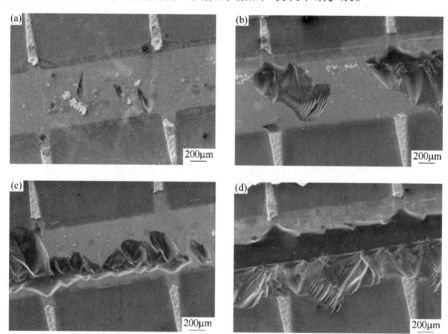

图 6-24 剥离表面上硅片损坏随热老化次数的变化图
（a）TC0；（b）TC50；（c）TC100；（d）TC200

在图6-24（a）中，最初损坏的硅凹坑很小且彼此是独立不连续的；在图6-24（b）中，50次热循环老化之后，损坏的硅凹坑明显增大，包含一些具有光滑表面的小凹坑和呈阶梯状的大凹坑。在图 6-24（c）中，100 次热循环老化之后，损坏的硅凹坑扩张到相互连接，交接的边界还很明显。在图 6-24（d）中，200 次热循环老化之后，损坏的硅凹坑继续扩大，长度上已经超过相邻细栅的间距，宽度上超过整个主栅宽度，且有一半已经看不到损坏深度，另一半的凹面则很复杂。此外，在主栅和细栅交界处可以发现很大的 V 形损坏硅片。

图 6-25 中白色的残留物随着热循环次数的增加而增加，刚开始还只是零星点点，但 100 个热循环之后，成片出现。白色残留物的变化说明银电极的损坏程度随热老化次数的增加而加剧。随着温度的不断变化，银电极内部也会因为热应力的存在而产生裂纹并不断扩展。此外，扩散形成的金属间化合物尤其是焊料中的 AgSn 相的长大，新形成的界面脆性和体积膨胀[31,35]，都容易在银电极中引入裂纹，而裂纹的存在则会影响银电极的结构强度，在外力作用下，会成为银电极损坏的薄弱点。

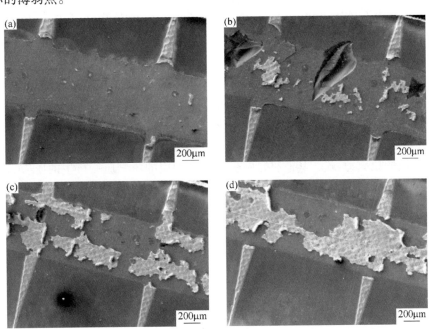

图 6-25　剥离表面上银电极损坏随热老化次数的变化图
(a) TC0；(b) TC50；(c) TC100；(d) TC200

随着损坏的硅片和银电极的增加，剥离表面上残留的 SiO_2 玻璃相则相对减少，但其依然是剥离表面主要部分。

D　焊带连接结构热老化失效机理

剥离表面上损坏硅片凹坑的扩大及加深、损坏银电极的增多都说明，材料中裂纹的扩展导致互联结构可靠性降低。随着热老化的进行，在热应力的不断作用下，裂纹的形成与扩展使得银电极和硅片更易被破坏，从而阻断电流传输。为了从源头提高电池电连接结构的耐久性，计算焊带电连接结构热应力大小以帮助分析裂纹传播动力。

在热循环测试下，无约束情况下，电连接结构（包括铜焊带、银电极、硅片和铝背场）将会受热膨胀、受冷收缩。材料在尺寸上的变化 Δl 可用以下公式计算：

$$\Delta l = \alpha l \Delta T \tag{6-5}$$

式中，α 为线性热膨胀系数；l 为初始长度；ΔT 为温差。具有不同热膨胀系数的材料受温差影响产生不同的形变，但是材料间的紧密黏结使得形变相互制约，形变受限转变为热应力。当材料的形变发生在弹性变形持续范围内时，应力与应变成正比，如胡克定律所描述：

$$\sigma = E\varepsilon \tag{6-6}$$

式中，σ 和 E 分别为内应力和杨氏模量；ε 为应变，其计算公式如下：

$$\varepsilon = \Delta l / l \tag{6-7}$$

根据式（6-5）可知，硅片的线性伸长量要远小于其他连接材料，从表 6-17 可知硅片的热膨胀系数最小。如图 6-26 所示，各连接材料之间的相互限制使得硅片在升温情况下的实际伸长量要大于在自由伸长量，而其他材料如铜、银和铝则相反，他们的实际伸长量要小于自由伸长量。虚线斜框里则对应着实际与自由状态下的差值，即相应的应力转变值。硅片受到来自相应的拉伸应变 $\varepsilon_{\mathrm{Si}}$（值为 $\sigma_{\mathrm{Si}}/E_{\mathrm{Si}}$）形成的拉应力 σ_{Si}，其他材料则受到来自相应的压缩应变产生的压应力。由式（6-7）可知，应变与初始长度的乘积就是形变量，最终硅的形变量由式（6-8）给出，自由伸长量加上由压应力产生的形变量。

$$\Delta l_{\mathrm{Si}} = \alpha_{\mathrm{Si}} l \Delta T + \frac{\sigma_{\mathrm{Si}}}{E_{\mathrm{Si}}} l \tag{6-8}$$

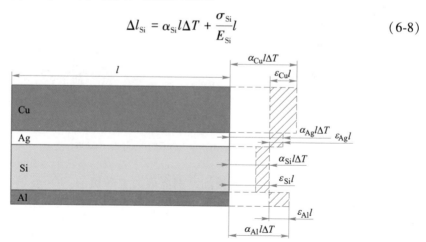

图 6-26　计算电连接结构的内部应力模型

而铜焊带、银电极和铝背场的最终形变量为自由伸长量减去由拉应力产生的形变量，可通过式（6-9）~式（6-11）计算得出：

$$\Delta l_{Cu} = \alpha_{Cu} l \Delta T - \frac{\sigma_{Cu}}{E_{Cu}} l \tag{6-9}$$

$$\Delta l_{Ag} = \alpha_{Ag} l \Delta T - \frac{\sigma_{Ag}}{E_{Ag}} l \tag{6-10}$$

$$\Delta l_{Al} = \alpha_{Al} l \Delta T - \frac{\sigma_{Al}}{E_{Al}} l \tag{6-11}$$

受限制于连接结构，所有连接材料的形变量是相同的，于是便有：

$$\partial_{Si} l \Delta T + \frac{\sigma_{Si}}{E_{Si}} l = \partial_{Ag} l \Delta T - \frac{\sigma_{Ag}}{E_{Ag}} l = \partial_{Cu} l \Delta T - \frac{\sigma_{Cu}}{E_{Cu}} l = \partial_{Al} l \Delta T - \frac{\sigma_{Al}}{E_{Al}} l \tag{6-12}$$

与此同时，整个连接结构处于平衡状态，作用在硅片上拉应力与作用在其他材料上的压应力之和相同。

$$\sigma_{Si} A_{Si} = \sigma_{Cu} A_{Cu} + \sigma_{Ag} A_{Ag} + \sigma_{Al} A_{Al} \tag{6-13}$$

式中，A 为材料的横截面面积。结合式（6-12）和式（6-13）可求得不同温差下各材料受到的应力值。热循环老化产生的最大温差是 125K，结合表 6-17 给出的数值[49-52]，计算出硅片受到的应力为 0.116GPa，银电极受到的应力为 0.545MPa。该计算模型假设材料厚度上所受的温度是均匀的，因为连接材料非常薄，所以忽略材料因热传递引发的温度梯度。此外，连接结构未包含锡铅焊料，在焊接过程中焊料已经渗透进银电极中，其作用也可忽略。

表 6-17 各连接结构的材料参数

元素	热膨胀系数 α/K^{-1}	杨氏模量 E/GPa	厚度 d/mm
Si	2.6×10^{-6}	130	0.19
Ag	10.4×10^{-6}	7	0.015
Al	11.9×10^{-6}	6	0.015
Cu	17×10^{-6}	129	0.19

尽管硅片在热循环中所产生的最大内应力（0.116GPa）不足以达到硅片的断裂强度[53,54]，但可促使裂纹传播与扩展。因为硅片位错密度较低且很难位移[55-57]，所以不能通过产生新的裂纹来消耗内应力。随着裂纹长度的增加，应力强度会减小，遵循式（6-14）中给出的 Griffith 准则。

$$\sigma_c = \sqrt{\frac{2E\gamma}{\pi c}} \tag{6-14}$$

式中，σ_c 为临界应力；γ 为表面能；c 为裂纹大小。当裂纹的长度达到临界尺寸，在裂纹会优先沿着具有最低表面能的（111）晶面扩展[58-61]。根据能量最低原理，裂纹会沿着单晶硅的滑移系统（111）晶面的<100>方向扩展，所以损坏的硅片会以约 35°的方向向下扩展[62]。

在主栅和细栅的交界处，剥离面上出现 V 形的硅片损坏裂纹。主要的原因可能是焊接后锡铅焊料会沿着细栅的方向收缩，向铜焊带拉伸[63]，应力在主栅和细栅交界处集中，引入初始裂纹，且在热应力重复作用下，裂纹扩展，主栅和细栅交界处很容易断裂。

综上所述，剥离表面随热循环次数的变化、裂纹形成的机理及扩展方向可以推断出电连接结构的失效模型，如图 6-27 所示：焊接后，不同尺寸的微小裂纹分散在硅片和银电极上；随着热循环老化的进行，硅片裂纹首先以 35°左右的夹角斜向下生长；然后，裂纹与相邻的裂纹相交而终止；最后，几乎所有的初始相邻的裂纹都扩展成相互连接的大裂纹。而对于银电极来说，随着热循环次数的不断增加，因为银电极不仅可以通过裂纹的扩展，还可以通过位错的形成和塑性变形来释放外部能量，新的裂纹不断萌生再生长。

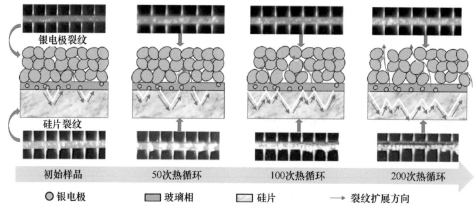

图 6-27　焊带电连接结构在热老化作用下的失效机理图

E　剥离强度随热循环次数的变化

剥离强度通常是用来评估焊接性能，如果剥离强度过低，则可能是因为发生虚焊或者过焊。虚焊时，焊带与银电极焊接不牢固，甚至存在未焊接的情况；过焊则是锡铅焊料渗透到多孔银电极过深，甚至穿过银电极到达硅片。这两种情况都会使得焊接强度降低，严重影响焊接的可靠性。剥离测试结果表明焊接黏结强度在 100 个热循环之前是随着热循环次数的增加而增加，但是到 200 个热循环后剥离强度是降低的，如图 6-28 所示。热循环次数为 0 即焊接后，其剥离强度均值为 1.59N/mm，经过 50 次热循环老化后，剥离强度升到 1.69N/mm，到 100 个热循环时，剥离强度依旧是增加的，为 1.77N/mm，接着到 200 个热循环后，剥离强度就降到 1.64N/mm。

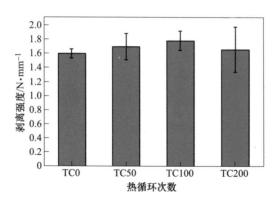

图 6-28　剥离强度随热循环次数的变化图

实际上，剥离强度反应的是剥离界面之间的黏结强度，而银电极和硅发射层上的二氧化硅玻璃相界面的分离占据主要部分，所以剥离强度主要反应这两者界面之间的黏结强度。结合剥离强度与剥离表面的变化可知，随着热老化的进行，剥离强度增加，损坏的硅片和银电极也增加，说明银电极-玻璃相界面的结合力要小于硅片和银电极的结构强度。破坏硅片和银电极的结构需要打破材料间结合的化学键，而分离界面只需破坏界面结合的物理键。化学键的强度要大于物理键，加上银电极-玻璃相界面的空隙使得黏结不紧密，黏结强度进一步弱化，所以，热老化后，损坏的银电极和硅片的情况增加导致剥离强度增大。但是，随着银电极和硅片中裂纹的扩展，自身的结构强度就会降低。最终，200 次热循环之后焊带连接结构剥离强度不再增长而是降低。

剥离强度随热循环次数的变化说明：相对于银电极损坏，焊接结构更容易因银电极-玻璃相界面分离而失效。对应组件的 EL 图片的随热老化的变化，黑色区域先出现在焊接端点，后才因主栅和细栅断裂而扩展到邻近的电池片上。

F　工艺改善

减小连接材料间的热膨胀系数差异可降低热老化过程中产生的热应力，因此需要改变材料的属性，不易实现，但减小初始的残余应力以此提高焊接结构的可靠性，则相对容易。

初始状态下除了焊接温差带来的焊接残余应力，还有因层压引起的形变应力。如图 6-29 所示，随焊接端点处与玻璃边缘处的距离 Δx 的增大，电池片边缘与玻璃边缘的厚度差 Δd 是递增的，但不是线性增加，增加趋势是减缓，所以当边缘距离增大到一定距离时，厚度梯度带来的形变能够小于安全厚度，则初始残留的层压形变应力则不会引入初始裂纹，而在热循环作用下，电池片或焊接界面也不会损坏，确保组件的可靠性。

样品间之所以存在厚度差从而在焊接结构内引起形变应力，是因为层压机内

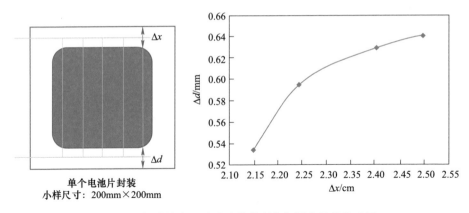

图 6-29 焊接端点距玻璃边缘的距离与厚度差的关系图

的上压板为可产生塑性形变的硅胶板,封装胶膜在高温下熔融具有一定的流动性,抽真空后,样品受到挤压,多余的 EVA 胶从边缘溢出,导致边缘的厚度小于中心位置。为了减小层压引起的形变便从而减小连接结构内的形变应力,提出两种解决方案。

一种是增大电池片到玻璃边缘的距离以此来减小厚度梯度,如图 6-30 所示。对于尺寸为 200mm×200mm 的小组件,在经过 50 个热循环之后,各小样对应的 EL 图上焊接端点都出现连接失效。不同的边缘距离下,各焊接端点的厚度及不

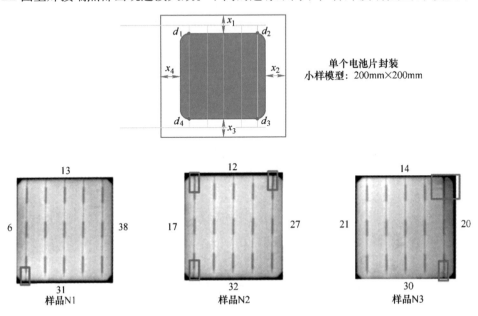

图 6-30 边缘距离对 50 个热循环的小样 EL 图的影响
(小样尺寸为 200mm×200mm,红色框里为失效区域)

同边缘距离对应的厚度差的具体值都列在表 6-18 中。电池角部出现问题的厚度均小于 7.1mm，与玻璃边缘的厚度相差较大的焊接端点更易出现损坏。进一步扩大边缘距离，制作 300mm×300mm 的小组件，得到的热老化后的 EL 结果如图 6-31所示，50 次热循环之后，只有样品 N4 出现硅片损坏，即长边距（x_2）19mm 配短边距（x_3）33mm 有待改善，其他边缘距离设计均可引用。虽然通过增加边缘距离以减小梯度差，从而减小层压工序引入连接结构的形变应力，但是该方法会明显增加材料成本，增大边缘距离即增加耗材，组件的发电密度降低。输出功率相同，使用面积增大，每平方米输出的功率降低，所以该方法不具实际效益。

表 6-18　不同边缘距离下小样各位置的厚度

不同边缘距离	电池角 d_1/mm	电池角 d_2/mm	电池角 d_3/mm	电池角 d_4/mm	玻边 d_1'/mm	玻边 d_2'/mm	玻边 d_3'/mm	玻边 d_4'/mm
N1	7.123	7.143	7.153	7.035	6.918	6.854	6.865	6.676
厚度差/Δd					0.205	0.289	0.288	0.359
N2	7.089	7.091	7.11	7.083	6.935	6.878	6.843	6.704
厚度差/Δd					0.154	0.213	0.267	0.379
N3	7.180	7.040	7.144	7.120	7.016	6.823	6.824	6.809
厚度差/Δd					0.164	0.217	0.320	0.311

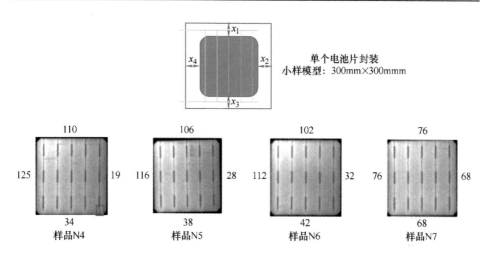

图 6-31　边缘距离对 50 个热循环的小样 EL 图的影响
（小样尺寸为 300mm×300mm，红色框里为失效区域）

另一种方法则不改变组件的尺寸模型，而是改善制备工艺，避免硅胶板与组件的直接接触，使组件在厚度上的形变尽可能一致以减小厚度差的影响，所以设计图 6-32 所示的防过压工装，即在组件四周加上一个厚度略高于组件厚度的边框，但边框高度不可设计得过高，否则层压不密实，组件内部气泡排不干净，层压后的组件内部残留气泡，影响组件的外观及组件的使用可靠性。

图 6-32 防过压工装示意图

对比图 6-33 中的两个小组件的热循环老化的结果，直接层压的小样经历 5 次热循环，在焊接端点便出现焊接失效的现象，而防过压的小组件经历 50 次热循环，从 EL 图片上仍然看不出缺陷。所以，采用防过压工装能够减小层压形变给组件带来的形变应力，从而减小初始连接结构发生隐裂的可能性，在重复热应力作用下，无裂纹扩展，焊带连接结构的耐热老化性能得到提高。防过压和直接压制备出的小组件各边缘的厚度差及对应点的厚度值由表 6-19 列出，具体位置如图 6-34 所示。厚度差数值对比也证实采用防过压装置可以减小焊接端点到剥离边缘的厚度差，减小层压后残留在组件内部的压应力与形变应力。

直接压双玻组件
TC5

防过压双玻组件
TC50

图 6-33 直接压和防过压制备出的小组件的热老化可靠性对比图

表 6-19 各厚度点及厚度差的具体值

样品	电池中 d_0/mm	电池角 d_1/mm	玻中 d_2/mm	玻边 d_3/mm	玻角 d_4/mm	玻中差 Δd_0/mm	玻边差 Δd_1/mm	玻角差 Δd_2/mm
防过压	7.367	7.335	7.308	7.322	7.282	0.084	0.089	0.170
过压	7.318	7.091	6.891	6.673	6.425	0.427	0.418	0.666

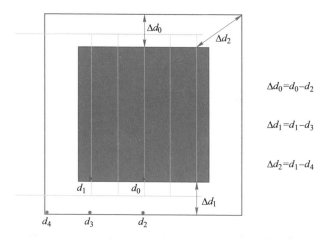

图 6-34 各厚度点对应的样品位置

防过压边框可以重复利用，待一板组件层压完后，可将边框取下，再用在另一板层叠好的组件上，所以从性价比考虑，采用第二种方法，既保留组件原有的发电效率，又几乎没有增加组件成本。在层叠和层压的工序之间加入防过压边框于组件四周这道工序可明显提高组件的电连接结构的可靠性。

6.2.4.2 导电胶连接

鉴于焊带焊接带来的应力隐患加上叠瓦组件特殊的封装方式，一般通过导电胶黏结实现叠瓦组件电互联，具体电连接结构示意图如图 6-35 所示。电池片的正面银电极一般是连续的，而背面银电极是分段的，所以若导电胶连续涂覆在电池片背面边缘处，则会出现两种电连接黏结结构：图 6-35（a）正银电极-导电胶-背银电极和图 6-35（b）正银电极-导电胶-铝背场。

A 导电胶电连接优势

导电胶取代焊带以实现电池片的电互联可以避免由于焊接引入的焊接应力，焊带焊接温度为 380℃，而导电胶的固化温度 150℃，且导电胶不存在焊料融化后再凝固收缩问题，所以残留在导电胶电连接结构内的初始应力要远小于焊带连接结构。此外，导电胶的弹性模量要远小于铜的弹性模量，因温差而产生的形变小，从而引入互联结构内的热应力低，因此导电胶连接结构的耐热老化性优于焊

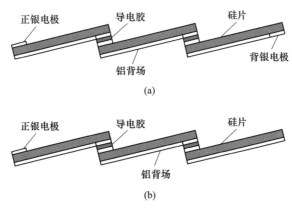

图 6-35　导电胶连接结构示意图

(a) 正银电极连接背银电极；(b) 正银电极连接铝背场

带连接结构。图 6-36 导电胶连接的叠瓦小组件的 EL 图随热循环老化变化图便可证明该观点。随着热循环次数的增加，EL 图上无明显的黑色失效点，即使经历 300 次热循环，小样的电连接结构也依旧检测不出缺陷，充分证明导电胶连接结构具有优异的耐热老化性能。

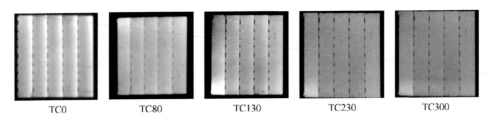

图 6-36　导电胶连接的叠瓦小组件 EL 图随热循环变化示意图

B　不同导电胶对比

对比分析两种代表性的用于实现叠瓦组件的电互联导电胶：瑞力博生产的硅基导电胶和汉高生产的丙烯酸酯类导电胶。测常规组件的 I-V 曲线的仪器用来测小组件存在测试误差的较大，只能通过 EL 图的亮度来判断小样品的输出电性能和连接可靠性。图 6-37 显示为两种导电胶制备出的叠瓦小组件的 EL 图，两者 EL 图显色均匀且亮度无明显区别。虽然电阻率测试值瑞力博导电胶的导电性略优于汉高导电胶，但对于整个组件的串联电阻来说，其影响甚微，所以看不出明显区别。

图 6-38 为两种导电胶电连接结构的微观形貌图。汉高导电胶的银粒子含量高，剩余的有机胶体含量很少，填充的片状银粉粒径大；瑞力博导电胶的银包铜粒子含量低，剩余的有机胶体的含量高，片状导电粒子被包裹在导电胶内，粒径

图 6-37 导电胶连接的叠瓦小组件 EL 图

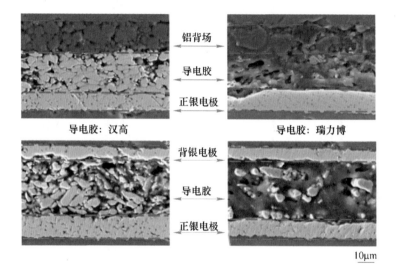

图 6-38 导电胶连接的连接结构 SEM 图

明显小于汉高的银粉。从导电粒子的填充量来分析，汉高导电胶的导电填料保证导电粒子间的充分接触，从而实现电极间的电连接；从有机物基体的含量来看，瑞力博导电胶的硅胶实现其与电池片电极的充分接触，从而保证黏结结构的可靠性。虽然瑞力博导电胶的导电填料含量低，但其导电粒子的电阻率低，导致其导电性能并不低于汉高导电胶。此外，导电胶的电阻率相对整个组件的串联电阻，其影响甚微。表 6-20 列出用不同导电胶制备出的两板常规组件输出的电性能参数，图 6-39 是相对应的 EL 图。用瑞力博导电胶比用汉高导电胶制备出的常规组件的输出功率略高 1W 多，但是从 EL 图上可以看出，由于制备原因多出一片损坏的电池片，正好抵消这多出的 1W 输出功率。

对比这两种导电胶的实际使用情况，推荐使用硅基导电胶；首先从价格上来讨论，瑞力博厂家的导电胶价格要远低于汉高厂家的；其次从性能上来讨论，硅系聚合物的低温柔顺性使其具备可返修性，Si—O 键具备高的化学键能使其具备优异的耐老化性能，自身高黏度又使其在涂覆过程中不易出现导致电连接短路失效的溢胶情况，而组件的输出电性能也无明显差别。综合验证，硅基导电胶更适合实现叠瓦组件电互联。

表 6-20　导电胶连接的常规叠瓦组件具体电性能参数值

导电胶	V_{oc}/V	I_{sc}/A	P_{mpp}/W	V_{mpp}/V	I_{mpp}/A	$FF/\%$	R_s/Ω
瑞力博	35.53	11.03	300.43	28.75	10.45	76.69	0.33
汉高	35.58	11.26	299.24	28.78	10.40	74.69	0.34

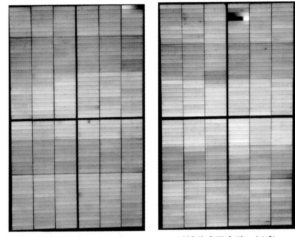

硅基导电胶：瑞力博　　　　丙烯酸酯导电胶：汉高

图 6-39　导电胶连接的常规叠瓦组件 EL 图

C　现存问题

采用半手工方法将导电胶涂覆到电极上，由于人工的不确定性，所以涂胶期间不免会发生各类问题，通过分析这些问题产生的原因可以指导全自动设备的优化改善，以避免发生类似的问题。

涂覆时的出胶量由三大因素决定：气压表、针头的孔径、导电胶自身的黏度和流动性。调大气压、增大针头孔径、降低胶体的黏度及增大胶体的流动性，都可以增大出胶量。涂胶量除受出胶量影响还受涂覆速度的影响，出胶量大且涂覆速度慢，增加涂在电极上的胶量。出胶量可以通过设备控制，但涂覆速度完全取决于手的移动速度。由于难以控制手的移动速度均匀，所以在电极上会出现漏胶、少胶或者多胶等情况。如图 6-40 所示，手的移动速度过快，导致涂在电极上的导电胶分布稀疏甚至漏缺；手的移动速度不均匀，突然停顿或者减慢，导致电极上出现导电胶堆积的情况；手的移动速度恰到好处且保持匀速，则可保证涂在电极上的导电胶均匀；手的速度也不可过慢，否则会导致导电胶分布过于密集。

图 6-40 导电胶涂覆情况

漏胶会使得正负电极连接不牢固，受到外力作用，如层压过程中，热熔胶的压缩流动，带动电池片移动，使连接处脱粘，从而导致连接电路断开。如图 6-41 所示，图 6-41（a）中第 3 个小片（红框），有一部分电池片完全变黑，表明无电流流过电池片，电路连接已断开，整个电路电流只能从依旧连接的部分流过，局部电流密度过高，电池片的亮度发白。图 6-41（b）则是对应的实物图，红框里第 3 根电连接处露出白色的主栅，说明连接处已经脱胶，电连接断开。

局部堆胶使得电流汇集到一个点，导致局部点电流过大，产生电击穿现象。如图 6-42 所示，图 6-42（a）中 EL 图片红色框区的第 3 个小片完全变黑，只有一个点很亮，所以就只有这么一个点是与另一片电池的电极相连的，整个电路的电流汇流这一点，局部电流过大，从而电流密度很大，EL 图上的发光强度增大。此外由于电流过大，产生的热量也会增大，从而产生电池片被烧穿的现象，图 6-42（b）显示被烧穿电池片的背面状况，温度大到已经将胶膜融化。拨开观察，整个电极就只粘住一点，其他区域均未粘上，而粘上的那一点已被烧黑。

之前讨论的两种缺陷都发生在涂胶少的情况，而涂胶过多也会引入电连接缺陷。涂胶过多，导电胶还未来得及固化，仍然具有一定的流动性，在压力作用

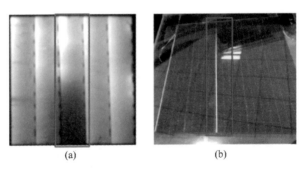

图 6-41 漏胶导致的电连接断开现象

(a) EL 图；(b) 实物图

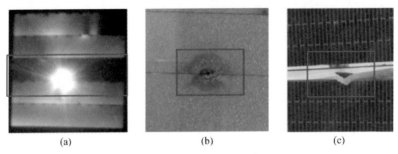

图 6-42 局部堆胶导致的电击穿现象

(a) EL 图；(b) 实物图反面；(c) 实物图正面

下，多余的导电胶溢出。如图 6-43 所示，在边缘位置，导电胶已经溢出电极区域并将边缘完全包覆。这种情况下，因导电胶的电连接作用，正极与正极相连或者负极与负极相连，发生短路现象。

溢胶

图 6-43 溢胶导致的短路现象

图 6-44 为溢胶导致的短路现象照片。图 6-44 （a） 为局部短路的情况，不同于断路，电流只能从剩余连接部分流过，导致连接区域亮度增加，发生短路时，电流照样能够从电池片上流过，所以电流分布依旧很均匀，只是不存在电压差，所以不能激发出光电子，EL 图片上显示黑色。严重时，整个电池小片都会被短路掉，如图 6-44 （b） 所示，其对应的实物图见图 6-44 （c），在电连接的缝隙处，有明显多出来的银灰色导电胶（红色框）。

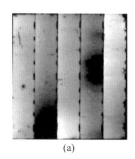 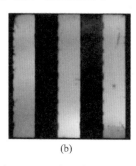 

（a）   （b）   （c）

图 6-44　溢胶导致的短路现象
（a） EL 图；（b） 实物图反面；（c） 实物图正面

不同于焊带互联后由焊带将电流汇集给汇流条，导电胶仅实现电池片间的电流传输，最终的电流汇集还是要通过首尾两端的电池片将电流传输给汇流条。但若将汇流条直接焊到电池片电极上，汇流条焊接时产生严重的热变形，带动电池片变形，但电池片的另一端由导电胶黏结从而限制其形变。在形变外力的作用下，会出现两种情况：一种是导电胶的黏结强度小于电池片的形变强度，从而导电胶脱粘如图 6-45 （a） 中蓝色框显示；另一种是导电胶的黏结强度大于电池片的形变强度，此时电池片的形变会受到限制，转变成内应力，在力的作用下电池片易碎如图 6-45 （b） 中红色框所示。为了减小焊接形变引入的外力作用，改用导电胶实现汇流条和电极间的电连接。此外，还可以通过改用焊带焊接取代汇流条焊接如图 6-45 （c） 所示，焊带的宽度 1mm 要小于汇流条的宽度 6mm，所以焊接引发的形变小。但若将焊带用于整个组件，而不只是实现单个电池片的汇流，则由于长度方向过长而导致形变增加，也会给电池片带来较大的形变应力。通过模仿常规组件的分段汇流方式，先用焊带将电流引出，再用汇流条汇流，如图 6-45 （d）所示。

组件需要满足一定的使用寿命，而组件内部的每个结构的损坏都会使组件的性能衰减，尤其是终端汇流的破坏，会使电池片输出的电流无法被收集，严重时甚至损失整串的输出功率。为了保证组件的可靠性，对比各汇流方式的耐热老化性能，测试结果显示在图 6-46 中。不难看出，只有分段汇流满足耐热循环老化的要求，从初始到经历 200 次热循环，EL 图上首尾两端电池部分亮度都显示正

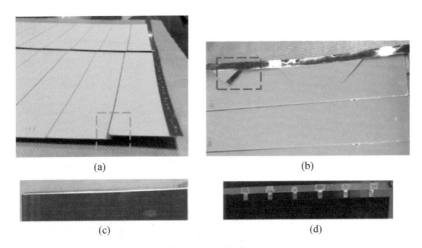

图 6-45 汇流方式

（a）汇流条焊接（导电胶脱粘）；（b）汇流条焊接（电池片损坏）；
（c）焊带焊接；（d）分段汇流（焊带引出电流，汇流条汇流）

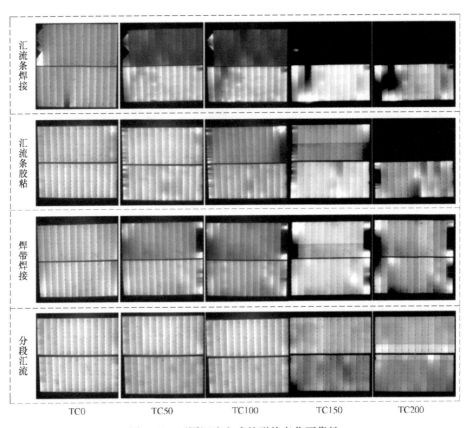

图 6-46 不同汇流方式的耐热老化可靠性

常。在经历 50 次热循环后，采用焊带焊接汇流的小组件的边缘部分电池片完全变黑，说明已经出现脱焊缺陷，不能满足耐热老化性能。重复经历温度差使得焊带连接结构不断受到热应力，从而无法保证其连接可靠性。对于汇流条焊接更是如此，其受到的破坏更为严重，汇流条完全脱落导致整个一串电池片完全变黑。对于汇流条胶粘，也不能避免热老化作用引发的连接失效，不同于硅片因温度差发生形变很小，铜的形变很大而导电胶与汇流条的黏结强度又不高，很容易在形变力的作用下发生脱粘导致汇流失败，EL 图上电池片变黑。

6.3 叠瓦晶硅组件的性能

6.3.1 叠瓦组件输出性能增益

传统组件因为串焊机工艺的局限性，一般都会保留约 3mm 的电池间距，一板 60 片的组件将会造成约 $2.5 \mathrm{dm}^2$（$156.75 \times 3 \times 9 \times 6 = 25393.5 \mathrm{mm}^2$）的留白面积，相当于 1 个电池片的面积。而叠瓦组件通过导电物质直接将电池片交叠连接在一起，利用电池之间的间距，所以在相同组件面积情况下可以封装更多的电池片，增加组件发电密度，提高输出功率。此外，叠瓦组件需要将电池片切成 5 个 1/5 小块，而流过电池的电流 I 正比于电池面积 A：

$$I = J \times A \tag{6-15}$$

式中，J 为电流密度，只与电池本身性质有关，所以流过电池片的电流是常规的 1/5。而电阻引发的功率损失由于电流的平方成正比：

$$P = R \times I^2 \tag{6-16}$$

所以电阻损失是常规电池的 1/25。

6.3.1.1 理论预估

从两个方面光学增加光生功率和电学减少电阻损失来预估在使用同样的电池片的前提下叠瓦组件的输出功率增益。表 6-21 给出计算电池片（5BB 多晶）的实际测得值，在这个基础上计算各损失。

表 6-21　5BB 多晶电池的基本电性能参数

$P_{\max}/\mathrm{W}$	$I_{\mathrm{sc}}/\mathrm{A}$	$V_{\mathrm{oc}}/\mathrm{V}$	$I_{\max}/\mathrm{A}$	$V_{\max}/\mathrm{V}$	$FF/\%$	R_{sh}/Ω	R_{s}/Ω	$I_{失配}/\mathrm{A}$
4.594	9.122	0.636	8.577	0.536	0.792	77.530	0.0053	0.060

（1）互联条损失：常规组件上的互联条分为两个部分：未焊接部分来自电池片间距只用于传输电流，焊接部分用于收集电池的光生电流。对于未焊接部分电流是固定的，为电池片的 1/5；而焊接部分电流与收集长度成正比。对于焊接总长度为 L 的互联条，收集总电流为 I，则某点流过的电流为：

$$I(x) = \int (Ix/L)\,\mathrm{d}x \tag{6-17}$$

设互联条的线性电阻率 r_{busbar}，对于焊接长度为 dx 的互联条，其电阻为：

$$dR = r_{ribbon}dx \tag{6-18}$$

而根据式（6-16）可知互联条上某点的功率为：

$$P(x) = \int x \times I(x)^2 dR = \int x(Ix/L)^2 \times r_{ribbon}dx = r_{ribbon} \times I^2 \times x^3/(3 \times L^2)$$

$$\tag{6-19}$$

所以对于长度为 L 的互联条，其总电阻功率为：

$$P(L) = r_{ribbon} \times I^2 \times L/3 \tag{6-20}$$

将表 6-22 中所给的参数代入计算式（6-16）和式（6-20）就可计算出互联条的电阻损失。

表 6-22 常规组件用互联条的基本参数

尺寸 （宽×厚）	互联条体积电阻率 $\rho/\Omega \cdot mm^2 \cdot m^{-1}$	互联条线电阻 率 $r/\Omega \cdot m$	单个焊带的电流 $1/5I_{max}/A$	与主栅接触电阻 $\rho_C/m\Omega \cdot mm^{-2}$
1mm×0.25mm	0.0217	0.0868	1.764556079	3
每片焊接长度 （正/mm）	每片焊接长度 （背/mm）	每片未焊长度/mm	片间距/mm	末端焊接/mm
139	133	20.75	3	3+5=8
一串正焊接 总长/mm	一串背焊接 总长/mm	一串未焊接 总长/mm	遮挡面积 /mm²	
1390	1330	221.75	43462.5	

除了焊接电阻损失外，还存在焊带和电极的接触电阻损失，以及焊带遮挡产生的光学损失，其具体计算公式和计算值由表 6-23 列出。

表 6-23 常规组件用互联条的功率损失

功率损失	计算公式	计算数值
一串焊接 $P_{焊单}$/W	$P_{焊单} = (I_{max}/5)^2 \times r_{ribbon}(L_{焊正}+L_{焊背})/3$	0.245041
一串未焊接 $P_{未焊单}$/W	$P_{未焊单} = (I_{max}/5)^2 \times r_{ribbon}(L_{未焊})$	0.059931
互联条电阻损失 $P_{互联条}$/W	$P_{互联条} = (P_{焊单}+P_{未焊单}) \times 5 \times 6$	9.149164
互联条与主栅接触电阻损失 $P_{互联条C}$/W	$P_{互联条C} = 5 \times 60(\rho_C/A_C)/3 \times (I_{max}/5)^2$	0.013743
互联条遮挡损失 $P_{互联条遮}$/W	$P_{互联条遮} = (P_{组件}/A_{受光}) \times A_{遮挡}$	8.530127

（2）汇流条损失：互联条收集电池片的电流，汇流条则将互联条收集的电流汇总，如图 6-47 所示，电池片上的 5 根焊带是并联的，然后串联到汇流条，所以沿着电流传输方向电流是累加的。所以汇流条的电阻损失 P_{busbar} 为：

$$P_{busbar} = \left[(1/5I_{max})^2 \times L_1 + (2/5I_{max})^2 \times L_2 + (3/5I_{max})^2 \times \right.$$

$$L_3 + (4/5I_{max})^2 \times L_4 + I_{max}^2 \times L_5] \times r_{busbar} \qquad (6\text{-}21)$$

不同电流对应的总长及汇流条的性能参数由表 6-24 给出，代入式（6-21）计算出来的汇流条电阻损失为 0.8025W。

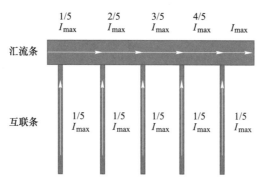

图 6-47 汇流条电流分布示意图

表 6-24 常规组件用汇流条的基本参数

尺寸（宽×厚）	体积电阻率 $\rho_{busbar}/\Omega \cdot mm^2 \cdot m^{-1}$	线电阻率 $r_{busbar}/\Omega \cdot m^{-1}$	$1/5I_{max}$ 总长 L_1/m	$2/5I_{max}$ 总长 L_2/m	$3/5I_{max}$ 总长 L_3/m	$4/5I_{max}$ 总长 L_4/m	I_{max} 总长 L_5/m
6mm×0.25mm	0.0212	0.01413	388.8	374.4	374.4	374.4	279.6

（3）细栅损失：电池表面的光生电流首先由细栅收集传送给主栅，再传向互联条，最后再由汇流条收集并输出。在电流输出过程中，由于薄层电阻的存在，所以会有细栅损失。如图 6-48 所示，细栅宽度为 s，细栅长度为 b，对于常规组件，电流沿细栅的中点传向两边的主栅，而对于叠瓦组件，电流沿电池的主栅传向另一片电池的主栅。在距离 0 点 x 距离处，其电流为：

$$I(x) = \int_0^x Js\,dx = Jsx \qquad (6\text{-}22)$$

对于长度为 x 的细栅，则电阻损耗功率为：

$$P(x) = \int_0^x (Jsx)^2 r_{finger}\,dx = \frac{J^2 s^2 x^3 r_{finger}}{3} \qquad (6\text{-}23)$$

式中，r_{finger} 为细栅的线电阻率。组件的细栅损失还要考虑到细栅的数量 n，主栅的数量很明显 m，电池片数 k：

$$P_{finger} = \frac{J^2 s^2 x^3 r_{finger}}{3} \times n \times m \times k \qquad (6\text{-}24)$$

根据式（6-24）和表 6-25 可以计算出具体的细栅电阻损失值。若保持电池片数相同，则常规组件的细栅电阻损失要比叠瓦组件的小，而切 6 片要比切 5 片的细栅电阻损失要小，主要取决于传输距离 x。

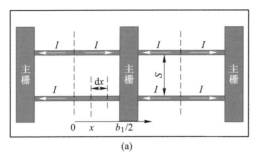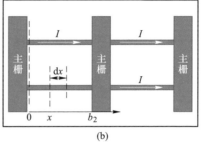

图 6-48   电流沿细栅流向主栅示意图

（a）常规组件；（b）叠瓦组件

表 6-25   常规组件与叠瓦组件细栅的基本参数及电阻损失计算值

电池片	细栅长度 L_{finger}/mm		细栅宽度 W_{finger}/mm	根数 n	细栅间距 S/mm	细栅遮光面积 A_{finger}/mm²	电阻损失（60）
	中间（4）	边缘（2）					
常规 5BB	30.5	15.1	0.03	106	1.45	493.296	1.569
叠瓦切 5 片	29.45		0.03	106	1.45	491.5845	5.682
叠瓦切 6 片	24.625		0.03	106	1.45	497.8404	3.986

通过增加 n 可以减小 S，从而使细栅电阻损失减小。

$$S = \frac{L_{busbar} - n \times W_{finger}}{n - 1} \tag{6-25}$$

但细栅线过密会导致遮光损失增加：

$$S_{shading} = m \times n \times W_{finger} \times L_{finger} \tag{6-26}$$

$$P_{shading} = S_{shading}(P_{max} + P_{finger}) / S_{lighting} \tag{6-27}$$

细栅间距或者细栅数对由细栅引起的功率损失影响如图 6-49 所示。随细栅间距的增大，即垂直于主栅的细栅根数减少，细栅电阻功率损失增加，而细栅遮光功率损失减小，总功率损失先减小后增大。对于切 5 片的叠瓦 PERC 电池片：最佳细栅间距是 1.418mm，细栅根数是 108 根，此时，总损失功率最小为 0.232W。

（4）组件损失：为了最大限度地提高叠瓦组件的优势，一般都会利用高效电池片叠加叠片技术。表 6-26 给出转换效率为 21.2%的电池片的实测数据。在这个基础上计算叠瓦组件与常规组件各项损失对比，如表 6-27 所示。叠瓦组件的电路配置是每 32 小片叠串成一串，每 5 串并联后再串联。这样就保证组件的电流几乎不变，电池片数为 64 片。可见从电学损失来看，叠瓦组件比常规组件

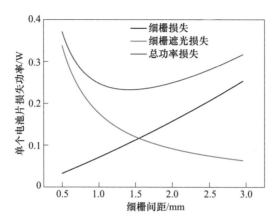

图 6-49 单个电池片的细栅损失随细栅间距的变化

少损失 6.1141W；从光学损失来看，叠瓦组件光生功率比常规组件多 10.1601W，所以同样的电池片，同样的组件尺寸（1658cm×992cm），叠瓦组件会有约 16W 的功率增益。各增益分别显示在图 6-50 中，互联条电阻损失增益为 10.1W，汇流条电阻损失增益为 0.54W，互联条遮挡区域利用增益为 9.62W，其他区域利用增益为 0.54W，细栅电阻损失为 4.53W。

表 6-26　5BB PERC 单晶电池的基本电性能参数

P_{max}/W	I_{sc}/A	V_{oc}/V	I_{max}/A	V_{max}/V	R_s/Ω	FF
5.2211	9.9501	0.6659	9.3888	0.5561	0.0053	78.81

表 6-27　叠瓦组件与常规组件各项损失对比

项目	互联条电阻损失 $P_{互联条}$/W	互联条与主栅接触电阻损失 $P_{互联条C}$/W	汇流条电阻损失 $P_{汇流条}$/W	细栅电阻损失 $P_{细栅}$/W	总电学损失 $P_{总电}$/W
常规组件	10.4117	0.0156	0.9133	1.5814	14.8825
叠瓦组件	0.3251	0.0005	0.3723	6.1100	8.7684
差值	−10.0866	−0.0152	−0.5409	4.5286	−6.1141
项目	焊带遮挡损失 $P_{互联条遮}$/W	细栅遮光损失 $P_{细栅遮}$/W	重叠遮光损失 $P_{重叠}$/W	发电功率 $P_{总光}$/W	总增益 $P_{总}$/W
常规组件	9.9751	7.9257	0	320.4508	
叠瓦组件	0.3570	8.4242	21.8732	330.6109	
差值	−9.6181	0.4985	21.8732	10.1601	16.2742

6.3.1.2　实际增益

为了继续提高叠瓦组件的输出功率，按照竖排版的方式制备组件，55 个 1/5

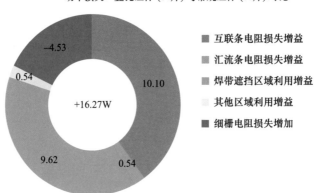

图 6-50   叠瓦组件相对于常规组件的各性能增益分布

电池片竖叠串，共 6 串，再横并联，一共需要 330 小片，相当于 66 整片，比横排版型再多 2 片电池片。导电胶黏结的宽度为 1.65mm。制成组件的实测值见表 6-28，相应的 I-V 曲线图和 EL 图分别如图 6-51 和图 6-52 所示。所用电池片均功率为 5.072W，经过背面 2 次切割，切割功率为 5W，电池片功率降为 4.98W，损失 1.718%。组件的最大输出功率 P_{max} 为 319.91W，而计算出来的理论最大输出功率为 318.97W，两者非常接近，只相差 1W。若采用相同的电池片制成常规 60 片版型组件，组件的 CTM 值（cell to module）为 97.5%，则组件功率均值在 297W 左右，与其相比，叠瓦组件功率提升约 7.4%。电池片封装进组件之后，由于电流传输过程中的电阻损耗及表面玻璃和封装胶膜的光学损失，电池片所有功率之和与组件实际输出功率总会有差距，两者值之比称为封装损失（CTM），指电池片到组件的转化率。切割后的电池片被制成组件后 CTM 为 97.23%，若加上刚开始的切割损失，则实际转化率只有 95.57%。

表 6-28   叠瓦组件理论计算值与实测值对比

参数		P_{max}/W	I_{sc}/A	V_{oc}/V	FF/%	R_s/Ω	R_{sh}/Ω	I_{max}/A
电池片	整片	5.072	9.557	0.665	0.799	0.00463	210.492	8.995
	切 2 次/5W	4.985	9.549	0.663	0.788	0.00470	284.313	8.942
	衰减率/%	−1.718	−0.085	−0.282	−1.358	1.336	35.071	−5.892
叠瓦组件	实测值	319.910	11.347	36.355	77.549	0.302	198.965	10.726
	理论简估	329.010	11.459	36.465	CTM：97.23%		转换率：95.57%	
	理论计算（减去电阻损失）	电池片功率密度/W·mm⁻²	细栅电阻损失/W	焊带电阻损失/W	汇流条电阻损失/W	组件受光面积/cm²	光生功率/W	理论功率/W
		0.0002	5.8982	0.0081	0.8623	148.55	325.74	318.97

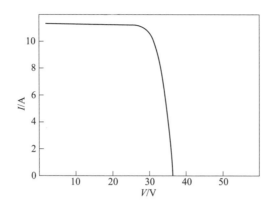

图 6-51 叠瓦组件 *I-V* 曲线图

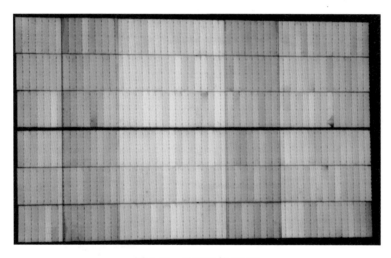

图 6-52 叠瓦组件 EL 图

根据数据分析，叠瓦组件还有很大的提高效率的空间，不仅是从切割工艺上面降低切割损失，还可以通过改善切割设备，利用皮秒激光光束的光化学作用将电池片分片以减小切割损伤。另外，通过增加入射光的透过率也可以降低封装损失。

与常规组件 60 片电池串联相比，其短路电流大约等于单个电池片的电流，电压为单个电池的 60 倍，而叠瓦组件的串-并联结构使得其电流是单个电池的 6/5 倍，电压是单个电池的 55 倍，所以叠瓦组件的短路电流为 11.459A，开路电压为 36.465V。EL 图显示制备的叠瓦组件基本无缺陷存在，但还是有两小处裂纹，不过裂纹对输出功率影响较小。

6.3.2　热循环老化性能

组件的耐老化性是指组件在使用过程中组件性能保持的程度。组件在户外使用过程中，在接受光照产生电流的同时也不可避免会因为紫外光照射产生紫外老化；昼夜交替的温差加上连接材料之间热膨胀系数不同而产生热应力即热循环老化；夏季的气温高、环境潮湿而加速材料热分解从而产生湿热老化；冬季的气温低、环境潮湿而使材料脆化发硬导致湿冻老化。这些外力作用均有可能使组件产生缺陷，性能衰退，使组件的使用寿命减少，并且影响组件后期收益。若组件性能衰减过快，则会严重影响度电成本。度电成本与发电量成反比，发电量减小，则度电成本增加，收益减缓，甚至收不回成本。

由于电连接结构之间的热膨胀系数不同，所以热循环老化会影响电连接结构的可靠性，若电连接结构破坏，则电池的光生电流收集受阻，功率无法输出。图6-53为叠瓦组件的实物图。组件外观检测：在边缘处有一个导电胶脱粘处，其他外观无明显问题。这一处导电胶未完全固化，胶的结构强度低不牢固，层压过程中封装胶膜 EVA 熔融流动导致电池片脱粘，产生位置偏移，但还有一部分连接着，所以图6-53（a）对应位置红色框中一部分发黑一部分发亮。EL 图的亮度与电池片的电流密度成正比，脱粘部分无法实现电连接，无电流流过导致 EL 图变暗，所以整串电流只能从连接的部分传递，黏结部分传输所有电流，电流虽不变，但面积减小，致使电流密度增加，EL 图变亮。

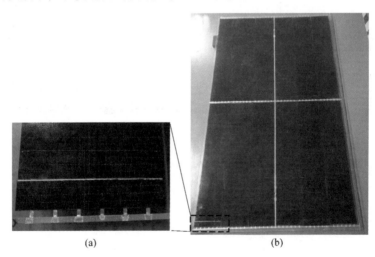

（a）　　　　　　　　　　　　（b）

图 6-53　叠瓦组件的实物图

（a）脱胶处；（b）完整的实物图

按照 IEC 61215：10.11 要求，热循环试验应满足最大功率的衰减不超过试验前测试值的 5%。从表 6-29 可看出，随着热循环次数的增加，叠瓦组件的最大功率不断减小，TC 老化前组件的初始最大功率为 300.433W，200 个热循环老化后，组件的功率降为 281.497W，衰减率为 6.2%，未达到标准要求。从图 6-54 各电性能随热循环次数的变化率可知，最大功率的衰减主要与串联电阻的增加相关，短路电流在 TC200 时衰减也较为严重，而开路电压变化较小。结合 I-V 曲线图6-55（a），初始的 TC 老化还只有短路电流有明显减小，但是到 TC200 时，已存在明显的串阻增加影响，I-V 曲线中电流突降拐角处提前，斜率下降，所以填充因子降低，从而最大功率降低，如图 6-55（b）P-V 曲线，最大功率点处的电压减小，电流也减小，而 $P=IV$，所以最大功率不可避免减小。

表 6-29　热循环老化后组件的电性能

参数	P_{max}/W	V_{oc}/V	I_{sc}/A	FF/%	R_s/A
TC0	300.433	35.525	11.027	76.693	0.331
TC50	297.279	35.592	10.934	76.390	0.344
TC100	293.432	35.609	11.008	74.856	0.371
TC150	287.141	35.591	10.987	73.432	0.391
TC200	281.497	35.520	10.785	73.483	0.446

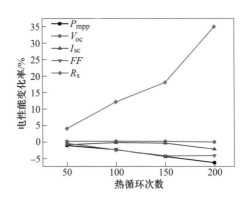

图 6-54　叠瓦组件的电性能变化率随热循环次数的变化

从图 6-56 各 TC 老化下对应的 EL 图可看出，随着 TC 次数的增加，组件衰减严重，暗区域面积不断加大，暗度不断加深且集中分布在组件边缘。失效的原因主要分两种，蓝色框对应着断路。导电胶黏结失效，剩余的串电流只能从有效黏结处流过，电流汇集电致发光强度增加 EL 图片明显变亮。红色框对应着短路，主要是由漏电短接引起的，导电胶中的导电粒子在 TC 老化过程中发生迁移从而引发正正短接或负负短接，这种短路缺陷主要集中在组件边缘。热循环测试是一直通电进行的，所以组件内部会不断有电流传输，而导电粒子容易从封装边缘慢慢渗入组件中部，所以漏电流会先集中分布在组件边缘，后慢慢向中间扩散。这

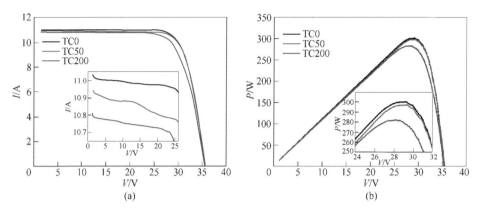

图 6-55 叠瓦组件的曲线随热循环次数的变化

(a) *I-V* 曲线；(b) *P-V* 曲线

两种失效增加都会导致原先产生电流的部分不再作为电流源，而变成电阻源，所以电阻会明显增加，输出的最大功率降低。

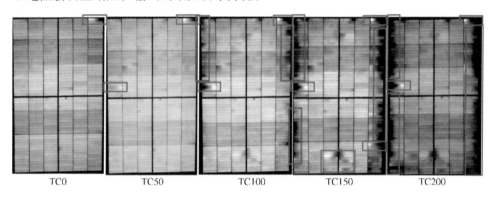

图 6-56 叠瓦组件的 EL 图随热循环次数的变化

6.3.3 晶硅组件湿热老化性能

湿热老化是检测组件长期承受湿气渗透的能力，按照 IEC 61215：10.13 要求，该试验应满足最大功率的衰减不超过试验前测试值的 5%。从表 6-30 湿热老化后组件的电性能输出参数可以看出，实验样品未能满足耐湿热老化的要求，经历 500h 湿热老化后，最大功率由 322.858W 降到 316.01W，损失 2.12%；经历 1000h 湿热老化后，最大功率降到 303.965W，损失 5.85%。

图 6-57 给出叠瓦组件样品的 EL 图随湿热老化的变化。样品组件最开始就存在一些缺陷：因汇流端焊接问题引入裂纹到头尾电池上，因局部溢胶问题使得部分电池片轻微短路。样品组件经历湿热老化之后，未出现新的缺陷，但是 EL 图

片整体变暗，原先轻微短路电池片加剧。图片变暗说明光生电流密度减小，而组件整体变暗极有可能是因为电连接结构的串阻增加导致组件串阻增加，所以分到电池片上的电压减小，电致发光亮度减弱。

表6-30 湿热老化后组件的电性能

参数	P_{max}/W	V_{oc}/V	I_{sc}/A	$FF/\%$	R_s/A
DH0	322.858	36.548	11.352	77.816	0.300
TC500	316.010	36.504	11.091	78.053	0.339
TC1000	303.965	35.933	10.930	77.393	0.353

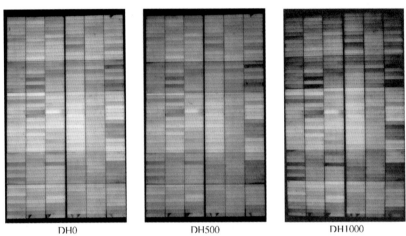

DH0   DH500   DH1000

图6-57 叠瓦组件的EL图随湿热老化时间的变化

参 考 文 献

[1] 张治，卢刚，何凤琴，等. 无主栅太阳电池多线串接技术研究［J］. 太阳能，2018，7：42-47.

[2] Braun S, Nissler R, Ebert C, et al. High efficiency multi-busbar solar cells and modules［J］. IEEE Journal of Photovoltaics, 2014, 4（1）: 148-153.

[3] Braun S, Hahn G, Nissler R, et al. The multi-busbar design: an overview［J］. Energy Procedia, 2013, 43: 86-92.

[4] Braun S, Micard G, Hahn G. Solar cell improvement by using a multi busbar design as front electrode［J］. Energy Procedia, 2012, 27: 227-233.

[5] Walter J, Rendler L C, Ebert C, et al. Solder joint stability study of wire-based interconnection compared to ribbon interconnection［J］. Energy Procedia, 2017, 124: 515-525.

[6] Tang T, Gan C, Hu Z, et al. A quantitative comparison between double glass photovoltaic

modules using half-size cells and quarter-size cells [J]. IEEE Journal of Photovoltaics, 2017, 7 (5): 1298-1303.

[7] Qian J D, Thomson A, Blakers A, et al. Comparison of half-cell and full-cell module hotspot-induced temperature by simulation [J]. IEEE Journal of Photovoltaics, 2018, 8 (3): 834-839.

[8] Zhao J H, Wang A H, AbbaspourSani E, et al. Improved efficiency silicon solar cell module [J]. IEEE Electron Device Letters, 1997, 18 (2): 48-50.

[9] Schmidt W, Rasch K D. New interconnection technology for enhanced module efficiency [J]. IEEE Transactions on Electron Devices, 1990, 37 (2): 355-357.

[10] Beaucarne G. Materials challenge for shingled cells interconnection [J]. Energy Procedia, 2016, 98: 115-124.

[11] Muller J, Hinken D, Blankemeyer S, et al. Resistive power loss analysis of pv modules made from halved 15. 6cm×15. 6cm silicon perc solar cells with efficiencies up to 20. 0% [J]. IEEE Journal of Photovoltaics, 2015, 5 (1): 189-194.

[12] Roeth J, Facchini A, Bernhard N. Optimized size and tab width in partial solar cell modules including shingled designs [J]. International Journal of Photoenergy, 2017: 1-7.

[13] Zhao J, Wang A, Yun F, et al. 20, 000 PERL silicon cells for the "1996 world solar challenge" solar car race [J]. Progress in Photovoltaics, 1997, 5 (4): 269-276.

[14] Geipel T, Huq M Z, Eitner U. Reliable interconnection of the front side grid fingers using silver-reduced conductive adhesives [J]. Energy Procedia, 2014, 55: 336-341.

[15] Itoh U, Yoshida M, Tokuhisa H, et al. Solder Joint Failure Modes in the Conventional Crystalline Si Module [J]. Energy Procedia, 2014, 55: 464-468.

[16] Jeong J, Park N, Hong W, et al. Analysis for the degradation mechanism of photovoltaic ribbon wire under thermal cycling [C]// proceedings of the 2011 37th IEEE Photovoltaic Specialists Conference, 2011.

[17] Xiong H, Gan C, Hu Z, et al. Formation and Orientational Distribution of Cracks Induced by Electromagnetic Induction Soldering in Crystalline Silicon Solar Cells [J]. IEEE Journal of Photovoltaics, 2017, 7 (4): 966-973.

[18] Zarmai M T, Ekere N N, Oduoza C F, et al. A review of interconnection technologies for improved crystalline silicon solar cell photovoltaic module assembly [J]. Applied Energy, 2015, 154: 173-182.

[19] Belluardo G, Ingenhoven P, Sparber W, et al. Novel method for the improvement in the evaluation of outdoor performance loss rate in different PV technologies and comparison with two other methods [J]. Solar Energy, 2015, 117: 139-152.

[20] Skoczek A, Sample T, Dunlop E D. The Results of Performance Measurements of Field-aged Crystalline Silicon Photovoltaic Modules [J]. Progress in Photovoltaics, 2009, 17 (4): 227-240.

[21] Freire F, Melcher S, Hochgraf C G, et al. Degradation analysis of an operating PV module on a Farm Sanctuary [J]. Journal of Renewable and Sustainable Energy, 2018, 10 (1):

013505.

[22] Quintana M A, King D L, McMahon T J, et al. Commonly observed degradation in field-aged photovoltaic modules [C]//Proceedings of the Conference Record of the Twenty-Ninth IEEE Photovoltaic Specialists Conference, 2002.

[23] King D L, Quintana M A, Kratochvil J A, et al. Photovoltaic module performance and durability following long-term field exposure [C]// Proceedings of the 15th Conference, 1999: 565-572.

[24] Jeong J S, Park N, Han C. Field failure mechanism study of solder interconnection for crystalline silicon photovoltaic module [J]. Microelectronics Reliability, 2012, 52 (9): 2326-2330.

[25] Sakamoto S, Kobayashi T, Nonomura S. Epidemiological Analysis of Degradation in Silicon Photovoltaic Modules [J]. Japanese Journal of Applied Physics, 2012, 51 (10): 4.

[26] Lai C M, Su C H, Lin K M. Analysis of the thermal stress and warpage induced by soldering in monocrystalline silicon cells [J]. Applied Thermal Engineering, 2013, 55 (1): 7-16.

[27] Kraemer F, Wiese S. Assessment of long term reliability of photovoltaic glass-glass modules vs. glass-back sheet modules subjected to temperature cycles by FE-analysis [J]. Microelectronics Reliability, 2015, 55 (5): 716-721.

[28] Rendler L C, Kraft A, Ebert C, et al. Mechanical Stress in Solar Cells with Multi Busbar Interconnection-Parameter Study by FEM Simulation [C] // 2016 17th International Conference on Thermal, Mechanical and Multi-Physics Simulation and Experiments in Microelectronics and Microsystems (Eurosime), 2016.

[29] Zarmai M T, Ekere N N, Oduoza C F, et al. Evaluation of thermo-mechanical damage and fatigue life of solar cell solder interconnections [J]. Robotics and Computer-Integrated Manufacturing, 2017, 47: 37-43.

[30] Geipel T, Moeller M, Kraft A, et al. A comprehensive study of intermetallic compounds in solar cell interconnections and their growth kinetics [J]. Energy Procedia, 2016, 98: 86-97.

[31] Geipel T, Moeller M, Walter J, et al. Intermetallic compounds in solar cell interconnections: Microstructure and growth kinetics [J]. Solar Energy Materials and Solar Cells, 2017, 159: 370-388.

[32] Parent J, Chung D, Bernstein I M. Effects of intermetallic formation at the interface between coppere and lead-tin solder [J]. Journal of Materials Science, 1988, 23 (7): 2564-2572.

[33] Tu P, Chan Y, Lai J. Effect of intermetallic compounds on the thermal fatigue of surface mount solder joints [J]. IEEE Transactions on Components Packaging and Manufacturing Technology Part B-Advanced Packaging, 1997, 20 (1): 87-93.

[34] Huang W, Palusinski O A, Dietrich D L. Effect of randomness of Cu-Sn intermetallic compound layer thickness on reliability of surface mount solder joints [J]. IEEE Transactions on Advanced Packaging, 2000, 23 (2): 277-284.

[35] Yang T L, Huang K Y, Yang S, et al. Growth kinetics of Ag_3Sn in silicon solar cells with a sintered Ag metallization layer [J]. Solar Energy Materials and Solar Cells, 2014, 123:

139-143.

[36] Zeng G, Xue S B, Zhang L, et al. A review on the interfacial intermetallic compounds between Sn-Ag-Cu based solders and substrates [J]. Journal of Materials Science-Materials in Electronics, 2010, 21 (5): 421-440.

[37] Sharma V, Chandel S S. Performance and degradation analysis for long term reliability of solar photovoltaic systems: A review [J]. Renewable and Sustainable Energy Reviews, 2013, 27: 753-767.

[38] Qin J, Zhang W, Bai S, et al. Study on the sintering and contact formation process of silver front side metallization pastes for crystalline silicon solar cells [J]. Applied Surface Science, 2016, 376: 52-61.

[39] Thibert S, Jourdan J, Bechevet B, et al. Influence of silver paste rheology and screen parameters on the front side metallization of silicon solar cell [J]. Materials Science in Semiconductor Processing, 2014, 27: 790-799.

[40] Fields J D, Ahmad M I, Pool V L, et al. The formation mechanism for printed silver-contacts for silicon solar cells [J]. Nature Communications, 2016, 7: 11143.

[41] Jiang J S, Liang J E, Yi H L, et al. Performances of screen-printing silver thick films: Rheology, morphology, mechanical and electronic properties [J]. Materials Chemistry and Physics, 2016, 176: 96-103.

[42] Hoenig R, Duerrschnabel M, van Mierlo W, et al. The nature of screen printed front side silver contacts-results of the project mikrosol [J]. Energy Procedia, 2013, 43: 27-36.

[43] Lin C H, Tsai S Y, Hsu S P, et al. Investigation of Ag-bulk/glassy-phase/Si heterostructures of printed Ag contacts on crystalline Si solar cells [J]. Solar Energy Materials and Solar Cells, 2008, 92 (9): 1011-1015.

[44] Wu S, Wang W, Li L, et al. Investigation of the mechanism of the Ag/SiN$_x$ firing-through process of screen-printed silicon solar cells [J]. Rsc Advances, 2014, 4 (46): 24384-24388.

[45] Schubert G, Huster F, Fath P. Physical understanding of printed thick-film front contacts of crystalline Si solar cells—Review of existing models and recent developments [J]. Solar Energy Materials and Solar Cells, 2006, 90 (18): 3399-3406.

[46] Kumar P, Pfeffer M, Willsch B, et al. Contact formation of front side metallization in p-type, single crystalline Si solar cells: Microstructure, temperature dependent series resistance and percolation model [J]. Solar Energy Materials and Solar Cells, 2016, 145: 358-367.

[47] Wu S, Li L, Wang W, et al. Study on the front contact mechanism of screen-printed multi-crystalline silicon solar cells [J]. Solar Energy Materials and Solar Cells, 2015, 141: 80-86.

[48] Thaulow C, Sen D, Buehler M J. Atomistic study of the effect of crack tip ledges on the nucleation of dislocations in silicon single crystals at elevated temperature [J]. Materials Science and Engineering a-Structural Materials Properties Microstructure and Processing, 2011, 528 (13-14): 4357-4364.

[49] Wiese S, Meier R, Kraemer F. Mechanical behaviour and fatigue of copper ribbons used as

solar cell interconnectors [C]// proceedings of the 2010 11th International Thermal, Mechanical & Multi-Physics Simulation, and Experiments in Microelectronics and Microsystems (EuroSimE), 2010.

[50] Hopcroft M A, Nix W D, Kenny T W. What is the Young's Modulus of Silicon? [J]. Journal of Microelectromechanical Systems, 2010, 19 (2): 229-238.

[51] Wiese S, Kraemer F, Betzl N, et al. Interconnection technologies for photovoltaic modules-analysis of technological and mechanical problems [C]// proceedings of the 2010 11th International Thermal, Mechanical & Multi-Physics Simulation, and Experiments in Microelectronics and Microsystems (EuroSimE), 2010.

[52] Wiese S, Meier R, Kraemer F, et al. Constitutive behaviour of copper ribbons used in solar cell assembly processes [C]// proceedings of the EuroSimE 2009-10th International Conference on Thermal, Mechanical and Multi-Physics Simulation and Experiments in Microelectronics and Microsystems, 2009.

[53] Taechung Y, Chang J K. Measurement of mechanical properties for MEMS materials [J]. Measurement Science and Technology, 1999, 10 (8): 706.

[54] Nakao S, Ando T, Shikida M, et al. Effect of temperature on fracture toughness in a single-crystal-silicon film and transition in its fracture mode [J]. Journal of Micromechanics and Microengineering, 2008, 18 (1): 015026.

[55] Lawn B R, Hockey B J, Wiederhorn S M. Atomically sharp cracks in brittle solids: an electron microscopy study [J]. Journal of Materials Science, 1980, 15 (5): 1207-1223.

[56] Chen J B, Fang Q H, Du J K, et al. Impact of process parameters on subsurface crack growth in brittle materials grinding [J]. Archive of Applied Mechanics, 2017, 87 (2): 201-217.

[57] Brede M, Hsia K J, Argon A S. Brittle crack-propagation in silicon single-crystals [J]. Journal of Applied Physics, 1991, 70 (2): 758-771.

[58] Zhao L, Bardel D, Maynadier A, et al. Crack initiation behavior in single crystalline silicon [J]. Scripta Materialia, 2017, 130: 83-86.

[59] Brun X F, Melkote N. Analysis of stresses and breakage of crystalline silicon wafers during handling and transport [J]. Solar Energy Materials and Solar Cells, 2009, 93 (8): 1238-1247.

[60] Buehler M J, van Duin A C T, Goddard W A. Multiparadigm modeling of dynamical crack propagation in silicon using a reactive force field [J]. Physical Review Letters, 2006, 96 (9): 4.

[61] Ikehara T, Tsuchiya T. Crystal orientation-dependent fatigue characteristics in micrometer-sized single-crystal silicon [J]. Microsystems & Nanoengineering, 2016, 2: 16027.

[62] Cramer T, Wanner A, Gumbsch P. Energy dissipation and path instabilities in dynamic fracture of silicon single crystals [J]. Physical Review Letters, 2000, 85 (4): 788-791.

[63] Chaturvedi P, Hoex B, Walsh T M. Broken metal fingers in silicon wafer solar cells and PV modules [J]. Solar Energy Materials and Solar Cells, 2013, 108: 78-81.

7 多主栅叠片双玻晶硅组件

7.1 引言

度电成本（levelized cost-of-energy，LCOE）是对整个系统生命周期成本和回报的现值评估。组件技术的发展和制造智能化能够为光伏发电度电成本提空更大的下降空间，推进平价上网的进度。组件的制造成本、效率、衰减率和使用寿命是技术革新的主要突破点[1]。高密度组件完美地契合了组件技术进步的需求和目标，不仅可以提高单位组件面积的能量密度（发电效率），还能减少组件的材料消耗的成本，以及节省土地和安装成本。此外，配合使用双玻技术，组件在实际使用的时候可以抵抗更复杂的外部环境，拥有更高的可靠性和耐久度。这是目前组件技术升级和更新换代具有明显优势的途径。

随着电池的薄片化和组件互联技术的不断升级和改革，在制造过程中提高组件的可靠性仍然是一项非常重要的挑战。为了能够及时预测组件制造过程中可能出现的可靠性问题，有限元模拟是分析组件制造过程各个材料物理变化的重要手段，对加强组件制造过程的风险防控有重要意义。数值模拟工具正越来越频繁地用于量化光伏组件的制造周期中的可靠性问题并且为各种失效和故障背后的原因提供有参考价值的物理模型[2]。有限元方法适用范围广而且直观，能够通过具体数值反应制造过程和服役过程中不同条件和场景下组件应力萌生到扩展的不同阶段的应力水平，从而进行合理的预测。

光伏组件的制造和服役过程主要涉及材料的热-机械力学行为，主要的失效形式包括晶硅电池的开裂、电池与铜带的互联失效、EVA 脱层及玻璃破损等。在对组件进行热-机械耦合模拟的过程中，模型结构、耦合条件、材料属性及边界条件等都对模拟结果起着至关重要的作用。因此，对不同情况下的模拟分析需要选取合适的变量参数。具体包括电池的焊接应力和疲劳寿命及层压过程中组件的应力演化等情况下的研究。此外，不同结构的电池焊带互联方式对晶硅太阳能电池的影响也会产生很大的差异。

光伏组件的带状互联非常重要。在焊接过程中，应力在太阳能电池焊点中产生，并在焊接后作为残余应力留在焊点中。焊接互联是光伏组件系统中非常容易产生失效的部分，因此是光伏组件退化的重要因素。研究报道[3]，在统计超过 80 万个组件的数据来验证组件寿命模型时，66% 的组件失效都是和焊接互联有关。Zarmai 等人[4] 采用 Garofalo-Arrhenius 蠕变模型模拟了焊料的降解过程。结果表明，在焊接过程中，诱导应力、应变和应变能对焊点产生影响且焊点累积蠕变应变和蠕变应变能越大，疲劳寿命越短。Bosco 等人[5]采用二维截面有限元模型研究了焊料层、铜和硅的厚度和设计对锡铅共晶焊点热疲劳寿命的影响并采用拉丁超立方抽样的统计方法模拟损伤对各变量参数的敏感性。实验证明，通过前玻璃和封装层测量硅太阳电池的热机械应力变化，共焦拉曼光谱可以应用于光伏组件分析。Beinerta 等人[6]采用线弹性模型模拟分析了焊接和层压过程中太阳能电池的应力状态，与共焦拉曼光谱下测得的实际应力值结果吻合较好。这也印证了有限元模拟的可靠性与真实性。

在组件的制造过程中，不同互联类型的结构对晶硅电池产生的应力和变形不同。对于截面为矩形的传统焊带互联结构，Ridhuan 团队[7]模拟和研究了光伏组件在层压过程中纵向截面的应力及互联线与电池厚度比与应力值的关系。研究发现，由于热机械应力导致的晶硅太阳能电池的变形主要集中并发生在电池边缘区域。此外，Dietrich 等人将 Weibull 失效概率模型引入对模拟结果的分析，发现当常规互联的电池间距小于 3mm 时，电池边缘开裂的概率将会增加 1.25 倍。对于背接触太阳能电池（IBC）的互联结构，Kraemer 等人[8]对比了这两种互联结构的光伏组件的力学完整性，发现在封装过程中不同的应力集中位置，与传统组件电池间隙边缘的高累计应变相比，背接触电池与层排的焊点连接部位会产生月牙形的高累积应变。Tippabhotla 等人[9]研究了封装材料对叉指式背接触光伏组件中硅电池应力的影响。模拟结果表明，封装材料的弹性模量和厚度对电池应力有显著影响。相反，封装剂的热膨胀系数对电池应力的影响很小。对于使用导电胶的叠瓦组件互联结构，Springer 等人[10]采用多尺度建模方法模拟和预测了加速应力测试条件和阳光照射下叠瓦太阳能电池组件中导电胶粘黏剂的脱层行为和降解驱动力。

晶硅太阳能电池在载荷作用下的断裂特性是影响硅太阳电池可靠性的一个关键因素[11]。Majd 等人[12]利用 Abaqus 中的扩展有限元法研究了裂纹的起裂温度和扩展速率与无铅互联条设计参数的关系，分析了铜带尺寸焊料厚度和电池表面银浆厚度在冷热工况下对组件热疲劳寿命和裂纹扩展演化的影响。此外，他们还研究了多主栅焊带中焊料涂层的不均匀性对晶硅电池产生微裂纹影响，用扩展有限元方法确定了微裂纹萌生温度和萌生位置并发现圆形焊带中铜偏离中心位置将会降低约 21% 的起裂温度[13]。Rendler 等人[14]研究了焊带参数对多主栅硅太阳能电池局部变形的影响及太阳能电池的焊接热应力分布。结果表明，焊带直径和焊带中铜的杨氏模量和屈服强度的降低有助于减小电池的弓形弯曲程度。多主栅太阳能电池两侧最外层焊点附近区域拉应力较大，将会是硅裂纹或焊接合金层的黏结失效概率较大的区域。

目前为止对于晶硅太阳能电池组件的有限元模拟主要集中于传统互联结构的

研究，对于多主栅互联结构的组件模拟也多聚焦于焊接应力，而对多主栅叠片互联结构封装过程中的应力演化研究的报道和关注较少。因此，对于多主栅叠片组件封装过程中的应力集中分布和演化规律的模拟和分析是非常关键的。

高能量密度封装是最近组件技术升级的热点，在有限的组件面积内提供更多的发电量一直是行业的不断追求。最早的高密度组件是利用导电胶互联的叠瓦组件，但是这种技术对于传统组件制造业是一项颠覆性的技术，无论是从电池的表面栅线的设计还是电池串联并联的方式及层压参数的改进都对传统的焊接互联带来了很大的挑战。这意味着整个生产线的重大调整和更换。因此，如何不改变原有的焊接互联实现电池的高密度互联成为新的方向。为此，国内研究人员[15, 16]使用三角焊带和超薄矩形焊带的拼接互联实现了组件电池的高密度互联。三角焊带为电池的串焊提供更精确的定位和更高的焊接稳定性，在避免偏移的同时，提供更多的反射光。

Schulte-Huxel 等人[17] 分别研究了基于焊带互联以及智能网栅互联技术（SWCT）的双面太阳能电池的无缝隙互联结构。发现在标准的层压过程中，在运用传统矩形焊带互联的情况下缩短电池间距，由于层压阶段中压力上升时的高机械应力，在层压过程中产生了裂纹会导致从一个电池的正面传递到下一个电池的背面的边缘处的严重断裂。在高压阶段，封装剂仍然是固体，并传递了大量压力到电池，没有起到保护电池和缓冲的作用，使得电池在厚度高达 $250\mu m$ 的不均匀的焊带互联结构周围弯曲，并导致电池开裂。为此，他们使用结构化的封装胶膜调整由电池厚度引起的高度差并通过改进层压参数提高升压阶段封装剂的流动性，减少层压隐裂，在两种互联技术上均实现了无隐裂。

Papet 等人[18] 利用智能网栅技术制造了重叠距离为 1mm 的 60 个电池的双面组件，并将之与电池间距为 3mm 的常规组件进行电学性能和组件老化实验的比较。结果表明，电池重叠的组件与常规有间距的组件的平均功率均为313W，双面率也接近 90%，两者性能接近。老化实验后的功率衰减在标准范围之内。这也表明在减少了组件的面积后，叠片组件的功率没有下降，整体能量密度更高。

7.2 多主栅叠片双玻组件的数值模拟与验证

7.2.1 多主栅叠片组件的数值模拟

在光伏组件的封装过程中，特别是层压过程中，不同材料之间、不同互联形式之间的机械应力和热膨胀不匹配系数（CTE）会导致晶体硅电池内部产生残余应力。这些残余应力往往会在电池内部形成局部微裂纹，导致组件的电气性能和可靠性显著劣化[19-22]。而且，为了降低成本，商用硅电池被做得越来越薄，从而降低了电池抵抗外部负载的能力。因此，在开发新的组件或者一些新的可能更脆弱的互联结构时，理解组件中电池的热机械问题是至关重要的。晶硅太阳能电池的机械失效与应力或应变有关，为了确保组间设计的合理性与可靠性，应力和应变的分布是模拟研究时首先要关注的问题。为了确保新设计的组件结构的可靠性不至于降低，制备过程需要与现有的工艺相比较。由于叠片组件的特殊结构，层压过程中的应力控制尤为重要。因此，有必要系统地了解光伏组件制造过程中的应力演化，并采取措施降低应力集中。

利用有限元软件 Abaqus 对多主栅叠片双玻组件的各项材料和部件进行建模，施加约束，建立层压条件下的载荷分布，并利用后处理系统对层压载荷下的组件进行数值模拟分析，通过控制关键材料的结构变量得出相应的应力值及变形量。采用温度位移耦合模拟层压条件下温度和真空室内压力对组件及其内部晶硅电池的应力应变变化规律，主要讨论焊带的互联结构和封装剂对电池应力应变的影响。

Abaqus 作为通用求解器，具有强大的仿真功能和热学和力学分析求解能力，广泛应用于温度场等领域的耦合分析。在此应用 Abaqus 软件中动态耦合的温度-位移耦合，模拟了多主栅叠片组件层压过程中的热应力演化过程。

7.2.1.1 多主栅叠片组件的建模

如图 7-1 所示，与传统矩形焊带互联相比，多主栅叠片双玻组件的主要区别在于焊带焊接互联与层压工艺的控制。在建模过程中，电池并不是处于一个平面状态的，而是具有相互重叠的部分，类似多米诺骨牌效应的叠片状态。在每个叠片区有扁平焊带连接，电池表面的焊带为圆柱形线状。此外，由于玻璃相对于传统背板刚度更强，因此双层玻璃结构的层压表面压力分布会更加均匀。

模型的核心部件主要包括——两片重叠的半片电池，上下两层 EVA 和玻璃，该型号的 9 主栅半电池外形尺寸长×宽×高为 158.75mm×79.375mm×0.18mm，主栅间距为 16mm。半片电池重叠距离被设计为 0.5mm，以最小化覆盖损失。圆形焊带的重叠区域的扁平截面是由整形机构挤压形成的，所以宽度随截面厚度的变化而变化，以保证恒定的截面积。直径为 0.3mm 圆形焊带的截面积为 0.0707mm^2。重叠扁平区域的厚度和宽度如表 7-1 所示，压扁部分的长度为 7mm。为了降低计算机操作的复杂性，在模型中忽略了电池上的钝化层和银电极。在实际的电池与电池的互联中，重叠区域的焊带只用于传输电流，处于电池边缘的不焊接区域，由于本次模拟的主要研究对象是主栅与电池未焊接重叠部分的电池区域，因此假设带状为铜线，金属间化合物（IMC）层对模拟结果没有实质性影响，在焊接区域忽略合金层。此外，对重叠区域的网格进行局部细化，避免了应力集中时的网格变形，提高了计算精度。由于圆形焊带与电池焊接在一起，因此将圆形焊带焊接面与电池表面绑定在一起。

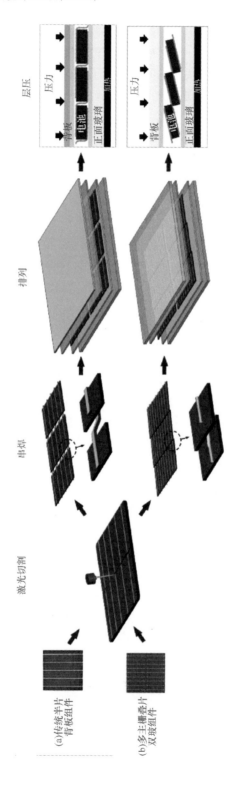

图 7-1 传统半片背板组件与多主栅叠片双玻组件的制造流程示意图

表 7-1 圆形焊带重叠扁平区域的截面尺寸

厚度/mm	0.16	0.15	0.14	0.13	0.12
宽度/mm	0.44	0.47	0.50	0.54	0.59

7.2.1.2 多主栅叠片组件的材料参数与载荷

在仿真研究中，采用 8 节点热耦合单元（C3D8T）对三维模型进行仿真，该单元对于弯曲变形的所需计算单元数较少，对位移产生的应力值计算更为精确，适用于本模型中材料的弯曲及应力集中问题的求解。有限元模拟所涉及的基本材料特性如表 7-2 所示。为了准确模拟材料各部位热膨胀系数不匹配引起的热机械应力，将随温度变化较大的材料性能设定为温度相关。在不同的温度下，EVA 的弹性模量和黏度会有很大的变化。为了更真实地模拟层合过程中压力和温度对构件的影响，将 EVA 视为黏弹性材料，黏弹性参照参考文献[23]。选择 Prony 级数，子选项选择带有 WLF 参数的转换函数。在部件结构和网格相同的情况下，尽管 EVA 的线性黏弹性模型比线性弹性模型要花费更多的计算时间，但模拟的精度和真实性更接近实际情况。在网格设置中，由于焊带的尺寸较小，形状较为复杂，因此细化对焊带的网格划分，同时采用六面体网格和四面体网格，将网格检查的错误和警示区域降低到零。层压过程包括预热、加压和保压三个阶段。层压压力和温度如图 7-2 所示。首先，将组件温度加热到 80℃，随后，在组件前玻璃上以均匀压力的形式施加 0.1MPa 的外荷载，同时将温度升高到 150℃ 左右，经历约 10min 的层压时间，最后卸去层压压力风冷到室温。

表 7-2 有限元模拟中各个部件的材料参数

材料	杨氏模量 E		泊松比 ν	密度 ρ /g·cm^{-3}	CTEα	
	数值/MPa	温度 T/℃			数值/℃$^{-1}$	温度 T/℃
玻璃	73000	—	0.235	2.5	9×10^{-6}	—
硅电池	170000	—	0.28	2.329	2.73×10^{-6}	47
					2.92×10^{-6}	67
					3.04×10^{-6}	87
					3.15×10^{-6}	107
					3.25×10^{-6}	127
					3.34×10^{-6}	147

续表 7-2

材料	杨氏模量 E		泊松比 ν	密度 ρ /g·cm⁻³	CTEα	
	数值/MPa	温度 T/℃			数值/℃⁻¹	温度 T/℃
焊带	85700	25	0.3	7.329	$16.22×10^{-6}$	0
					$16.60×10^{-6}$	30
	82000	125			$16.91×10^{-6}$	60
					$17.22×10^{-6}$	90
	79200	150			$17.53×10^{-6}$	120
					$17.76×10^{-6}$	150
EVA	10	40	0.4	0.945	$270×10^{-6}$	—
	1.9	65				
	1.2	73				
	1	78				
	0.95	130				
	0.9	150				

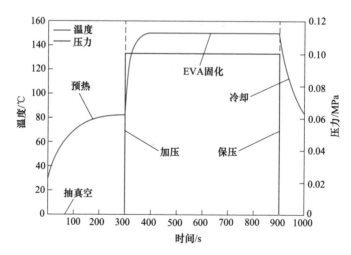

图 7-2 层压过程中三个阶段的压力和温度随时间变化曲线

如图 7-3 所示，为了模拟实际层压状态，将组件底部玻璃下表面设置为完全固定状态。由于在真实层压过程中，会将组件用带孔高温胶带进行封边，防止 EVA 的溢出，因此将组件周围平面施加约束阻止其外溢性横向移动。

7.2.1.3 多主栅叠片组件的数值模拟结果

模拟结果分析了组件层压过程中多主栅叠片组件内电池整体和局部应力的演

图 7-3 模型边界条件和载荷分布

化及影响因素，确定了最容易产生局部应力集中的位置，并表明重叠区域的扁平焊带的几何形状和封装剂的厚度对电池表面的应力有很大的影响。

A 层压过程中电池的应力演化过程

如图 7-4 所示，以叠片区域焊带扁平厚度为 0.14mm 和两层 EVA 的厚度为 0.55mm 的多主栅叠片双玻组件为分析实例，讨论层压过程中硅电池内部应力的演化和变形及应力集中的分布情况。在预热阶段，光伏组件温度从 25℃ 上升到 80℃，且组件无外部压力。在 80℃ 时，EVA 开始熔融，但没有交联，这使得 EVA 具有较低的黏度和较高的流动性，可以在加压过程前填充到组件内部。影响这一阶段应力的主要因素是每种材料热膨胀系数的失配。从图 7-4（a）的应力云图中可以看出，预热后电池表面的最大应力约为 25MPa，重叠区域中扁平带附近的电池应力相对较低，约为 8MPa，说明在此阶段，由于低温无压力，电池整体的应力水平较低，叠片区域处没有应力集中的产生。从图 7-4（a）中的局部变形放大图可以看出，焊带上下面两片电池的变形不明显，说明预热对重叠电池的应力变化和变形影响不大。

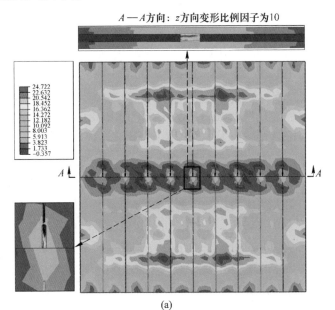

A—A方向：z方向变形比例因子为10

（a）

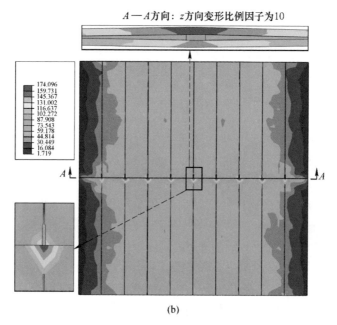

图 7-4　层压过程中硅电池重叠区域的变形和主应力的演化（z 方向放大 10 倍）

(a) 预热后（80℃，无外部压力）；(b) 加压后（150℃，0.1MPa 连续加载外部压力）

图 7-4（b）为温度升高到 150℃ 并加载外部压力下的电池应力云图和变形图。由图 7-4（b）可以看出，电池整体区域的应力值在 100MPa 以下，最大主应力集中分布在电池与焊带扁平部位接触的重叠区域的中心，约为 170 MPa，呈现直径约 2mm 的扇形半圆状。图 7-4（b）中垂直于电池表面的截面图显示了重叠区域电池的弯曲变形。当变形比例因子调整到 10 时，可以清楚地观察到与焊带扁平区接触的硅电池的拱起变形，虽然这种变形距离较小，但是变形宽度窄，挠度大，尽管晶硅电池有一定的韧性，但本质上仍然是非常易碎的脆性材料，因此这种局部变形很容易造成应力集中。此外，0.1MPa 压力下的连续加载和高温下材料热膨胀的不匹配是导致应力加剧的关键因素。

B　焊带压扁区域和 EVA 的厚度对电池的应力应变的影响

为了更直观地体现材料的厚度对电池应力和变形的影响，将不同材料厚度下的应力演化过程中最大主应力达到极大值的云图罗列在图 7-5 中。在图中，每个图的应力范围设置为 0~240MPa 这个区间，这样就可以更加清晰地利用颜色来区分应力值的大小。从图 7-5 中可以看出，首先在应力集中区，呈现高亮的红色，这部分应力将会大大增加电池开裂的风险，而在红色应力集中区域的周围，应力值有明显的降低，并且由每片电池的重叠处向内部延伸，此时应力比较缓和。这种应力值较大的突变对电池是不利的。此外，两个关键参数对重叠区域电池应力影响都非常大。图中从上往下及从左往右可以看出，增加 EVA 的厚度并且降低焊带的压扁程度将会大大减轻红色热点区域的范围，降低硅电池重叠区域的应力集中和开裂风险。

图 7-5　层压过程中不同材料参数下重叠区半电池的最大主应力云图
(f 为焊带扁平区域厚度，e 为 EVA 厚度)

应力集中在硅电池中是层压过程中变形的结果。将应力集中区的节点应力应变数据导出并汇总得到图 7-6 和图 7-7 (a) ~ (c) 的演化图，可以看出，最大主应力和对数应变在预热阶段均处于较为平缓的状态，在层压加热加压阶段的早起呈平缓上升趋势，在后期达到极大值。应力集中主要发生在 EVA 固化后期。图

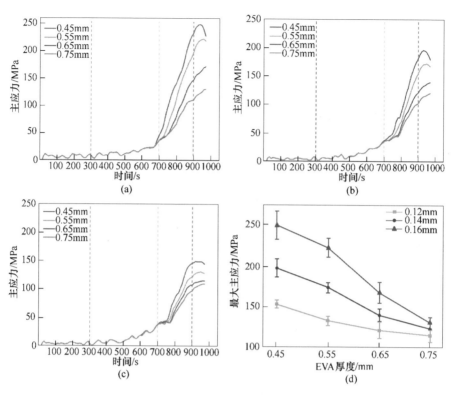

图 7-6　层压过程中重叠区半电池的最大主应力演化图

焊带扁平区域厚度：（a）0.16mm；（b）0.14mm；（c）0.12mm

7-6（d）和图 7-7（d）为 EVA 厚度和焊带扁平区域对重叠电池应力集中区域的影响。当焊带的扁平区域厚度不变，EVA 厚度分别为 0.65mm 和 0.75mm 时，电池表面的应力较小，EVA 具有良好的缓冲作用。EVA 厚度小于 0.65mm 时，缓冲作用随着 EVA 厚度的减小而减弱，这是由于封装剂在双层玻璃腔内填充不完全造成的，封装剂包裹后的余量较小，无法为不平坦的叠片电池提供很好的抵抗压力的强度。当包封剂厚度足够时，随着 EVA 用量的增加，缓冲作用有一定限度，再增加厚度对于应力缓冲的效果也就不明显了。因此，为了减少局部应力，节约成本，EVA 厚度为 0.65~0.75mm 是最佳尺寸。此外，焊带的压扁程度是影响变形和应力的关键因素，因为它可以增加接触面积，降低电池的弯曲挠度。然而，焊带的压扁有一定的限制，这将在后续的实验中确定。从数据可以看出，0.12mm 的压扁区域对于降低应力和应变非常明显。

Mises 应力通常作为衡量塑性材料屈服的力学指标，是一种对各个主应力计算后的等效应力。如图 7-8 所示，虽然从 Mises 应力和主应力的对比可以发现，两者的走势大体相同，但是应力值相差较大，Mises 应力值约为最大主应力的 1.5

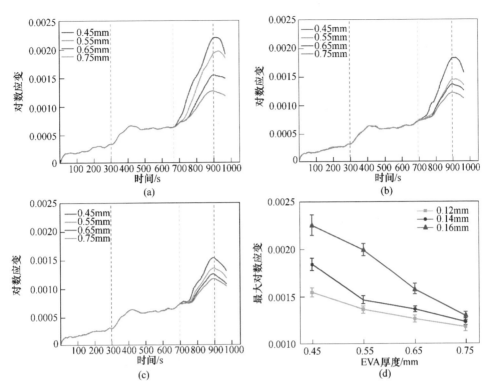

图 7-7 层压过程中重叠区半电池的对数应变演化图

焊带扁平区域厚度：（a）0.16mm；（b）0.14mm；（c）0.12mm

倍。尽管在上述模拟中发现了硅电池的变形翘曲，但这种变形相较于塑性材料仍然是较小的，硅电池的脆性使得在选取应力标准时最大主应力值比 Mises 更接近真实情况。因此，在模拟分析时以最大主应力为第一参考应力。

C 层压过程中焊带的应力

当电池产生应力集中时，对压扁区域为 0.16mm 的焊带也进行了应力分析，如图 7-9 所示，图中将纵向的变形放大了 10 倍。可以看出，焊带虽然存在一定的变形，但对于以柔软的铜为主材料的焊带来说属于正常的变形范围。最大主应力的区域在电池与焊带未压扁的圆形区域的焊接部位的末尾焊点处，而通过 Mises 应力和剪切应力云图可以看出，在焊带的圆柱形区域与扁平区域的交界处形成了以剪切应力为主的局部应力热点，此区域也是焊带整形过程中的过渡区和薄弱的环节。这种剪切应力的集聚可能会对焊带的电连接性能的长期可靠性产生不良的影响。

7.2.2 多主栅叠片组件的实验验证

焊带在串焊过程会受到焊带整形装置的挤压成型及牵引装置的夹取拉伸，因

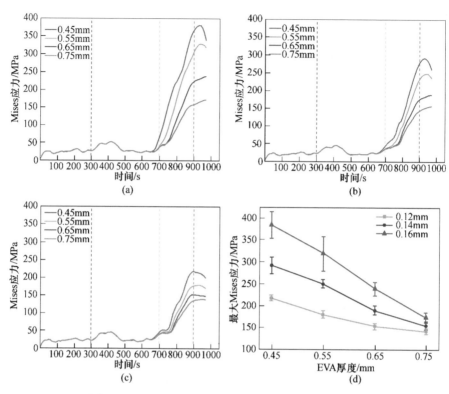

图 7-8 层压过程中重叠区半电池的 Mises 应力演化图

焊带扁平区域厚度：（a）0.16mm；（b）0.14mm；（c）0.12mm

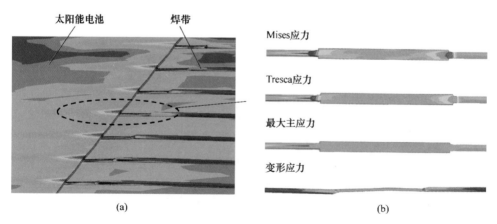

图 7-9 层压过程中重叠区焊带的应力和变形云图

（a）整体应力变形图；（b）焊带应力变形图

此需要保持一定的拉伸强度才能避免在串焊过程中被拉断。焊带强度过低会导致在后续的生产工序及实际服役过程中电池电连接失效风险的增加，大大降低组件的整体功率和使用寿命，甚至造成短路或者短路而成为一种安全隐患，因此焊带的整形过程必须满足一定的拉伸强度。图 7-10 为直径 0.3mm 圆形焊带局部扁平厚度对抗拉强度的影响。为此，截取一定长度的焊带并在中间 7mm 长度的区域对焊带进行整形，并利用万能拉伸试验机进行抗拉强度的测试。结果表明，当局部压扁厚度超过 0.12mm 时，拉伸强度略有下降，此时焊带强度仍能保持在 200MPa 以上。当拉伸强度小于 0.1mm 时，拉伸强度急剧下降，可能导致夹爪牵引时压扁焊带的断裂。当压扁厚度小于 0.10~0.11mm 时，焊带强度下降较为明显，尽管仍然有 180MPa 的强度，但还是不能保证整形厚度的良率，因此也有焊带拉伸失效的风险。因此，焊带压扁的极限厚度应该控制在 0.12mm 以上。此外，通过对压扁焊带的电阻率测试发现，压扁并没有对焊带的横截面积产生较大的影响，因此整形后的焊带电阻率没有明显的变化。

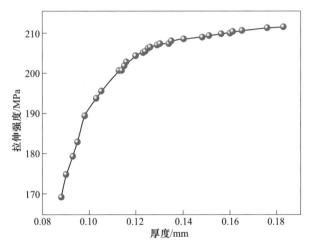

图 7-10　拉伸强度与圆形焊带扁平区域厚度关系曲线图

　　为了验证模拟结果的可靠性，通过手工焊接对两个半片电池进行叠片和串焊并封装层压，层压后实物图如 7-11（a）所示，在层压过程中，每个小组件均在四周加装了防过压工装。图 7-11（b）~（f）为小重叠半电池模块在层压过程中不同扁带厚度下的 EL 图像。在层压之前，半电池的电致发光图像都是无裂纹的。实验结果表明，当焊带压扁厚度大于 0.13mm 时，在电池重叠部分出现叉状的微小裂纹，裂纹发生的概率与压扁厚度成正比。裂纹的发生概率与有限元模拟结果高度一致，说明较宽和较薄的局部压扁带可以显著降低电池上的应力集中。从EL 图像可以清晰地观察到，裂纹从重叠的中心起裂，并沿 45°方向扩展，这与晶体硅的晶面方向一致。裂纹的起裂位置和扩展范围对应于应力云图的应力集中区域。此外，两个半片电池的其他区域并没有发现任何的裂纹。

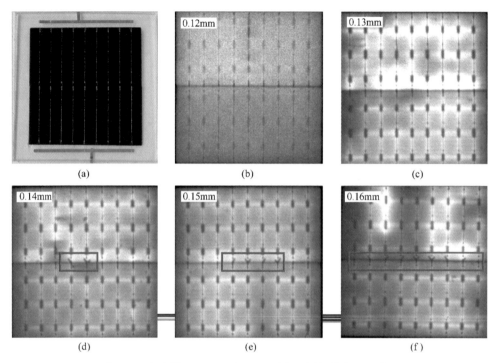

图 7-11　实验样品（a）和层压后厚度不同焊带扁平区域的
两个半电池多主栅叠片双玻小组件的 EL 图像（b~f）

在数值模拟经过小片组件的验证后，为了进一步验证其工业的可制造性，手工制作了 18 个半片的方形组件，所有焊带的压扁部位均通过螺旋测微仪检测在 0.12~0.13mm。图 7-12 为未加装防过压工装和加装防过压工装后组件层压的 EL 图像。可以看出，未加装防过压工装的组件叠片区域均发生了不同程度的隐裂，而加装防过压工装后 18 片电池的每个焊带处均没有裂纹的产生。这说明叠片组件对于应力均匀的要求非常高，而数据模拟是在理想状态下对组件玻璃表面均匀施加应力，实际生产中的应力分布没有那么均匀。测试的结果证明，加装防过压工装是多主栅叠片组件必不可少的一个环节。制作过程出现的虚焊在机械化生产过程中可以避免。

为了确定层压过程中重叠部位的封装剂填充情况，将组件玻璃与 EVA 接触的表面贴上高温布，高温布与 EVA 之间是不黏的，层压后，可以得到单独封装剂与多主栅叠片小组件的无玻璃结构，用金刚线线切割机两主栅之间的电池重叠区域，再观察封装剂的填充程度。图 7-13 为层压后重叠区域截面的 SEM 图像，图中红色区域表示 EVA，黄色区域表示硅电池。从图像中可以清晰地观察到，EVA 均匀地填充了电池之间重叠的间隙。从图 7-14 的元素分布可以看出，硅元

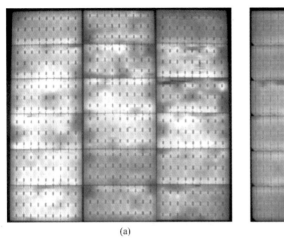

(a)　　　　　　　　　　　　　　(b)

图 7-12　未加防过压工装（a）和加防过压工装层压后（b）
多主栅叠片双玻组件层压后的 EL 图像

素（表示电池）之间分布着 C 元素（表示封装剂），其元素分布的距离之比约为
1.8 : 1.3，这和电池和焊带扁平区域的厚度之比相等。说明 EVA 可以有效填充
该厚度的焊带扁平区域的间隙。

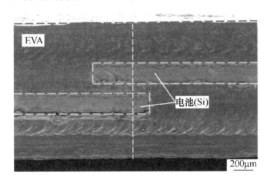

图 7-13　层压后重叠区域截面的 SEM 图像（图中白色虚线为 EDX 扫描路径）

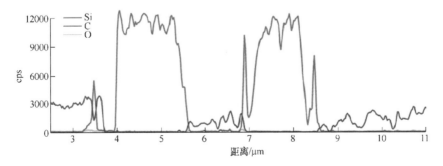

图 7-14　层压后重叠区域截面的 EDX 图像

结合有限元分析和试验结果，提出了重叠区域电池开裂的破坏模型，如图7-15所示。焊带扁平区域的厚度和与电池的接触面积是关键因素。封装剂的充填程度和用量是缓解局部应力的关键。在预热过程中，熔融流动的 EVA 逐渐填补重叠区域的空隙。在加压阶段，充足的封装剂可以为组件提供更大的韧性，以抵抗外部压力，而具有更大接触面积的扁平带可以减少电池的弯曲。如果这些条件不被满足，较小的接触面积就很容易引起应力集中，较厚的焊带会增加压下弯曲的程度，最终导致局部微裂纹的产生。在重叠区域电池处外部的微裂纹产生使电池拉伸、内部挤压的趋势，最终集中于一点爆发并沿着 45°角晶面方向开裂。

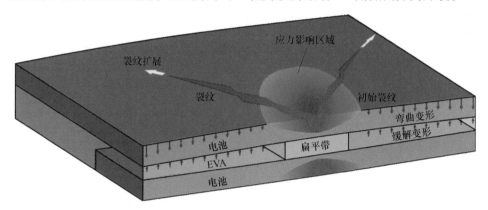

图 7-15　重叠区域电池开裂的失效模型示意图

7.3　多主栅叠片组件的制备工艺及性能

7.3.1　P 型双面多主栅 PERC 电池的切割性能

多主栅叠片双玻组件的制备主要涉及电池切割、多主栅圆形焊带的整形和焊接及组件的层压。每个环节的工艺控制都对制备出无隐裂的叠片组件及降低组件的电性能损耗极为关键。首先，对于太阳能电池切割的工艺参数的选择会显著影响太阳能电池的断面切割质量和电学性能，而不当的工艺参数选择可能会导致熔渣、热影响区加剧及微裂纹等，进而影响切割效率并对成品组件的电性能损耗加大。此外，作为常规组件的一种升级和提效方式，需要对多主栅叠片组件的理论和实际发电性能进行对比并通过可靠性测试保证其具有在实际环境下保持稳定工作的强度。

叠片组件的制备首先涉及的是晶硅太阳能电池的切片分片过程。激光切割通过激光的局部快速烧蚀作用在电池片的表面加工出一道切割凹槽，然后通过机械臂吸附两半电池并沿着切割的轨迹进行物理分片。由于光热切割会对电池切割表面产生一定的损伤及粉尘，在电池边缘区域积聚一些残余应力，这些损伤和应力有可能在后续的搬运、焊接、层压及实际运用过程中成为裂纹萌生和扩展的源头，因此对于切割面的微观断面形貌的分析和控制非常关键，针对不同类型的电池，这主要取决于对切割过程各项工艺参数的把控。电池的切片过程主要有激光切割及机械性的外力分片这两个过程。切割深度、热影响区域的大小、断面质量都会影响切割分片后晶硅电池的各项电性能参数。在调节好聚焦光斑后，主要通过控制工艺参数优化切割质量和降低功率损失。

7.3.1.1 切割面

为了对比切割面对电池性能的影响，分别从正背面对电池进行切割，对热影响区进行观测并测试电性能数据。从图 7-16 可以看出，正面切割会有少量碎片飞溅到电池表面，而背面切割基本没有碎片。从图 7-17 可以看出，正面切割对电池的损伤较大，其各项电性能衰减相比背面较大。其主要原因是太阳能电池的扩散层主要位于正面减反射膜层与硅基底的交界处，所以局部高温的切割会导致扩散层损失和截面 PN 结处载流子复合的加剧，导致电性能的下降。而机械分片

图 7-16 P 型 PERC 单晶 166 双面电池正背面切割对比图

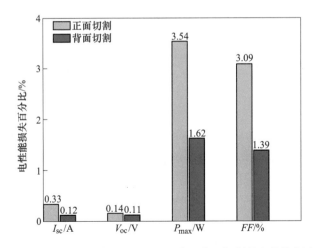

图 7-17 P 型 PERC 单晶 166 双面电池正背面切割的电性能损失图

没有高温的影响和热蚀过程对截面的破坏，物理影响区域比光热作用产生的热影响区域要小，因此损伤较小，分片区域截面也比较平整光滑。无论是从截面微观形貌还是电性能衰减，选择从双面晶硅电池的背面进行切片都是更加优化的选择。

7.3.1.2 切割次数

切割次数主要影响太阳能电池的切透程度和切割深度，如图 7-18 所示。随着切割次数的变化，光热作用的影响区域也会相应地增大，激光开槽的深度及槽宽会随着次数的增大而增大。当切割次数为一次时，可以看出槽线不分明，两半电池之间可能会存在局部粘连未切透的情况，这时如果进行强制性的机械分片，可能会造成局部的裂片或者缺角，影响电池的电性能并造成两半片电池之间的电流电压出现差异，由于电池的串并联排布，电流电压的失配将造成组件较大的功率损失。从切割损失数据来看，当切割一次时，由于深度不够，虽然切割损失较少，但相应的机械分片对功率的损失会大大增加。当切割次数为三次时，虽然两半片电池切割区域分明，但同时切割损失及光热影响区域也会增大，尽管机械分片的损失相对下降，但切割损失大幅度上升。同时，切割次数的增加会相应地减少切割效率，减少出产量。当激光切割次数为两次时，切槽分明没有粘连，呈线性状，切割深度在 55% ~ 60%，深度较为合适。此外，从电性能的比对可以看出，机械分片后的电性能损失相对较小，因此选择对电池进行背面切割两次是较好的选择。

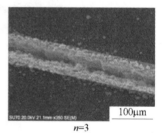

图 7-18 P 型 PERC 晶硅电池切割的热影响损伤区域图

（n 为切割次数）

7.3.1.3 划片速度

为了更直观地观察切割速度对截面切割质量的影响，设置切割一次并保持其他参数保持不变。划片速度主要影响切割面的深度及峰值功率的切割幅度，随着划片速度的提高，激光作用在电池表面的时间会相应缩短，切割深度也会减少。图 7-19 为切割速度对切割断面的影响。图中对切割深度进行了测量，切割深度占总厚度的比例为 L_1 与 L_2 的比值。激光切割时，损伤阈值随脉冲持续时间的减小而增大，当切割速度为较慢的 60mm/s 时，意味着对同一个区域的激光打点间隔会缩短甚至出现重复，虽然热影响区和未切透区的界限分明，但这也意味着光热作用的烧蚀过程持续时间更长，损耗的电池也更多，这对于电池是不利的，过度的热蚀会降低材料的损伤阈值，导致电池切割和分片过程中集聚更多的内应力，由于硅电池的脆性，在之后的制造过程中会有产生裂纹的风险。尤其是对于叠片组件，因为叠片组件对于硅电池边界处的应力损伤阈值要求更高。当激光切割速度为 80mm/s 时，平均切割深度下降，由峰值功率产生的切割边缘呈现锯齿状，这种切割形式产生的激光热蚀坑较严重，坑洞尖端较易成为分片时裂纹的萌生点，并随着分片过程扩展。进一步提高划片速度，锯齿状的切割线逐渐变成波浪状，这种波浪状的切割边缘在两次切割后会变得较为平整，切割深度也比较均匀，机械分片后不易产生微裂纹。但是，切割速度也不宜太快，否则会导致电池未切透，从而增加机械分片过程的电性能损失。需要说明的是，切割功率不变，切割速度加大的时候可以相应地加大切割频率。但是也存在一定的限度以避免激光能量的过度积累。此外，当切割频率和速度加大时，尽管增大激光功率可以提高切割深度，但与此同时光热作用区域也会扩大，带来不必要的切片损失。

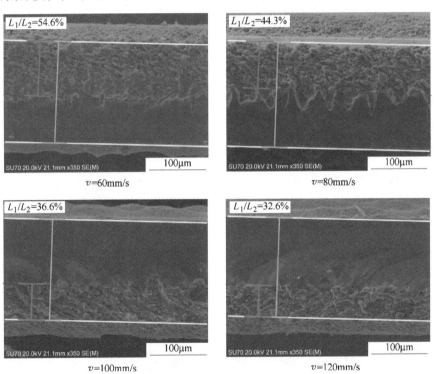

图 7-19 切割速度对 P 型 PERC 晶硅电池切割断面的影响

7.3.1.4 切割三要素

激光切割功率、激光切割频率及占空比是三个重要的激光切割参数。固定占空比为50%，激光切割频率 f 决定了脉冲时间 T，公式如下：

$$T = \frac{1}{f} \tag{7-1}$$

脉冲宽度 t 由脉冲时间 T 和占空比 D 决定：

$$t = \frac{1}{f} \times D \tag{7-2}$$

由平均功率 P 可以得出峰值时候的脉冲功率 P_{max}：

$$P_{max} = \frac{P}{D} \tag{7-3}$$

如图7-20所示，激光切割尺寸的激光功率主要决定切割深度和热影响区。在被面切割两次的情况下，当平均激光功率为6W时，切割深度仅为整个切割面的17.2%，这显然不利于后续的机械分片；当能量加到18W，接近20W的极限功率时，切割深度近乎于切透，不仅热影响区域非常广，对电池结构的损伤也很大，此时切割区域附着有较多的深色熔渣。当切割功率在12W左右时，切割深度处在55%~60%，有利于机械分片降低碎片率。

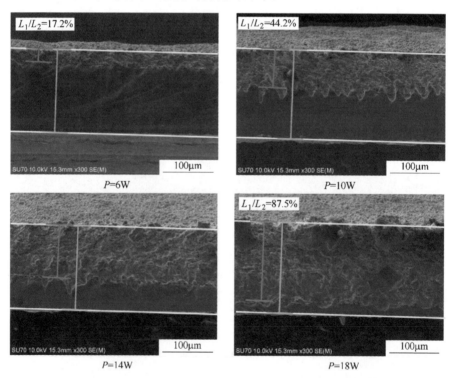

图7-20 切割功率对 P 型 PERC 晶硅电池切割断面的影响

图7-21为切割一次时激光切割频率对断面质量的影响，激光切割频率影响

着脉冲时间和宽度，当切割频率变快时，每一个脉冲时间变小，单个脉冲能量下降，切割深度也就变薄了，为了确保足够的切割深度，控制切割频率在 30 ~ 40kHz 之间。

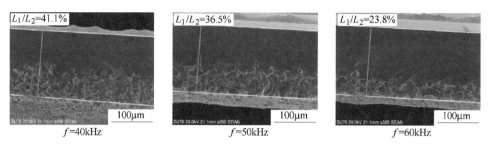

图 7-21　切割频率对 P 型 PERC 晶硅电池切割断面的影响

如图 7-22 所示，经过对 P 型 PERC 电池的背面两次切割，控制切割参数的方式，汇总了分片后总的最大功率的损失。可以看出，在 12W 的切割功率下，当切割频率为 36kHz，切割速度为 100mm/s 时，最大功率的损耗相对较小，约为0.7%。此时的电池各项性能参数如表 7-3 所示。

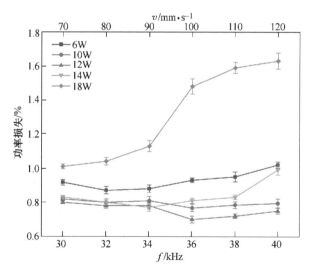

图 7-22　切割频率对 P 型 PERC 晶硅电池切割断面的影响

表 7-3　最佳工艺参数下电池的电性能数据

参数	P_{mpp}/W	I_{max}/A	V_{max}/V	I_{sc}/A	V_{oc}/V	FF/%
切割前	6.17	10.46	0.590	11.09	0.686	81.10
切割后	6.127W	10.456	0.586	11.081	0.685	80.73

7.3.2　多主栅叠片双玻组件的电性能计算

晶硅太阳能电池从切割到封装集成制作成光伏组件的过程通常会导致组件功率与初始太阳能电池总功率有较大的差异。这些变化主要是由材料的透光特性、电互联的物理特性及焊带的几何反射效应引起的。初始太阳能电池和最终组件的最大功率比（cell-to-module power ratio，CTM）是描述组件在封装过程中出现功率损失的一种直观表现，其组成部分有很多，即受到很多封装因素的影响，因此，对于 CTM 的计算也是一项繁琐的工程[24, 25]。与常规组件相比，由于多主栅叠片双玻组件在电池排布、焊带互联方式与结构透光性等方面均有较大改动。

7.3.2.1　封装材料光损失

光伏组件封装过程中主要的光学损耗来自封装材料的反射和吸光损失及电池表面的遮挡损耗。如图 7-23 所示，当光从空气中入射到晶硅电池表面的过程中，辐照度被空气、前表面镀膜低铁超白玻璃及封装剂 EVA 这三种材料部分吸收导致到达电池表面的电性能损耗衰减。不仅如此，入射光在不同介质界面中会有不同程度的反射。由于对组件的 I-V 测试是在模拟器直射的情况下，因此在计算过程中假设折射角为 90°，也就是入射角为 0°，此时反射率遵循 Fresnel 式（7-4），而减反射膜的反射率遵循式（7-5）。在整个计算过程中，由于反射光的二次反射对反射率的影响非常小，因此为了简化计算，忽略这部分二次反射光。除不同材料对光的反射外，材料本身会吸收一部分光，被材料吸收后的光强和其吸收系数和厚度有关。由于材料的吸收系数和折射率都是波长相关的函数，为了简化计算，近似地采取平均值，忽略不同波长的影响，吸收系数主要根据文献换算得出。不同材料的折射率及光吸收率参考表 7-4，由于二氧化硅减反射膜层非常薄，因此忽略其对入射光的吸收。对于减反射膜，光学厚度为波长的 1/4 且折射率较低是最好的。在这里假设厚度为 0.12mm，折射率为 1.23。计算后得到的界面反射率记录在表 7-5。

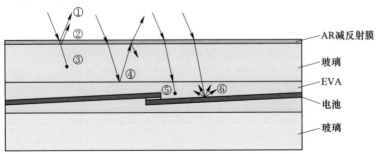

图 7-23　入射光在多主栅叠片双玻组件中的光学路径模型

表 7-4 双玻晶硅电池组件各介质的光学参数及尺寸[27-32]

介质	SiO_2	玻璃	EVA	SiN_x	Si
厚度 d/mm	0.12	2.5	0.6	0.1	180
折射率 n	1.23	1.5048	1.48	2.3	3.8

表 7-5 双玻晶硅电池组件各个界面的反射率

界面	空气-SiO_2-玻璃 R_1	玻璃-EVA R_2	EVA-SiN_x-Si R_3	空气-SiN_x-Si R_4
反射率 R/%	0.00072	0.0069	0.0937	2.6869

$$R = \frac{(n_1 - n_0)^2}{(n_1 + n_0)^2} \tag{7-4}$$

式中，R 为界面的反射率；n 为界面两侧物质的折射率，空气折射率为 1。

$$R = \frac{(n_c^2 - n_0 n_1)^2}{(n_c^2 + n_0 n_1)^2} \tag{7-5}$$

式中，n_c 为减反射膜材料的折射率；n_0 和 n_1 分别为膜层两侧介质的折射率。

$$I_1 = I_0\,e^{-kd} \tag{7-6}$$

$$A = 1 - e^{-kd} \tag{7-7}$$

式中，I_0 为进入该层材料时的光强（去除界面反射后的光强）；k 和 d 分别为材料的吸收系数和厚度；A 为吸收率。

$$I = I_0 \times \prod_{i=1}^{3}(1 - R_i) \times \prod_{i=1}^{2}(1 - A_i) \tag{7-8}$$

式中，R_1、R_2 和 R_3 分别为四个界面的反射率；A_1 和 A_2 分别为玻璃和 EVA 的吸收率。根据文献换算，2.5mm 超白玻璃的吸光率 A_1 为 0.8%[26]。通过透光度测试仪测得层压后的 EVA 透光率约为 92%，通过反推计算得出 EVA 的吸收率 A_2 约为 0.64%。

通过以上计算，可以知道光强到达电池硅基底的表面的损失约为 1.5347%。也就是光强约为入射光的 98.4653%。而电池片测试时是在空气中进行的，测试时实际光强是入射光的 $1-R_4$ 倍，约为 97.3131%。通过等效计算，到达电池表面的实际光强约为测量值的 101.184%，也就是说，虽然封装材料有光损失，但是相比空气中的测量光损失更小，等效后实际的光学增益为 1.184%。

7.3.2.2 遮挡损失

如表 7-6 所示，多主栅叠片双玻组件的遮挡损失主要包括两个方面，一是电池焊接时圆形焊带对电池片的遮挡，二是电池叠片时的重叠遮光损失。多主栅采用 0.3mm 直径的圆形焊带焊接，166 半片电池的面积约为 13707.6mm^2。半片电池中每条主栅线的长度及线宽约为 67.338mm 和 0.1mm，则每块电池栅线处的遮挡面积约为 121.2084mm²，减去细栅线的因素，则每块电池栅线处的遮挡面积约为 116.7084mm²。由于焊带牵引和串联等，非焊接面积的遮挡约为每条栅线外 17mm，此时每个半片遮挡面积约为 45.9mm²。所以每个半片的焊带遮挡面积约为 162.6084mm²。按照电池片的间距为 -0.5mm，每个半片的重叠遮挡面积约为 82.0034mm²。总遮挡面积为 244.6118mm²，约占总面积的 1.784%，也就是相当于降低了 1.784% 的光强。

表 7-6 多主栅叠片双玻组件每块半片电池的遮挡面积

项目	主栅线处遮挡	非焊接处遮挡	焊带总遮挡	重叠处遮挡	总遮挡
遮挡面积/mm²	116.7084	45.9	162.6084	82.0034	244.6118
遮挡比例/%	0.8514	0.335	1.1863	0.598	1.784

7.3.2.3 非覆盖面积损失

以上两种光学损耗主要是对电池的功率起到损耗作用，减少了电池表面的直接光照强度。除此之外，另一种损耗则是组件的非电池覆盖面积，这部分是组件无法避免的，主要是对组件的效率造成了损耗。

7.3.2.4 焊带光收益

多主栅叠片双玻组件是采用双面电池配合双面玻璃，由于串间距及组件其他未被电池覆盖的区域为透明状态，因此没有对光线的反射。如果需要更多地利用间隙光的反射，可以采用在间隙处涂有白色涂料的网格背面玻璃以增强间隙光反射。因此，主要的光学增益来自圆形焊带对光线的反射。如图 7-24 所示，当垂直入射时，圆形焊带中一部分的光通过表面约为镜面的焊带反射到玻璃层再反射到电池表面；另一部分则直接反射进入电池表面，研究表明，多主栅组件约会提升 2.2% 的光增益[33]。

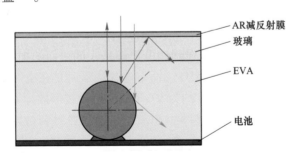

图 7-24 多主栅圆形焊带的反光模型

7.3.2.5 电学损失

光伏组件在运行过程中的电学方面的损失主要是电池连接部分由于电阻导致

的功率损耗。在多主栅组件中，主要从焊带电阻损失和汇流条电阻损失这两个方面来计算。电池主栅和细栅虽然也存在电阻损失，但是在切片过后的单片 I-V 测试值中已经包含在内，所以在计算过程中，将这部分损失不做单独考虑。图 7-25 为多主栅叠片双玻组件的电路模型。整个电路由左右两部分半片电池的串联电路并联而成，因此，流过每片电池的电流为整片电池的电流的一半，也就是一个半片电池的电流，而流经汇流条的电流则为左右两部分电流的汇总。

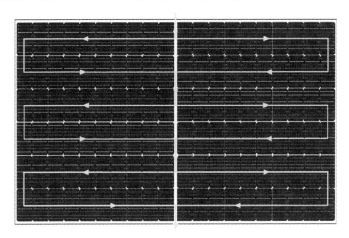

图 7-25　多主栅叠片双玻组件的电路模型

电流流过焊带产生的电阻损失主要有两部分，一部分的损失来自焊带和主栅线焊接在一起的损失，另一部分来自电池设计和间距导致焊带伸出焊接部位的区域。这两部分的主要差别在于电流的计算，焊接部分的电流会随着电流收集和流动的距离增加，因此为一个积分形式，而未焊接部分为恒定值。这两处的电流计算公式分别遵循式（7-9）和式（7-10）。在所有的计算过程中，所运用到的焊带电阻率均为厂家提供的实际参数。

$$I_1(x) = \int_0^x \left(\frac{I}{l_1} \right) dx = x \frac{I}{l} \tag{7-9}$$

式中，x 为焊接位置；l_1 为焊接总长度。

$$I = \frac{1}{2n} I_{max} \tag{7-10}$$

式中，I 为每根主栅处的电流；I_{max} 为切割后整片电池的电流；n 为主栅数。

将这两处电流的计算公式代入计算最大功率点的功率损耗如下：

$$P_1 = \int_0^l I_1(x)^2 r_1 dx = \frac{I^2 R_1 l}{3} \tag{7-11}$$

$$P_2 = I^2 R_1 \times l_2 \tag{7-12}$$

式中，l_1 为未焊总长度。

计算过程涉及的参数如表 7-7 所示。由于背面为点状焊点，焊接长度较小。

表 7-7 多主栅叠片双玻组件焊带功率损失计算参数

直径/mm	体积电阻率 /$\Omega \cdot mm^2 \cdot m^{-1}$	线电阻率 $r_1/\Omega \cdot m^{-1}$	整片电池电流 I_{max}/A	半片电流 $I_{max}/2/A$	片间距/mm
0.3	0.217	3.07	10.456	5.228	−0.5
正面焊接 长度/mm	正面未焊接 长度/mm	背面焊接 长度/mm	背面未焊接 长度/mm	焊接总长度 l_1/mm	未焊总长度 l_2/mm
69	9.5	11	67.5	80×120	77×120

最后，通过式（7-11）和式（7-12）得出两种焊带功率损失：P_1 为 3.239W，P_2 为 9.572W。

汇流条是将串联电流汇总并引出到接线盒的特殊焊带，9 主栅电池的汇流方式如图 7-26 所示。汇流条的电流是流出方向上的焊带电流的累积。此外，由于两串并联，汇流条功率损耗是任意一半汇流条损耗的两倍，其计算公式为式（7-13）。

$$P_3 = r_2 \sum_{i=1}^{9} \left(\frac{i}{9} \times I_3 \right)^2 \times L_i \tag{7-13}$$

式中，P_3 为汇流条功率损失；L_i 为每段汇流条的长度；r_2 为汇流条线电阻率。

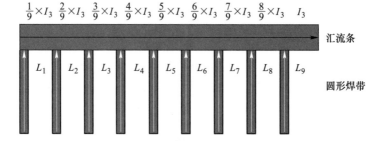

图 7-26 多主栅叠片双玻组件的汇流电路模型

表 7-8 多主栅叠片双玻组件汇流条功率损失计算参数

项目	截面长度 /mm	体积电阻率 /$\Omega \cdot mm^2 \cdot m^{-1}$	线电阻率 $r_2/\Omega \cdot m^{-1}$	L_{1-8}/mm	L_9/mm
并联汇流条	8×0.25	0.022	0.011	18	12.5
串联汇流条	4×0.25	0.022	0.022	18	12.5

图 7-26 所示的电路设计下的汇流条包括 6 个并联汇流条和 12 个串联汇流条，需要说明的是，并联汇流条的 I_3 为两倍的半片电池最大电流，串联汇流条的 I_3 为

一个半片最大电流。经过计算后可得总的汇流条损失 P_3 为 0.835W。

综上所述，多主栅叠片双玻组件的功率损失为 13.646W。

7.3.2.6 各项功率增益和损失

图 7-27 对多主栅叠片双玻组件影响组件功率的各项数据进行了汇总。主要的功率损失来自焊带电阻损失，封装和圆形焊带可以有效地提升组件的光学收益。计算后的组件功率为 360W，和实测值 362W 相近，组件的 CTM 约为 97.1%。

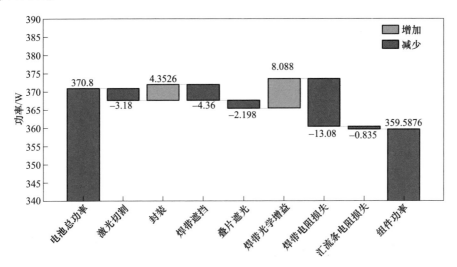

图 7-27　多主栅叠片双玻组件的面板模块的 CTM 分析（功率）

图 7-28 对多主栅叠片双玻组件影响组件效率的各项数据进行了汇总。从图 7-28 中可以看出，从电池效率 22.5% 到组件效率 20.1%，效率降低了约 2.4%。由于叠片组件没有片间距，每块组件相比半片组件节省了 0.255% 的面积，减少了非发电面积对组件效率的损耗。

从以上数据可知，如果想进一步提升组件的功率，降低损耗，可以通过开发无损切割的先进激光切割工艺进一步降低切割损耗。此外，在光增益方面，可以通过开发适配叠片组件的背面网格玻璃将串与串的间距处涂上白色反光层，提供更多的反射光。

7.3.3　多主栅叠片双玻组件的可靠性测试

7.3.3.1　机械载荷测试

光伏组件由于长时间工作在户外空旷无遮挡的地方，不管是在野外还是运用在建筑房屋上，都需要具有较强的机械强度用于保护内部的晶硅电池的性能在使用年限内衰减率控制在一定范围。在实际条件中，冰雪天气等气候会在组件表面

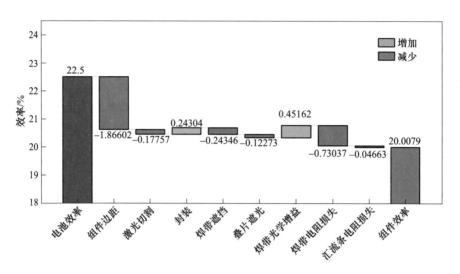

图 7-28 多主栅叠片双玻组件的面板模块的 CTM 分析（效率）

和背部不同方向施加累积的载荷[34, 35]。为此，将多主栅叠片双玻组件进行正背面的循环载荷测试，为了保证测试的灵活性，使用沙袋进行测试。实物图和测试的安装方式如图 7-29 所示。在组件上下两个长边的四个轴对称点位安装小边框并用夹具进行固定，小边框内部装有橡胶软垫减少玻璃局部破损的风险。

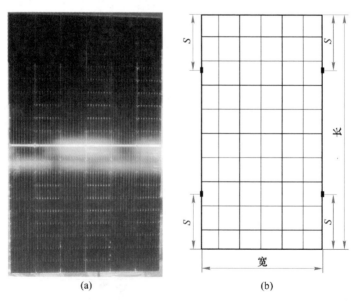

(a)　　　　　　　　　　(b)

图 7-29 多主栅叠片双玻光伏组件实物图（a）及载荷测试安装方式（b）

测试顺序和步骤如图 7-30 所示。首先将双玻组件正面朝上安装在固定架上，均匀地放置沙袋施加载荷，逐渐加到 3600Pa，每个沙袋的重量要均匀，在此状态下保持 1h，然后卸去压力并将组件背面朝上，再重复上述操作。以此往复再经过两个循环。在可靠性能的衰减情况上，多主栅叠片双玻组件在 3600Pa 测试前后的 EL 测试和 *I-V* 测试数据如图 7-31 和表 7-9 所示。多主栅叠片双玻组件的功率衰减约为 0.7%，前后的 EL 图像未发现明显的载荷后的隐裂，说明组件可以经受常规的载荷。从 EL 图像中发现，电池重叠处没有因为组件表面受到的应力而使焊带与电池产生断裂，说明封装剂对组件载荷的抵抗在可承受范围之内。

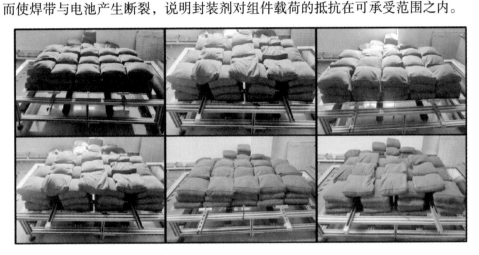

图 7-30　多主栅叠片双玻组件静态机械载荷测试流程

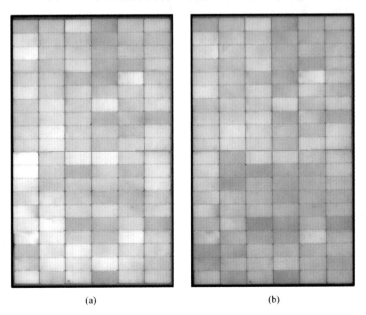

(a)　　　　　　　　　　　　　(b)

图 7-31　多主栅叠片双玻组件载荷测试前后 EL 图像

（a）载荷前；（b）载荷后

表7-9 多主栅叠片双玻组件静态机械载荷测试前后电性能数据

参数	P_{max}/W	V_{oc}/V	I_{sc}/A	V_{pm}/V	I_{pm}/A	$FF/\%$	R_s/A
载荷前	362.231	41.124	11.184	34.136	10.611	78.754	0.316
载荷后	359.910	41.089	11.184	33.896	10.618	78.312	0.332

7.3.3.2 热循环测试

在组件的实际运用条件下,气候非常不稳定,不仅会遇到高温高湿的情况,还会遇到冬季长期零下的严寒。在某些地区,昼夜的温度差异非常大,这种剧烈的温度变化会对组件的各个材料产生非常大的影响。例如,长期的热疲劳会引起组件焊接互联的稳定性降低及旁路二极管的分流效应,对焊接时候潜在的焊点不良如虚焊过焊等区域形成显著的电性能退化点[36-38]。在许多炎热潮湿的气候中,封装剂的分层和腐蚀降解是导致组件退化的另一个主要机制[39]。封装剂在冷热交替的环境下收缩不一致,很容易和其他材料如电池、涂锡铜带和玻璃之间脱开,导致水分进入,腐蚀电性能的连接部位和电池表面,进而影响局部的电互联和整体的发电效率。将多主栅叠片双玻组件进行-40℃到85℃的循环温度测试,测试前后EL图像如图7-32所示。组件未发生明显的脱层现象,虚焊处有略微变暗的倾向。多主栅叠片双玻组件热循环200h测试前后电性能数据如表7-10所示,发现热循环后性能变化微小。

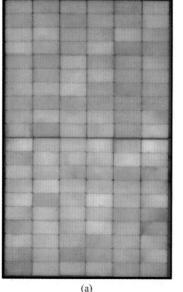

(a)　　　　　　　　　　　(b)

图7-32 多主栅叠片双玻组件热循环200h前后EL图像

(a) 热循环前;(b) 热循环200h后

表 7-10 多主栅叠片双玻组件热循环 200h 测试前后电性能数据

参数	$P_{\max}/W$	V_{oc}/V	I_{sc}/A	V_{pm}/V	I_{pm}/A	$FF/\%$	R_s/A
热循环前	363.774	40.982	11.083	34.535	10.533	80.085	40.982
热循环 200h 后	362.788	40.879	11.024	34.540	10.503	80.503	40.879

参 考 文 献

[1] Jones-Albertus R, Feldman D, Fu R. Technology advances needed for photovoltaics to achieve widespread grid price parity [J]. Progress in Photovoltaics, 2016, 24 (9): 1272-1283.

[2] Nivelle P, Tsanakas J A, Poortmans J. Stress and strain within photovoltaic modules using the finite element method: A critical review [J]. Renewable & Sustainable Energy Reviews, 2021, 145: 111022.

[3] Hasselbrink E, Anderson M, Defreitas Z. Validation of the PV Life model using 3 million module-years of live site data [C] // Proceedings of the 39th IEEE Photovoltaic Specialists Conference. IEEE, 2014.

[4] Zarmai M T, Ekere N N, Oduoza C F. Evaluation of the rmo-mechanical damage and fatigue life of solar cell solder interconnections [J]. Robotics and Computer-Integrated Manufacturing, 2017, 47: 37-43.

[5] Bosco N, Silverman T J, Kurtz S. The Influence of PV module materials and design on solder joint thermal fatigue durability [J]. IEEE Journal of Photovoltaics, 2016, 6 (6): 1407-1412.

[6] Beinert A J, Romer P, Buchler A. Thermomechanical stress analysis of PV module production processes by Raman spectroscopy and FEM simulation [J]. Engry Procedia, 2017, 124: 464-469.

[7] Ridhuan S W M, Tippabhotla S K, Tay A A O. A simulation study of the stresses in crystalline silicon photovoltaic laminates during the soldering and lamination processes along the longitudinal direction [J]. Advanced Engineering Materials, 2019, 21 (5): 1-11.

[8] Kraemer F, Wiese S, Peter E. Mechanical problems of novel back contact solar modules [J]. Microelectronics Reliability, 2013, 53 (8): 1095-1100.

[9] Tippabhotla S K, Song W J R, Tay A A O. Effect of encapsulants on the thermomechanical residual stress in the back-contact silicon solar cells of photovoltaic modules—A constrained local curvature model [J]. Solar Energy, 2019, 182: 134-147.

[10] Springer M, Hartley J, Bosco N. Multiscale modeling of shingled cell photovoltaic modules for reliability assessment of electrically conductive adhesive cell interconnects [J]. IEEE Journal of Photovoltaics, 2021, 11 (4): 1040-1047.

[11] Sander M, Dietrich S, Pander M. Systematic investigation of cracks in encapsulated solar cells after mechanical loading [J]. Solar Energy Materials and Solar Cells, 2013, 111: 82-89.

[12] Majd A E, Ekere N N. Crack initiation and growth in PV module interconnection [J]. Solar Energy, 2020, 206: 499-507.

[13] Mjad A E, Ekere N N. Numerical analysis on thermal crack initiation due to non-homogeneous solder coating on the round strip interconnection of photo-voltaic modules [J]. Solar Energy, 2019, 194: 649-655.

[14] Rendler L C, Kraft A, Ebert C. Mechanical Stress in solar cells with multi busbar interconnection-parameter study by fem simulation [C] // Proceedings of the 17th International Conference on Thermal, Mechanical and Multi-physics Simulation and Experiments in Microelectronics and Microsystems (EuroSimE). IEEE, 2016.

[15] 雷鸣宇, 郑璐, 马昀锋. 三角焊带对光伏组件电性能影响的研究 [J]. 太阳能, 2021 (12): 64-68.

[16] 王淼源. 光伏组件前沿技术特点分析 [J]. 中国新技术新产品, 2020 (23): 20-22.

[17] Schulte-Huxel H, Blankemeyer S, Morlier A. Interconnect-shingling: Maximizing the active module area with conventional module processes [J]. Solar Energy Materials and Solar Cells, 2019, 200: 109991.

[18] Papet P, Hanni S, Andreetta L. Overlap Modules: A unique cell layup using smart wire connection technology [C] // Proceedings of the 15th international conference on Concentrator photovoltaics Systems (CPV-15), 2019.

[19] Sander M, Dietrich S, Pander M. Investigations on crack development and crack growth in embedded solar cells [J]. Reliability of Photovoltaic Cells, Modules, Components and Systems Ⅳ, 2011, 8112: 1-10.

[20] Kontges M, Kunze I, Kajari-Schroder S. The risk of power loss in crystalline silicon based photovoltaic modules due to micro-cracks [J]. Solar Energy Materials and Solar Cells, 2011, 95 (4): 1131-1137.

[21] Kajari-Schroder S, Kunze I, Eitner U. Spatial and orientational distribution of cracks in crystalline photovoltaic modules generated by mechanical load tests [J]. Solar Energy Materials and Solar Cells, 2011, 95 (11): 3054-3059.

[22] Papargyri L, Theristis M, Kubicek B. Modelling and experimental investigations of microcracks in crystalline silicon photovoltaics: A review [J]. Renewable Energy, 2020, 145: 2387-2408.

[23] Mathusuthanan M, Narayanan K R, Jayabal K. In-plane residual stress map for solar PV module: a unified approach accounting the manufacturing process [J]. IEEE Journal of Photovoltaics, 2021, 11 (1): 150-157.

[24] Saw M H, Khoo Y S, Singh J P. Cell-to-module optical loss/gain analysis for various photovoltaic module materials through systematic characterization [J]. Japanese Journal of Applied Physics, 2017, 56 (8): 08MD03.

[25] Mittag M, Zech T, Wiese M. Cell-to-Module (CTM) analysis for photovoltaic modules with shingled solar cells [C] // 44th IEEE Photovoltaic Specialist Conference. IEEE, 2017.

[26] 陈垂昌, 赵会峰, 姜宏. 平板玻璃的可见光透过率与厚度和吸光率的关系 [J]. 玻璃与搪瓷, 2014, 42 (2): 1-5+13.

[27] McIntosh K R, Cotsell J N, Norris A W. An optical comparison of silicone and EVA encapsulants under various spectra [C] // 35th IEEE Photovoltaic Specialists Conference (PVSC). IEEE, 2010.

[28] McIntosh K R, Cotsell J N, Cumpston J S. An optical comparison of silicone and EVA encapsulants under various spectra [C] // 35th IEEE Photovoltaic Specialists Conference (PVSC). 2010.

[29] Lu Z H, Yao Q. Energy analysis of silicon solar cell modules based on an optical model for arbitrary layers [J]. Solar Energy, 2007, 81 (5): 636-647.

[30] 赵萍, 麻晓园, 邹美玲. 晶体硅太阳电池减反射膜的研究 [J]. 现代电子技术, 2011, 34 (12): 145-147+151.

[31] 高越, 王宙, 付传起. 氮化硅减反射膜制备工艺对组织结构及折射率影响的研究 [J]. 真空科学与技术学报, 2019, 39 (6): 455-459.

[32] 王晓泉, 汪雷, 席珍强. PECVD 淀积氮化硅薄膜性质研究 [J]. 太阳能学报, 2004 (3): 341-344.

[33] 李冰之, 邓士锋, 孙韵琳. 焊带对光伏组件的光学增益及表征方法 [J]. 建筑电气, 2019, 38 (12): 56-60.

[34] 董双丽, 林荣超, 曾飞. 光伏组件机械载荷测试方法分析及改进 [J]. 电子质量, 2020 (3): 63-66.

[35] 董双丽, 林荣超, 曾婵娟. 机械载荷对光伏组件性能长期潜在影响 [J]. 电子技术与软件工程, 2020 (2): 208-209.

[36] Kawai S, Tanahashi T, Fukumoto Y. Causes of degradation identified by the extended thermal cycling test on commercially available crystalline silicon photovoltaic modules [J]. IEEE Journal of Photovoltaics, 2017, 7 (6): 1511-1518.

[37] Han C, Park S, IEEE. Numerical Study of Silicon PV module for reliability-enhanced design under thermal cycling [C] // 47th IEEE Photovoltaic Specialists Conference (PVSC), 2020.

[38] Roy S, Kumar S, Gupta R. Investigation and analysis of finger breakages in commercial crystalline silicon photovoltaic modules under standard thermal cycling test [J]. Engineering Failure Analysis, 2019, 101: 309-319.

[39] Faye I, Ndiaye A, Gecke R. Experimental study of observed defects in mini-modules based on crystalline silicone solar cell under damp heat and thermal cycle testing [J]. Solar Energy, 2019, 191: 161-166.

8 局部遮挡下组件性能仿真与优化

8.1 引言

　　光伏组件是晶硅电池通过焊接、层压等工序而制成，再通过串联或者并联的方式构成光伏阵列形成光伏电站以满足用户用电需求。光伏组件在户外使用时，会因为地理环境而发生各种状况的遮挡，从而发生不同程度的遮挡损失[1-4]，如灰尘、鸟粪等会导致单个电池片上的局部遮挡[5]，或者电线杆、邻近的组件、树木和建筑物等会导致整个组件上的局部阴影，有时甚至乌云遮挡，阳光照射角度也会导致组件阵列中部分组件受到遮挡。而组件被遮挡后，接收到的辐照强度减小，光生电流减小而导致输出功率也会减小。此外，串联电路必须保持电流相同，而未遮挡电池的电流大于遮挡电池的电流，可能会迫使遮挡电池流过超过本身光生电流的电流，从而使电池反偏，电压为负数，组件的功率输出变成了消耗其他未遮挡电池的功率[6-9]。消耗的功率转变成热量，使电池片的温度增加。长时间的加热导致"热斑效应"，对组件造成不可逆的损害[10]。相比单个电池全部遮挡，"热斑效应"对于单个电池局部遮挡的影响更为严重，电池片的温度更高[11, 12]。

　　将全电池替换为半片电池，可以有效降低封装损耗（CTM），是提高光伏组件输出功率的有效途径[13-16]。这种方法将串联的电池电流减少一半，从而降低电阻损耗。此外，半片组件中存在的额外电池间隙可以提高光收集[17]。目前，高效光伏组件主流是半片技术。根据光伏发展技术路线图，未来半电池电池组件的市场份额将会进一步提升。光伏组件的输出效率很大程度上受到环境因素的制约，在文献［18］中描述的众多缺陷中，阴影遮挡造成的组件内部或组件间的电流失配是实际应用中最为普遍的现象，严重影响光伏组件的输出效率，甚至产生"热斑效应"危害组件。由于半片组件结构比整片组件结构更为灵活，所以对半片组件内部结构进行优化，研究其遮挡条件下电流失配时的工作特性，降低局部遮挡对组件的影响，优化组件最大输出功率的控制方式，可以有效提高组件局部遮挡时的输出效率。

　　减小局部遮挡对光伏组件输出性能的影响，对光伏组件的拓扑结构进行优化是基础。工程上通常是通过晶硅电池并联旁路二极管来解决因遮挡引起的失配问题[19]。对多个晶硅电池串联构成的子串上并联一个旁路二极管，其作用是为电流的传递提供多一个选择，能有效避免"热斑效应"。刘邦银等人[20]通过结合成本和效率,研究了晶硅电池子串并联旁路二极管的有效理论个数;Ziar 等人[21]分析了因为旁路二极管重叠而造成了光伏组件过流的现象;程泽等人[22]研究分析得到了能有效判断旁路二极管导通个数的方法;Duong 等人[23]优化了旁路二极管的数量和配置结构,从而提高了光伏组件的输出效率。优化光伏组件在阵列的互联方式或者添加功率追踪器的方法,是以光伏阵列的角度对光伏组件局部遮挡条件下输出性能的进一步优化。文献[24]研究并优化了光伏阵列中光伏组件互连排布方式;姜猛等人[25]提出通过将光伏组件与功率优化器相结合,可提高光伏阵列中的光伏组件在局部遮挡情况下的输出效率;蔡晓宇等人[26]为了消除逆变器对原母线电压范围的影响,提出添加一种全局功率优化器,并且,还进一步提出了一种优化算法用于变串联运行电压功率,提升了光伏组件的最大功率跟踪控制性能;吴振锋等人[27]发现在局部遮挡条件下,使用优化器的光伏阵列发电量相较于未使用优化器的光伏阵列提高了 50.7%;还有研究[28,29]提出了在光伏阵列中使用串联级 DC-DC 转化器来提高输出效率;另有文献[30]提出了使用微型逆变器来解决光伏组件阴影遮挡问题。

由于局部遮挡难以避免且危害甚大,针对局部遮挡情况下光伏组件优化的研究逐渐成为当前的热点。随着半片组件和叠瓦组件的市场逐步扩大,优化分析这两种组件在局部遮挡条件下的失配问题,对提高晶硅组件及其阵列的输出性能有着深远的研究意义。

8.2 双玻半片组件拓扑结构设计及制备

8.2.1 常规半片光伏组件拓扑结构

目前,常规完整晶硅电池双玻组件的结构示意图如图 8-1 所示。从图 8-1 中可以看出,组件中共有三个旁路二极管,每个旁路二极管保护有二十个晶硅电池构成的子串。然而,对于半片组件而言,由于晶硅电池进行了二等分切割,若继续按照常规的排布方式,则每个晶硅电池子串的有效晶硅电池数量翻倍,这就会出现因为晶硅电池数量过多而使旁路二极管无法起到有效保护作用的情况。所以,对半片双玻组件进行拓扑结构优化,对半片组件在局部遮挡情况下的输出性能提升有着重要的意义。

以含 120 片半片晶硅电池的半片组件为例,常规型半片组件的拓扑结构如图 8-2 所示。组件内所有半片晶硅电池以串联的形式对外输出功率,且每 40 个半片晶硅电池构成的子串都有一个旁路二极管保护。这种拓扑结构的半片组件的电压和电流分别是常规完整晶硅电池组件的两倍和一半。但是这种结构存在一定缺陷,即由于组件电压过高,增加了对光伏阵列的建设成本。最重要的是,该类型半片组件中与旁路二极管并联的晶硅电池子串所含晶硅电池数过多,可能导致旁路二极管难以起到有效的保护作用。

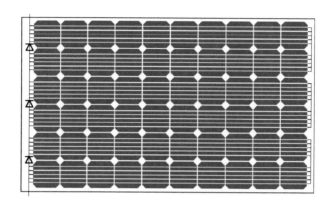

图 8-1 常规完整晶硅电池双玻光伏组件的示意图

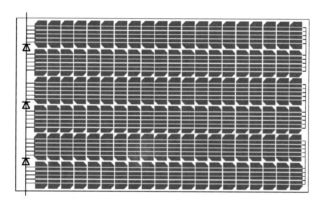

图 8-2 常规型拓扑结构半片组件示意图

8.2.2 多二极管型及串并串联型半片光伏组件拓扑结构

以含 120 片半片晶硅电池的半片组件为例，多二极管型半片组件拓扑结构如图 8-3 所示。所有晶硅电池以串联的形式向外输出功率，每 24 个晶硅电池组成的子串都与一个旁路二极管并联，这种拓扑结构的半片组件的电压和电流与常规型半片组件相同。在局部遮挡情况下，这种结构中旁路二极管能为晶硅电池子串提供更有效的保护。

以含 120 片半片晶硅电池的半片组件为例，串并串联型半片组件拓扑结构如图 8-4 所示。这种结构的半片组件由三个子串并联区组成，保证了整体输出电压和电流与常规完整晶硅电池组件的一致。保持采用三个旁路二极管，不增加物料成本。

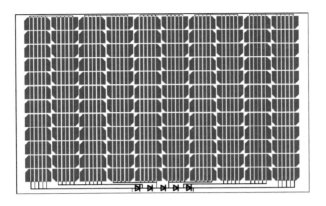

图 8-3 多二极管型拓扑结构半片组件示意图

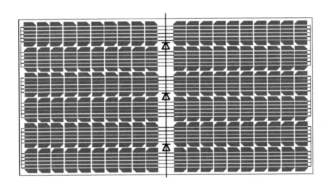

图 8-4 串并串型拓扑结构半片组件示意图

8.2.3 不同结构半片组件的制备

实验用晶硅电池尺寸为 156.75mm×156.75mm×(200±20)μm。不同于常规晶硅电池,用晶硅电池在结构上特意在二等分处留有间隙,给出了进行激光切割的空间,故是制备半片组件专用的晶硅电池。激光切割方式和半片组件的制备过程与其他章节类似,采用激光划片机的半片切割工艺参数如表 8-1 所示,最终各组件的具体参数如表 8-2 所示。

表 8-1 半片切割工艺参数

参数类别	参数	参数类别	参数
激光功率	70%	激光占空比	50%
激光频率	3kHz	激光移动速度	50nm/min

表 8-2 各类半片组件参数

参数	V_{oc}/V	I_{sc}/A	P_m/W	V_{mp}/V	I_{mp}/A	$FF/\%$	旁路二极管数量
串并串型	39.53	9.72	299.4	32.5	9.2	77.93	3
常规型	79.05	4.86	298.1	65.01	4.58	77.75	3
多二极管型	79.05	4.86	298.1	65.03	4.58	77.75	5

8.3 局部遮挡双玻半片组件性能仿真

8.3.1 半片电池等效电路参数提取

正常光照条件下，晶硅电池单二极管模型被研究人员广泛地运用于研究和模拟晶硅电池的伏安特性[31]。用于未遮挡的半片电池的单二极管模型等效电路图如图 8-5 所示[32]，此时半片电池的 I-V 关系式由式（8-1）表示。

$$I = I_{ph} - I_0\left\{\exp\left[\frac{q(V + IR_s)}{nkT}\right] - 1\right\} - \frac{V + IR_s}{R_{sh}} \tag{8-1}$$

式中，I_{ph} 为半片电池的光生电流，A；I_d 为流经二极管的电流，A；R_s 为串联电阻；R_{sh} 为并联电阻；n 为理想因子；T 为电池温度；k 为玻耳兹曼常数（1.38×10^{-23} J/K）；q 为电子电荷（1.6×10^{-19} C）。

为了获得半片电池的五个参数 I_{ph}、I_d、R_s、R_{sh} 和 n，则需要建立五个数学方程组。通过未遮挡半片电池在 STC（standard test condition）条件（光照强度为 1000W/m^2，温度为 25℃）下测得的 I-V 特性曲线如图 8-6 所示。可以得到三个值已知的电学性能参数特殊点：开路点、最大功率点和短路点，即可列出下三个数学方程。

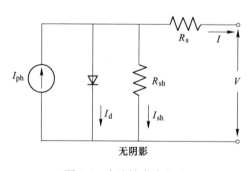

图 8-5 未遮挡半片电池
单二极管模型等效电路图

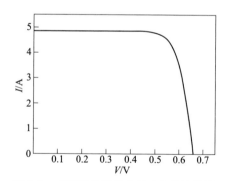

图 8-6 未遮挡的半片电池 I-V 特性曲线

在开路点时，$V=0$，$I=I_{sc}$，电流用式（8-2）表示：

$$I_{sc} = I_{ph} - I_0\left\{\exp\left[\frac{q(I_{sc}R_s)}{nkT}\right] - 1\right\} - \frac{I_{sc}R_s}{R_{sh}} \tag{8-2}$$

在最大功率点时，$V = V_m$，$I = I_m$，电流用式（8-3）表示：

$$I_m = I_{ph} - I_0\left\{\exp\left[\frac{q(V_m + I_mR_s)}{nkT}\right] - 1\right\} - \frac{V_m + I_mR_s}{R_{sh}} \tag{8-3}$$

在短路点时，$V = V_{oc}$，$I = 0$，电流用式（8-4）表示：

$$0 = I_{ph} - I_0\left[\exp\left(\frac{qV_{oc}}{nkT}\right) - 1\right] - \frac{V_{oc}}{R_{sh}} \tag{8-4}$$

此外，还有两个数学方程考虑使用式（8-1）的微分方程，并且代入短路点和开路点的值，分别用式（8-5）和式（8-6）表示。

$$\frac{-\dfrac{1}{R_{sh}} - \dfrac{qI_0}{nkT}\exp\left(\dfrac{qI_{sc}R_s}{nkT}\right)}{1 + \dfrac{R_s}{R_{sh}} + \dfrac{qI_0}{nkT}\exp\left(\dfrac{qI_{sc}R_s}{nkT}\right)} = -\frac{1}{R_{sh}} \tag{8-5}$$

$$\frac{-\dfrac{1}{R_{sh}} - \dfrac{qI_0}{nkT}\exp\left(\dfrac{qV_{oc}}{nkT}\right)}{1 + \dfrac{R_s}{R_{sh}} + \dfrac{qI_0R_s}{nkT}\exp\left(\dfrac{qV_{oc}}{nkT}\right)} = -\frac{1}{R_s} \tag{8-6}$$

综上，通过化简最终可解得半片电池的五个参数 I_{ph}、I_d、R_s、R_{sh} 和 n。

然而，当晶硅电池受到遮挡时，其呈反向偏置状态，此时遮挡的半片电池的单二极管模型等效电路图如图 8-7 所示，I-V 特性可以利用 Bishop 模型进行表示，其电流公式用式（8-7）表示。

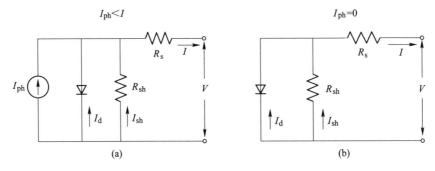

图 8-7 遮挡半片电池单二极管模型等效电路图

（a）局部遮挡；（b）全部遮挡

$$I = I_{ph} - I_0 \left[\exp\left(\frac{q(V + IR_s)}{nkT} \right) - 1 \right] - \frac{V + IR_s}{R_{sh}} \left[1 + \alpha \left(1 - \frac{V + IR_s}{V_{br}} \right)^{-m} \right] \quad (8\text{-}7)$$

式中，n 为二极管影响因子；T 为电池片温度；k 为玻耳兹曼常数（1.38×10^{-23} J/K）；q 为电子电荷（1.6×10^{-19}C）；V_{br} 为反穿击穿电压；α 为包含雪崩击穿效应的并联电阻部分拟合参数；m 为雪崩击穿指数部分。

当半片电池受到遮挡时，为了有利于计算，可将遮挡具体量化，得到光生电流（I_{ph}）和遮挡面积（A_s）有以下关系[33]，用式（8-8）表示。

$$I_{ph} = \left(1 - \frac{A_s}{A} \right) I_{ph0} \quad (8\text{-}8)$$

式中，I_{ph0} 为未遮挡时的光生电流；A 为半片电池的总面积。假设温度为一个常数，结合式（8-7）和式（8-8）可以得到一个关于 I-V 特性的隐函数：

$$f(I, V, A_s) = 0 \quad (8\text{-}9)$$

利用遮挡率为 50% 时的半片电池在 STC 条件（光照强度为 1000W/m², 温度为 25℃）下测得的 I-V 特性曲线，如图 8-8 所示，可以得到 V_{br}、α 和 m 这三个参数。最终，半片电池的所有等效电路模型参数如表 8-3 所示。

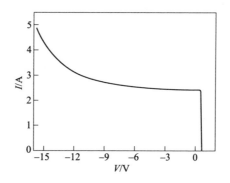

图 8-8　遮挡率为 50% 时的半片电池 I-V 特性曲线

表 8-3　半片电池的模型参数值

决定因素	I_{ph0}/A	I_0/A	R_s/Ω	R_{sh}/Ω	n	V_{br}/V	α	m
数值	4.8632	2.5746×10^{-9}	0.00618	146.136	1.2	−27.5	0.865	3.8

8.3.2　不同结构半片组件等效工程模型

通过对常规型半片组件的一系列组成元素分析，得到了半片组件的数学模型，如图 8-9 所示。其中，图 8-9（a）为单个半片晶硅电池，图 8-9（b）为由半片晶硅电池串联连接的子串，图 8-9（c）为由旁路二极管保护的子串串联组成的半片组件。

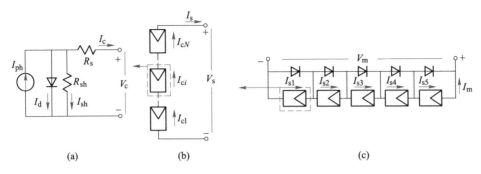

图 8-9 常规型半片组件等效电路图

（a）单个电池；（b）单个串联串；（c）常规型半片组件

如图 8-9（b）所示，在单个串联的子串中，所有的半片电池工作在同一水平的电流 I_s，子串的电压 V_s 是构成子串所有半片电池（$N=40$）电压的总和：

$$I_s = I_{c1} = I_{c2} = \cdots = I_{cN}, \qquad V_s = \sum_{i=1}^{N} V_{ci} \tag{8-10}$$

常规型半片组件的数学模型如图 8-9（c）所示，两个串联子串块之间无电流失配情况下，组件的电流 I_m 和电压 V_m 如下：

$$I_m = I_{s1} = I_{s2} = I_{s3}, \qquad V_m = V_{s1} + V_{s2} + V_{s3} \tag{8-11}$$

假设存在遮挡，且遮挡的是子串"1"（s1），那么当遮挡比例超过一定时，旁路二极管导通，则组件的电流 I_m 和电压 V_m 如下：

$$I_m = I_{bd1} = I_{s2} = I_{s3}, \qquad V_m = V_{bd1} + V_{s2} + V_{s3} \tag{8-12}$$

旁路二极管的电压 V_{bd} 等于被遮挡子串的电压 V_{s1}。

通过对常规型半片组件的一系列组成元素分析，得到了组件的数学模型，如图 8-10 所示。其中，图 8-10（a）为单个半片晶硅电池，图 8-10（b）为由半片晶硅电池串联连接的子串，图 8-10（c）为由旁路二极管保护的子串串联组成的半片组件。

如图 8-10（b）所示，在单个串联的子串中，所有的半片电池工作在同一水平的电流 I_s，子串的电压 V_s 是构成子串所有半片电池（$N=24$）电压的总和：

$$I_s = I_{c1} = I_{c2} = \cdots = I_{cN}, \qquad V_s = \sum_{i=1}^{N} V_{ci} \tag{8-13}$$

多二极管型半片组件的数学模型如图 8-10（c）所示，两个串联子串块之间无电流失配情况下，组件的电流 I_m 和电压 V_m 如下：

$$I_m = I_{s1} = I_{s2} = I_{s3} = I_{s4} = I_{s5}, \qquad V_m = V_{s1} + V_{s2} + V_{s3} + V_{s4} + V_{s5} \tag{8-14}$$

假设存在遮挡，且遮挡的是子串"1"（s1），那么当遮挡比例超过一定时，旁路二极管导通，则组件的电流 I_m 和电压 V_m 如下：

$$I_m = I_{bd1} = I_{s2} = I_{s3} = I_{s4} = I_{s5}, \qquad V_m = V_{bd1} + V_{s2} + V_{s3} + V_{s4} + V_{s5} \tag{8-15}$$

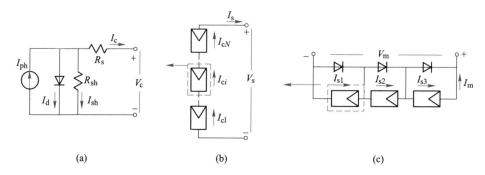

图 8-10   多二极管型组件等效电路图

（a）单个电池；（b）单个串联串；（c）多二极管型半片组件

旁路二极管的电压 V_{bd} 等于被遮挡子串的电压 V_{s1}。

通过对串并串联型半片组件的一系列组成元素分析，得到了组件的数学模型，如图 8-11 所示。其中，图 8-11（a）为单个半片晶硅电池，图 8-11（b）为由半片晶硅电池串联连接的子串，图 8-11（c）为由子串相互并联连接的并联区，图 8-11（d）为由有旁路二极管保护的并联区相互串联的半片组件。

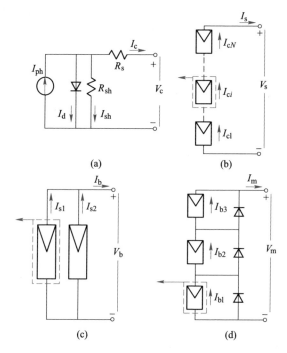

图 8-11   串并串型组件各组成元素的等效电路图

（a）单个电池；（b）单个串联串；（c）单个并联区；（d）串并串型半片组件

如图 8-11 (b) 所示，在单个串联的子串中，所有的半片电池工作在同一水平的电流 I_s，子串的电压 V_s 是构成子串所有半片电池（$N=20$）电压的总和：

$$I_s = I_{c1} = I_{c2} = \cdots = I_{cN}, \qquad V_s = \sum_{i=1}^{N} V_{ci} \tag{8-16}$$

子串并联的并联区如图 8-11 (c) 所示，并联电池子串的工作电压 V_b 相同，并联区的电流 I_b 是并联电池子串的总和：

$$I_b = I_{s1} + I_{s2}, \qquad V_b = V_{s1} = V_{s2} \tag{8-17}$$

对于一个具有 M 个并联子串，且每个子串具 N 个串联半片电池的组件来说（$MS\text{-}NP$），它的 $I\text{-}V$ 特性可以用如下公式来定义[34]：

未遮挡：

$$I = NI_{ph} - NI_0 \left\{ \exp\left[\frac{q\left(V + I\frac{N}{M}R_s\right)}{NnkT} \right] - 1 \right\} - \frac{V + I\frac{N}{M}R_s}{\frac{N}{M}R_{sh}} \tag{8-18}$$

遮挡：

$$I = NI_{ph} - NI_0 \left\{ \exp\left[\frac{q\left(V + I\frac{N}{M}R_s\right)}{NnkT} \right] - 1 \right\} - \frac{V + I\frac{N}{M}R_s}{\frac{N}{M}R_{sh}} \left[1 + \alpha\left(1 - \frac{V + I\frac{N}{M}R_s}{V_{br}}\right)^{-m} \right] \tag{8-19}$$

由 3 个具有旁路二极管保护的并联区串联而成的半片组件的数学模型如图 8-11 (d) 所示，并联区之间无电流失配时，组件的电流 I_m 和电压 V_m 如下：

$$I_m = I_{b1} = I_{b2} = I_{b3}, \qquad V_m = V_{b1} + V_{b2} + V_{b3} \tag{8-20}$$

假设存在遮挡，且遮挡的是并联区"1"（b1），那么当遮挡比例超过一定时，旁路二极管导通，则组件的电流 I_m 和电压 V_m 如下：

$$I_m = I_{bd1} = I_{b2} = I_{b3}, \qquad V_m = V_{bd1} + V_{b2} + V_{b3} \tag{8-21}$$

旁路二极管的电压 V_{bd} 等于被遮挡并联区的电压 V_b。

8.3.3 不同结构半片组件的 $I\text{-}V$ 特性仿真与测试

假设光照强度为 $1000W/m^2$，电池温度为 $25℃$。根据上述内容涉及提取的半片电池参数和对不同结构半片组件的分析，可以利用仿真工具 Matlab 来绘制半片组件不同遮挡情况下的 $I\text{-}V$ 特性曲线。具体仿真过程如下：

利用半片电池的参数可以通过式（8-1）和式（8-7）得到不同遮挡情况下的 $I\text{-}V$ 特性关系，然后通过对不同结构半片组件的等效工程模型分析，即利用半片电池组成串并联电路时的 I 或 V 的运算关系，最终得到不同遮挡情况下组件的 $I\text{-}V$ 特性曲线。未遮挡的半片组件电压电流运算关系如图 8-12 所示，遮挡的半片组件电压电流关系如图 8-13 所示。

$$f(I_{\text{X-s}},\ V_{\text{X-s}}) = 0 \longrightarrow (I_{\text{X-s}},\ V_{\text{X-s}}) \longrightarrow (I_{\text{m}},\ V_{\text{m}})\text{常规型多二极管型}$$

$$\left.\begin{aligned}f(I_{\text{b1}},\ V_{\text{b1}}) = 0 \longrightarrow (I_{\text{b1}},\ V_{\text{b1}})\\ f(I_{\text{b2}},\ V_{\text{b2}}) = 0 \longrightarrow (I_{\text{b2}},\ V_{\text{b2}})\\ f(I_{\text{b3}},\ V_{\text{b3}}) = 0 \longrightarrow (I_{\text{b3}},\ V_{\text{b3}})\end{aligned}\right\}(I_{\text{m}},\ V_{\text{m}})\ \text{串并串型}$$

图 8-12　未遮挡的半片组件电压电流运算关系

$$\left.\begin{aligned}f(I_{\text{z-sc}},\ V_{\text{z-sc}},\ A_{\text{s}}) = 0 \longrightarrow (I_{\text{z-sc}},\ V_{\text{z-sc}})\\ f(I_{\text{x-s}},\ V_{\text{x-s}}) = 0 \longrightarrow (I_{\text{x-s}},\ V_{\text{x-s}})\end{aligned}\right\}(I_{\text{Z-ss}},\ V_{\text{Z-ss}})$$

$$f(I_{\text{X-s}},\ V_{\text{X-s}}) = 0 \longrightarrow (I_{\text{X-s}},\ V_{\text{X-s}})\quad (I_{\text{m}},\ V_{\text{m}})\ \text{常规型多二极管型}$$

$$\left.\begin{aligned}(I_{\text{b1}},\ V_{\text{b1}})\\ f(I_{\text{b2}},\ V_{\text{b2}}) = 0 \longrightarrow (I_{\text{b2}},\ V_{\text{b2}})\\ f(I_{\text{b3}},\ V_{\text{b3}}) = 0 \longrightarrow (I_{\text{b3}},\ V_{\text{b3}})\end{aligned}\right\}(I_{\text{m}},\ V_{\text{m}})\ \text{串并串型}$$

图 8-13　遮挡的半片组件电压电流运算关系

　　通过具体的遮挡测试，对局部遮挡条件下不同结构半片组件的输出性能进行了分析。以不透光的卡片作为遮挡物，对半片组件进行不同程度的遮挡，利用光伏组件 I-V 测试仪对遮挡半片组件的 I-V 特性进行测试。遮挡测试类型大致分为两类：（1）单个半片电池局部遮挡；（2）多个半片电池局部遮挡。如图 8-14 所示，对于多个半片电池局部遮挡，遮挡面积的增加是以一个半片电池为单位递进

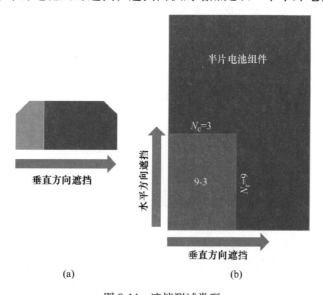

(a)　　　　　　　　　　　(b)

图 8-14　遮挡测试类型

（a）单个半片电池局部遮挡；（b）多个半片电池局部遮挡（红色箭头表示遮挡面积增加方向）

的。通过改变遮挡行数 N_r 与列数 N_c 的组合，使遮挡面积沿垂直或水平方向增加，遮挡面积记为 N_r–N_c。

8.4　局部遮挡双玻半片组件输出性能

8.4.1　不同结构半片组件的 *I*-*V* 特性仿真结果分析

图 8-15 展示了常规型半片组件及其各组成元素的 *I*-*V* 曲线：（1）4 个完全遮挡的半片电池（4-sc）和 36 个未遮挡的半片电池（36S）构成遮挡子串（1-ss）；（2）遮挡的子串（1-ss）和 2 个未遮挡的子串（40S）构成的遮挡半片组件；（3）3 个未遮挡的子串（40S）构成的未遮挡半片组件。

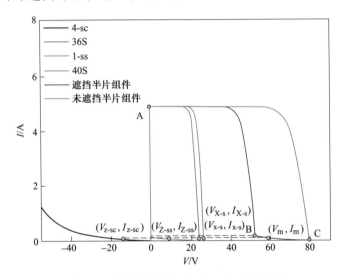

图 8-15　常规型半片组件 *I*-*V* 特性曲线仿真

图 8-16 展示了多二极管型半片组件及其各组成元素的 *I*-*V* 曲线：（1）2 个完全遮挡的半片电池（2-sc）和 22 个未遮挡的半片电池（22S）构成遮挡子串（1-ss）；（2）未遮挡的子串由 24 个半片电池组成（24S）；（3）遮挡的子串（1-ss）和 4 个未遮挡的子串（24S）构成遮挡半片组件；（4）5 个未遮挡的子串（24S）构成未遮挡半片组件。

图 8-17 展示了串并串型半片组件及其各组成元素的 *I*-*V* 曲线：（1）2 个完全遮挡的半片电池（2-sc）和 18 个未遮挡的半片电池（18S）构成遮挡子串（1-ss）；（2）遮挡的子串（1-ss）和 1 个未遮挡的子串（20S）构成遮挡并联区"b1"；（3）2 个未遮挡的子串并联（20S-2P）构成未遮挡的并联区"b2"和"b3"；（4）遮挡半片组件由"b1""b2"和"b3"构成；（5）未遮挡的半片组由三个未遮挡的并联区构成，此时"b1""b2"和"b3"均为（20S-2P）。

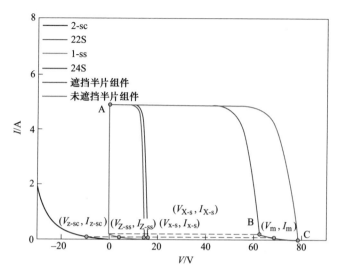

图 8-16   多二极管型半片组件 I-V 特性曲线仿真

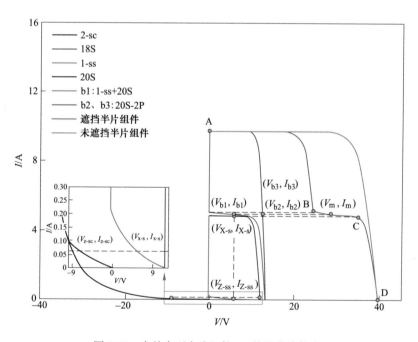

图 8-17   串并串型半片组件 I-V 特性曲线仿真

串并串型的半片组件在局部遮挡情况下的 *I-V* 特性仿真曲线可以被分为三个

阶段，每个阶段都代表着半片电池在被遮挡下的工作状态。阶段 C-D，未遮挡的半片电池通过降低自身的输出电流，来确保被遮挡的半片电池处于正向偏置的工作状态。此时旁路二极管不导通。阶段 B-C，遮挡的半片电池处于反向偏置的工作状态，且旁路二极管仍然不导通，这就会导致"热斑效应"；阶段 A-B，旁路二极管导通，具有遮挡半片电池的子串被旁路二极管保护，旁路二极管起到减缓"热斑效应"的作用，如果此阶段的最大功率 P_m 大于 C-D 阶段的最大功率 P_m，则说明旁路二极管起到最大功率优化的作用。相对地，常规型半片组件和多二极管型半片组件仅有 A-B 和 B-C 两个阶段。

针对单个半片组件进行测试的，使旁路二极管发挥作用，只能是通过半片组件内部半片子串间因遮挡引起了电流失配。但如果遮挡使得构成半片组件的并联区或串联子串间具有相同的电流输出，则遮挡部分半年片电池始终正偏，旁路二极管不发挥作用。以串并串型的半片组件为例，研究旁路二极管的失效。如图 8-18所示，并联区 b1 中某个子串存在两个遮挡半片电池，并联区 b2 和 b3 中均存在一个被完全遮挡的半片电池子串，假设并联区 b1 中的两个半片电池是处于反偏状态的，则联块区 b1 的电流 I_{b1} 大于并联区 b2 和 b3 的电流 I_{b2} 和 I_{b3}，这与并联区 b2 和 b3 的电流 I_{b2} 和 I_{b3} 必须大于联块区 b1 的电流 I_{b1} 才能引起并联区 b1 中两个遮挡半片电池反偏的事实不符，故假设不成立。同样并联区 b2 和 b3 中遮挡

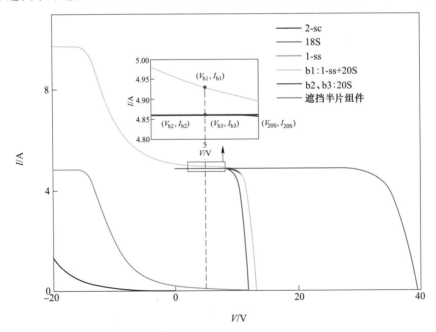

图 8-18 串并串型半片组件 I-V 特性曲线仿真：并联区 b1 中 2 个半片电池、
并联块 b2 和 b3 中的一个半片电池子串完全遮挡

半片电池处于反偏状态的假设也不成立，所以这种情况下旁路二极管将不发挥作用。然而，组件通常是相互连接形成阵列向外输出功率的，这样其他正常组件的电流会迫使遮挡电池反偏，从而使旁路二极管发挥作用。

8.4.2   半片电池局部遮挡的组件特性分析

8.4.2.1   单个半片电池局部遮挡

对不同半片组件进行单个半片电池局部遮挡后的输出特性测试，其结果如图8-19所示。从三种组件的 I-V 和 P-V 特性曲线的变化可以观察出，均具有相似的规律。随着单个半片电池的遮挡面积的增加，组件的 I-V 特性曲线均出现"双膝"现象，组件的 P-V 特性曲线均出现"双峰"现象。仅在无遮挡时，串并串型半片组件的输出特性曲线表现为单膝和单峰；仅在无遮挡和100%遮挡时，常规型半片组件和多二极管型半片组件特性曲线表现为单膝和单峰。100%遮挡情况下，常规型半片组件和多二极管型半片组件特性曲线的单膝和单峰现象，是由于该遮挡电池所属串联子串被旁路二极管短路，组件的输出功率降低。观察各个半片组件的 P-V 特性曲线不难发现，随着单个半片电池遮挡面积的增加，双峰中的第一个峰仅发生小幅的变化，而第二个峰不断减小。

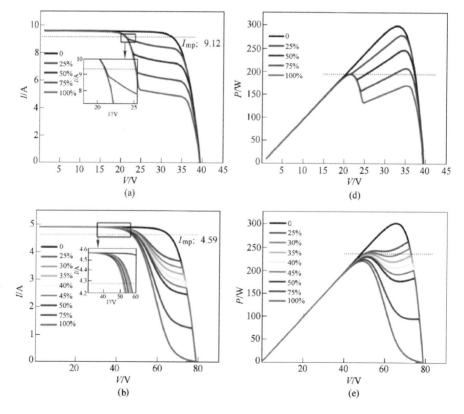

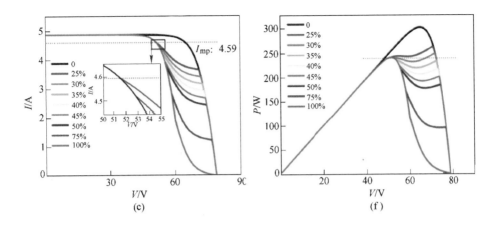

图 8-19 不同半片组件单个半片电池局部遮挡的输出特性曲线

（a），（d）串并串型；（b），（e）常规型；（c），（f）多二极管型

8.4.2.2 多个半片电池局部遮挡

图 8-20 和图 8-21 显示了遮挡面积随垂直方向增加时，串并串型半片组件的 I-V 和 P-V 特性曲线变化。遮挡面积的行数 N_r 一定时，串并串型半片组件的 I-V 和 P-V 特性曲线以遮挡面积的列数 N_c 等于 1、3 和 5 为节点呈一定的规律，即遮挡面积 $N_c=1$ 和 $N_c=2$、$N_c=3$ 和 $N_c=4$、$N_c=5$ 和 $N_c=6$ 的组件具有相似的输出特性曲线。当遮挡面积的行数 N_r 不大于 10 时，组件的 I-V 特性曲线会出现"双膝"现象和"双峰"现象。图 8-22 显示了串并串型半片组件的 I-V 和 P-V 特性曲线随遮挡面积沿水平方向增加时的变化。此时，串并串型半片组件的 I-V 和 P-V 特性曲线以遮挡面积的行数 N_r 等于 10 为节点呈一定的规律，即 $1 \leqslant N_r < 10$ 时组件具有相似的输出特性曲线，$N_r > 10$ 时组件具有相似的输出特性曲线。当遮挡面积的行数 N_r 不大于 10 时且 N_c 不大于 4 时，组件的 I-V 特性曲线会出现"双膝"现象和"双峰"现象。相较之下，串并串型半片组件的输出特性对遮挡面积沿水平方向增加的宽容度更高，即当遮挡面积列数 N_c 一定时，遮挡行数 N_r 在较广的范围内变化对组件输出性能的影响是较小的。

图 8-23 和图 8-24 显示了遮挡面积随垂直方向增加时，常规型半片组件的 I-V 和 P-V 特性曲线变化。遮挡面积的行数 $N_r > 1$ 时，常规型半片组件的 I-V 和 P-V 特性曲线以遮挡面积的列数 N_c 等于 1、3 和 5 为节点呈一定的规律，即遮挡面积 $N_c=1$ 和 $N_c=2$、$N_c=3$ 和 $N_c=4$、$N_c=5$ 和 $N_c=6$ 的组件具有相似的输出特性曲线。当遮挡面积的行数 $N_r=1$ 时，常规型半片组件的 I-V 和 P-V 特性曲线随 N_c 的变化呈递减状态。

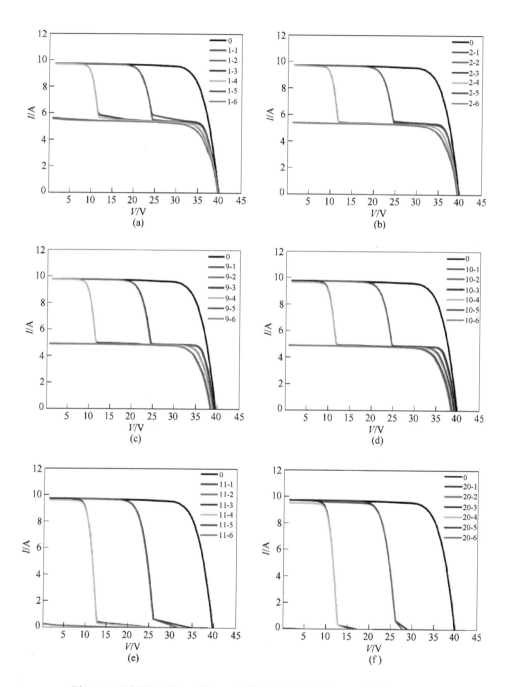

图 8-20 遮挡沿垂直方向增加，串并串型半片组件的 *I-V* 特性曲线变化

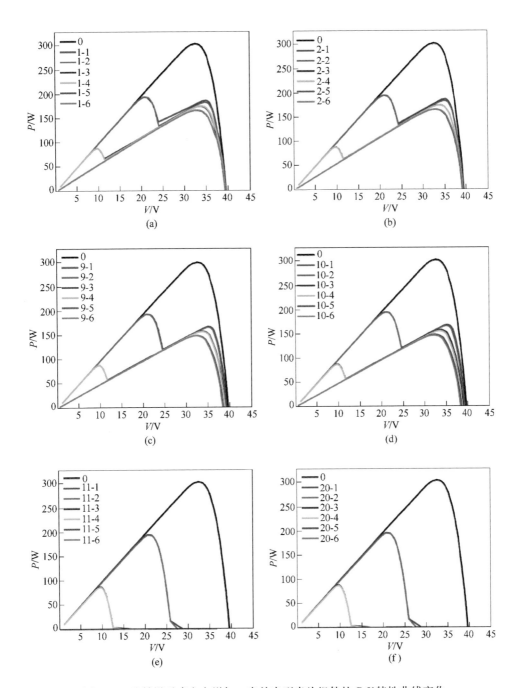

图 8-21 遮挡沿垂直方向增加，串并串型半片组件的 *P-V* 特性曲线变化

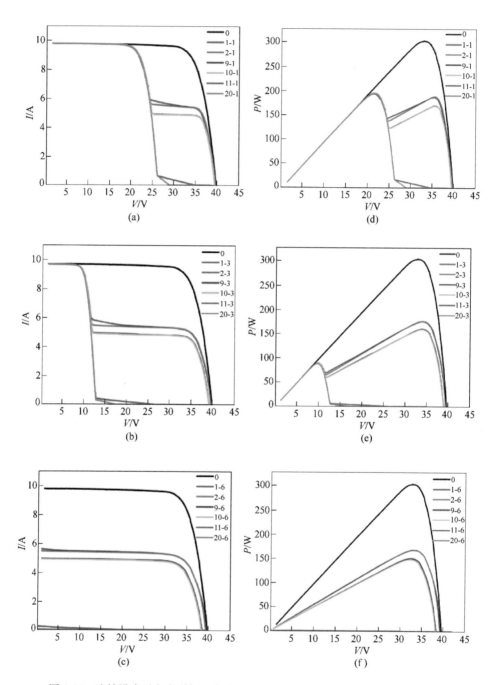

图 8-22　遮挡沿水平方向增加，串并串型半片组件的 *I-V* 和 *P-V* 特性曲线变化

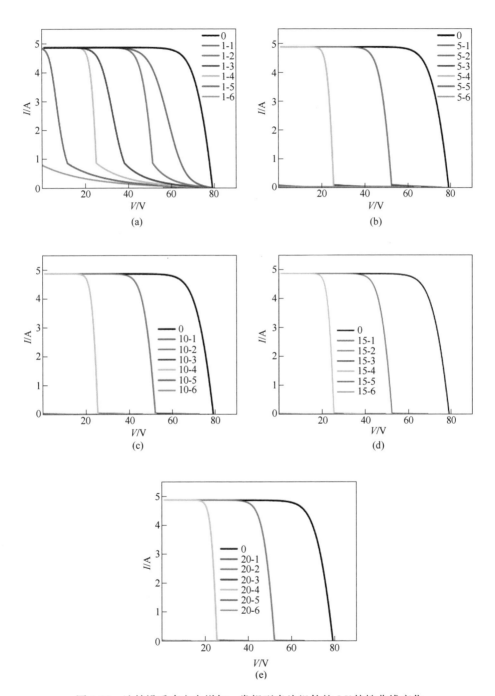

图 8-23　遮挡沿垂直方向增加，常规型半片组件的 *I-V* 特性曲线变化

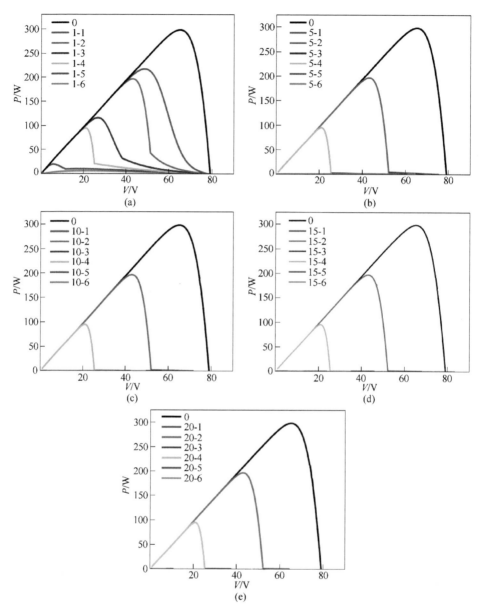

图 8-24 遮挡沿垂直方向增加，常规型半片组件的 P-V 特性曲线变化

图 8-25 显示了常规型半片组件的 I-V 和 P-V 特性曲线随遮挡面积沿水平方向增加时的变化。此时，除遮挡面积行数 $N_r = 1$ 的遮挡外，常规型半片组件的 I-V 和 P-V 特性曲线呈高度的一致性且不随遮挡面积的行数 N_r 的变化而变化。当遮挡面积列数 $N_c = 6$ 时，常规型半片组件输出性能将降至 0。相较之下，常规型半片组件的输出特性对遮挡面积沿水平方向增加的宽容度更高，即当遮挡面积列数

N_c 一定时，遮挡行数 N_r 的变化对组件输出性能的影响是较小的。

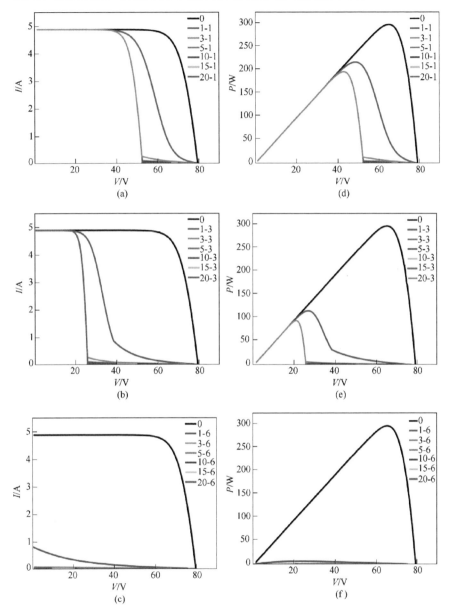

图 8-25 遮挡沿水平方向增加，常规型半片组件的 *I-V* 和 *P-V* 特性曲线变化

图 8-26 和图 8-27 显示了遮挡面积随垂直方向增加时，多二极管型半片组件的 *I-V* 和 *P-V* 特性曲线变化。当遮挡面积沿垂直方向增加时，遮挡面积的列数 N_c 的变化几乎不影响组件的输出性能。

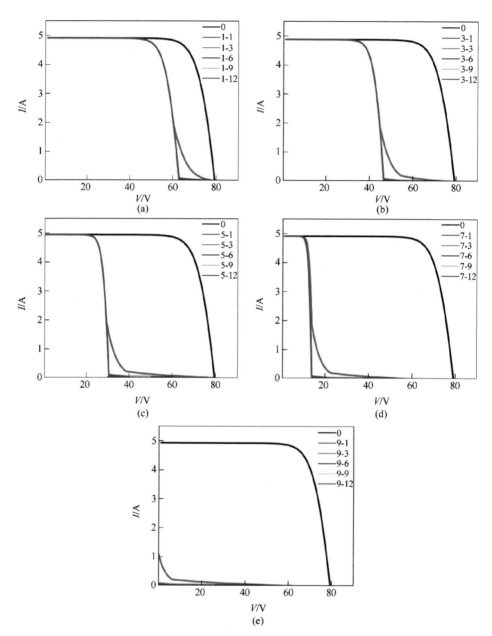

图 8-26　遮挡沿垂直方向增加，多二极管型半片组件的 *I-V* 特性曲线变化

图 8-28 显示了多二极管型半片组件的 *I-V* 和 *P-V* 特性曲线随遮挡面积沿水平方向增加时的变化。此时，多二极管型半片组件的 *I-V* 和 *P-V* 特性曲线随遮挡面积的行数 N_r 的增加而逐层减少。当遮挡面积行数 $N_r = 10$ 时，多二极管型半片组件输出性能将降至 0。相较之下，常规型半片组件的输出特性对遮挡面积沿垂直

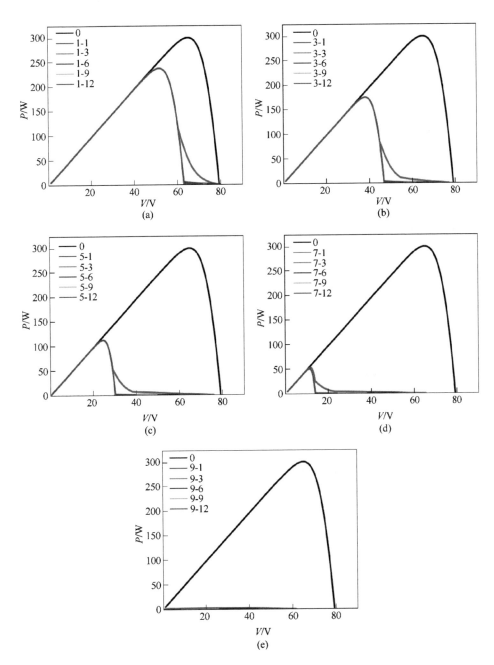

图 8-27 遮挡沿垂直方向增加，多二极管型半片组件的 P-V 特性曲线变化

方向增加的宽容度更高，即当遮挡面积行数 N_r 一定时，遮挡列数 N_c 的变化对组件输出性能的影响是较小的。

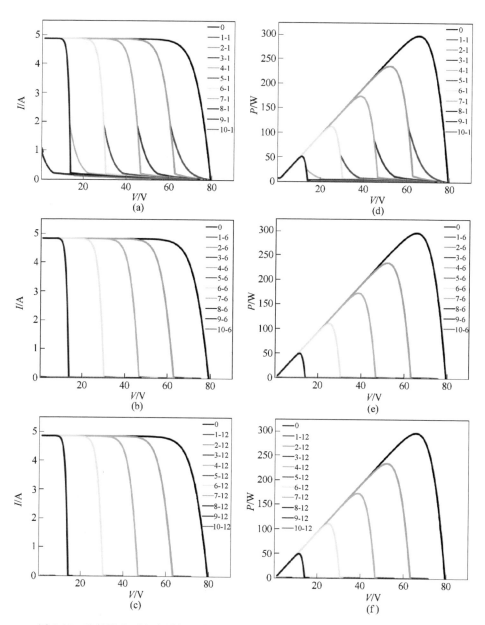

图 8-28 遮挡沿水平方向增加，多二极管型半片组件的 *I-V* 和 *P-V* 特性曲线变化

8.4.3 两种不同阵列情况下半片组件的局部遮挡分析

情况一：半片组件间相互串联构成光伏阵列，阵列的最大功率点追踪（MPPT）由串联级逆变器控制。在这种情况下，所有组件始终工作在某一固定

工作电流，即某个半片组件的遮挡不影响串联级逆变器选择的工作电流，遮挡半片组件和无遮挡、半片组件一样有个固定的工作电流向外输出功率。通常，这个固定的工作电流为半片组件未遮挡时的最大工作电流（I_{mp}）。此时遮挡半片组件的输出性能分析，利用组件在单个半片电池遮挡情况下的 I-V 特性曲线。

情况二：每个半片组件均装配有组件级的电子电力器件，如效率优化器或微型逆变器等，然后再通过相互的连接构成光伏阵列。在这种情况下，每个半片组件都具有独立的最大功率点追踪，这就使遮挡半片组件具有与其他半片组件不相关的最大工作电流（I_{mp}）。此时遮挡半片组件的输出性能分析，利用组件在单个半片电池遮挡情况下的 P-V 特性曲线。

8.4.3.1 串联级逆变器控制下半片组件的最小遮挡面积比例分析

半片组件的最小遮挡面积比例是指能使旁路二极管工作的最小半片电池遮挡面积比例。被遮挡的串并串型半片组件的工作电流为 9.12A，从图 8-19（a）可以看出，当对单个半片电池的遮挡面积比例到达 25% 及以上时，遮挡半片电池所在串联子串将会被旁路二极管保护。也就是说，当单个半片遮挡面积比例小于 25% 时，遮挡半片电池的工作状态为反向偏置的，会出现"热斑效应"。

对于常规型半片组件而言，此时其遮挡情况下的工作电流为 4.59A，从图 8-19（b）可以看出，即使单个半片电池完全遮挡，也无法改变遮挡半片电池的反向偏置工作状态，旁路二极管仍然为工作，这就导致常规型半片组件非常容易产生"热斑效应"。

对于多二极管型半片组件而言，此时其遮挡情况下的工作电流为 4.59A，从图 8-19（c）可以看出，使旁路二极管工作的最小遮挡面积比例为 25%。

综上，在串联级逆变器控制情况下，常规型半片组件存在较大的风险隐患，无论单个半片电池上的遮挡面积如何，组件均容易产生"热斑效应"。串并串型半片组件和多二极管型半片组件有较小的最小遮挡面积比例。

8.4.3.2 电子电力器件控制下半片组件的最小遮挡面积比例分析

半片组件的最小遮挡面积比例是指能使旁路二极管工作的最小半片电池遮挡面积比例。

如图 8-19（d）所示，串并串型半片组件的最小遮挡面积比例为 75%。当单个半片电池的遮挡比例小 75% 时，串并串型半片组件在高压区工作，且旁路二极管不起作用，未遮挡的半片电池通过降低自身的输出性能来确保遮挡半片电池呈正向偏置的工作状态。

如图 8-19（e）所示，当常规型半片组件上单个半片电池串的遮挡面积比例大于 35% 时，常规型半片组件在低压区工作，其对应的 I-V 特性曲线显示，遮挡半片电池始终以反向偏置的状态工作，旁路二极管始终不起保护作用，这非常不利于局部遮挡下半片组件的性能输出与安全。当常规型半片组件上单个半片电池串的遮挡面积比例小于35%时，常规型半片组件在高压区工作，此时虽然旁路二极管不起保护作用，未遮挡的半片电池能通过降低自身的输出性能来确保遮挡半片电池呈正向偏置的工作状态，维持良好的组件输出性能，且不产生"热斑效应"。

如图8-19（f）所示，当多二极管型半片组件上单个半片电池串的遮挡面积比例大于35%时，常规型半片组件在低压区工作，此时旁路二极管起到保护遮挡半片电池的作用。当常规型半片组件上单个半片电池串的遮挡面积比例小于35%时，常规型半片组件在高压区工作，未遮挡的半片电池通过降低自身的输出性能来确保遮挡半片电池呈正向偏置的工作状态，旁路二极管不起作用。

综上，在电子电力器件控制下，串并串型半片组件虽然最小遮挡面积比例提升至75%，但其可在单个半片电池遮挡面积比例小于75%时具有比单个半片电池遮挡面积比例大于75%时更高的输出性能，即使旁路二极管未起到保护作用，而且不会存在"热斑效应"。对于常规型半片组件而言，此时单个半片电池上的局部遮挡面积比例过大时，会是组件产生"热斑效应"，影响组件输出性能。对于多二极管型半片组件而言，虽然最小遮挡面积比例提升至35%，但其可在单个半片电池遮挡面积比例小于35%时具有比单个半片电池遮挡面积比例大于35%时更高的输出性能，即使旁路二极管未起到保护作用，也不会存在"热斑效应"。

8.4.3.3　串联级逆变器控制下局部遮挡的半片组件最佳性能输出

不同结构的半片组件具有相同的半片电池数量，这保证了初始最佳输出功率在同一水平。但是由于结构的不同，在多个半片电池遮挡情况下，将会产生不一样的遮挡损失，导致输出功率不同。在阵列有串联级逆变器控制的条件下，表8-4~表8-6分别列出了三种半片组件在不同的遮挡面积（N_r-N_c）下的最佳输出功率P_m。从表中能很明显看出串并串型半片组件和常规型半片组件对遮挡面积沿水平方向增加有更好的宽容度，而多二极管型半片组件对遮挡面积沿垂直方向增加有更好的宽容度。在相同的水平遮挡面积情况下，常规型半片组件的输出性能略优于串并串型半片组件。所有遮挡情况均使串并串型半片组件和多二极管组件的旁路二极管工作，而当遮挡面积为（1-1）、（1-3）和（1-5）时，常规型半片组件的旁路二极管未工作，存在"热斑效应"的风险。

表8-4　串联级逆变器控制下串并串型半片组件的最佳输出功率　　　　（W）

N_r ＼ N_c	1	2	3	4	5	6
1	192.09	192.68	88.05	88.25	0.00	0.00
2	192.74	192.82	88.33	87.91	0.00	0.00
9	193.63	193.16	88.23	87.97	0.00	0.00

续表 8-4

N_c N_r	1	2	3	4	5	6
10	193.74	193.45	87.67	87.14	0.00	0.00
11	193.74	193.45	87.67	87.14	0.00	0.00
20	193.22	192.56	87.22	86.11	0.00	0.00

表 8-5   串联级逆变器控制下常规型半片组件的最佳输出功率 （W）

N_c N_r	1	2	3	4	5	6
1	217.05	196.68	116.17	94.65	19.62	0.00
5	195.88	195.68	94.71	94.65	0.00	0.00
10	196.01	195.93	94.14	94.23	0.00	0.00
15	196.38	196.45	95.12	95.14	0.00	0.00
20	196.37	196.24	95.32	95.33	0.00	0.00

表 8-6   串联级逆变器控制下多二极管型半片组件的最佳输出功率 （W）

N_c N_r	1	3	6	9	12
1	236.18	236.41	236.52	236.14	236.32
3	174.32	174.25	174.33	174.22	174.14
5	112.26	112.43	112.02	112.16	112.32
7	50.36	50.41	50.33	50.21	50.15
9	0.00	0.00	0.00	0.00	0.00

8.4.3.4   电子电力器件控制下局部遮挡的半片组件最佳性能输出

不同结构的半片组件具有相同的半片电池数量，这保证了初始最佳输出功率在同一水平。但是由于结构的不同，在多个半片电池遮挡情况下，将会产生不一样的遮挡损失，导致输出功率不同。在电子电力器件控制的条件下，表 8-7~表 8-9 分别列出了三种半片组件在不同的遮挡面积（N_r-N_c）下的最佳输出功率 P_m。此时各半片组件的会根据 P-V 特性曲线选择最大输出功率，很明显，串并串型半片组件具有较好的遮挡情况下性能输出，在大多数局部遮挡情况下仍具有约未遮挡时最佳输出功率的一半。而相对于常规型半片组件和多二极管组件，此时遮挡情况下组件的输出功率与采用串联级逆变器时各组件的输出功率不尽相同。

表 8-7 电子电力器件控制下串并串型半片组件的最佳输出功率 （W）

N_r \ N_c	1	2	3	4	5	6
1	192.09	192.68	173.40	173.21	165.06	165.41
2	192.74	192.82	173.68	173.47	164.91	165.29
9	193.63	193.16	158.11	157.15	148.67	148.53
10	193.74	193.45	156.99	154.94	147.75	146.08
11	193.74	193.45	156.99	154.94	147.75	146.08
20	193.22	192.56	87.22	86.11	0.00	0.00

表 8-8 电子电力器件控制下常规型半片组件的最佳输出功率 （W）

N_r \ N_c	1	2	3	4	5	6
1	217.05	196.68	116.17	94.65	19.62	0.00
5	195.88	195.68	94.71	94.65	0.00	0.00
10	196.01	195.93	94.14	94.23	0.00	0.00
15	196.38	196.45	95.12	95.14	0.00	0.00
20	196.37	196.24	95.32	95.33	0.00	0.00

表 8-9 电子电力器件控制下多二极管型半片组件的最佳输出功率 （W）

N_r \ N_c	1	3	6	9	12
1	236.28	236.49	236.57	236.14	236.32
3	174.42	174.35	174.38	174.22	174.14
5	112.28	112.46	112.12	112.16	112.32
7	50.46	50.41	50.43	50.21	50.35
9	0.00	0.00	0.00	0.00	0.00

8.5 局部遮挡下叠瓦双玻组件的性能

8.5.1 遮挡组件性能损失理论模型

8.5.1.1 电池的数学模型

电池片是组成光伏组件最基本的电学元素，图 8-29 为电池片在不同遮挡状态下的等效电路图。从图 8-29（a）电池片的等效电路图中可以看出，由一个光生电流源（I_{ph}）、一个二极管、一个串联电阻（R_s）和一个并联电阻（R_{sh}）[35]

共同构成。单个电池的等效数学模型可以有单二极管模式和双二极管模式，双二极管模式更为精确，但是计算繁琐，增加计算量。

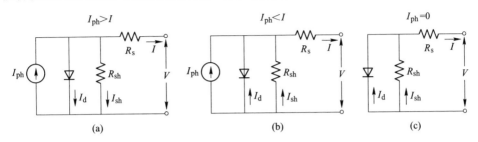

图 8-29　电池片在不同遮挡状态下的等效电路图
(a) 无遮挡；(b) 部分遮挡；(c) 全部遮挡

　　一般单二极管就能满足模拟的准确性，所以大多计算模拟都采用单二极管模型，电池片正偏计算模型如式（8-1）所示，而电池反偏的等效电路图如图 8-29（b）所示，电池的输出电流大于光生电流，旁路二极管和并联电阻的电流的方向均反向，且存在雪崩击穿效应，此时引入 Bishop[36]数学模型来矫正并联电流，用式（8-7）所表述。在正常光照情况下，电池的输出电流是小于光生电流的，是光生电流与二极管电流和并联电流之差如式（8-22）所示。而部分电池遮挡的情况下，其输出电流是大于光生电流的，是光生电流与二极管电流和并联电流之和，如式（8-23）所示。当电池片完全遮挡后，如图 8-29（c）所示，此时光生电流为 0，输出电流是二极管电流和并联电流之和，如式（8-24）所示。

$$I = I_{ph} - I_d - I_{sh} \tag{8-22}$$

$$I = I_{ph} + I_d + I_{sh} \tag{8-23}$$

$$I = I_d + I_{sh} \tag{8-24}$$

　　为了便于计算，现将遮挡具体化，影响遮挡的因素主要包括遮挡面积和透光率。采用完全不透光的板子进行遮挡实验，所以直接用遮挡面积 A_s 来量化，其值决定光生电流[37]，用式（8-8）表示。此外，假设电池片的温度是不变的，则电池片的 I-V 特性可以用隐函数式（8-9）来表示。通过隐函数公式可以求出任何遮挡情况下，电池片不同的电压对应的电流值。

8.5.1.2　光伏组件的数学模型

　　通过将组件拆分成各个组成元素直至最小电池片元素，来提出具体组件的具体数学模型。如图 8-30 所示，将具有串并串电路结构及含有两个旁路二极管的组件 A 划分为由一系列元素不断累加组成：(a) 电池片，(b) 由电池片串联连接的电池串，(c) 由电池串并联连接的并联区，(d) 由并联区串联连接的组件或由有旁路二极管保护的并联区串联的组件。

　　在一串串联的电池串中，如图 8-30（b）所示，所有的电池片工作在同一个

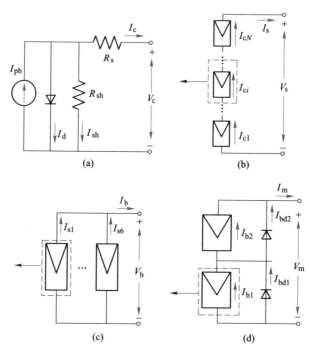

图 8-30 组件各组成元素的等效电路图（蓝色虚线框里的模型都是箭头指向框里的元素合成）

(a) 单个电池；(b) 单个串联串；(c) 单个并联区；(d) 叠瓦组件

电流 I_s，串电压 V_s 是所有电池电压的加和，假设电池片的数量为 N：

$$I_s = I_{c1} = I_{c2} = \cdots = I_{cN}, \qquad V_s = \sum_{i=1}^{N} V_{ci} \qquad (8\text{-}25)$$

在一块电池串并联的并联块中，如图 8-30（c）所示，所有的电池串具有相同的工作电压 V_b，并联块的电流 I_b 是所有电池串的累加，假设电池串的数量为 M：

$$V_b = V_{s1} = V_{s2} = \cdots = V_{sM}, \qquad I_b = \sum_{i=1}^{M} I_{si} \qquad (8\text{-}26)$$

对于一个具有 M 个并联电池串，且每个电池串具 N 个串联电池的系统来说（MS-NP），它的 I-V 特性可以用如下公式来定义[38]：

$$I = NI_{ph} - NI_0\left\{\exp\left[\frac{q\left(V + I\dfrac{N}{M}R_s\right)}{NnkT}\right] - 1\right\} - \frac{V + I\dfrac{N}{M}R_s}{\dfrac{N}{M}R_{sh}}\left[1 + \alpha\left(1 - \frac{V + I\dfrac{N}{M}R_s}{V_{br}}\right)^{-m}\right]$$

$$(8\text{-}27)$$

具体讨论由两个具有旁路二极管保护的并联块串联构成的叠瓦组件的数学模

型，其简化模型如图 8-30（d）所示。正常情况下，即两个并联块之间无电流失配，组件的电流 I_m 与这两个并联块的电流均相同，而组件的电压 V_m 是这两个并联块的电压的加和：

$$I_m = I_{b1} = I_{b2}, \qquad V_m = V_{b1} + V_{b2} \qquad (8\text{-}28)$$

但是在遮挡情况下，假设遮挡的是并联块"1"（b1），它的反偏电压超过旁路二极管的正偏电压，则旁路二极管导通，给负载电流提供其他可传递的路径。

$$I_m = I_{b1} + I_{bd1} = I_{b2}, \qquad V_m = V_{b1} + V_{b2} = V_{bd1} + V_{b2} \qquad (8\text{-}29)$$

由于旁路二极管与并联块之间是并联连接的，所以旁路二极管的电压 V_{bd} 也等于遮挡并联块的电压 V_b。

常规组件电池片全部串联，因此可以并联 3 个或者更多的旁路二极管。而叠瓦组件不同于常规组件的串联结构，其结构图如图 8-31 所示。叠瓦采用的是串并连接结构，如图 8-31（a）所示。若 330 个小片全部串联虽然组件电流会变小，但电压将会变得很大，造成电器的安全隐患，此外与现在的电站参数相差较大，为了匹配目前的市场需求，叠瓦组件采用的是串-并联结构，增加电流限制电压。

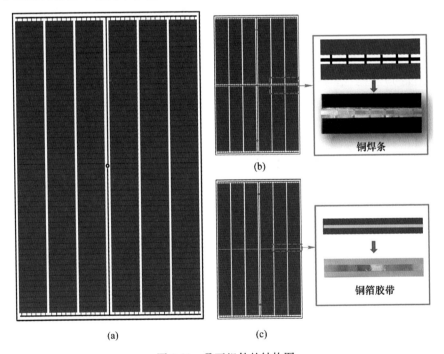

铜焊条

（b）

铜箔胶带

（a）　　　　　　　　　　（c）

图 8-31　叠瓦组件的结构图

（a）无分串；（b）用铜焊条实现分串；（c）用铜箔胶带实现分串

由于叠瓦组件特殊的电连接方式，电池片叠串在一起，电池之间无引出电极连接线，只在头尾两部分有引出电极的焊条，所以只能在组件里并联一个旁路二极管，但这种设计会使得旁路二极管一旦开启，整个组件都会被旁路掉，整个组件的输出功率损失。为了引入更多的旁路二极管必须将长串分成短串，组件结构转变为串并串配置。常规办法是在中间用铜焊条引出电极，如图8-31（b）所示，但这样用于放置电池的面积就会减少，从而降低发电密度，让出一横排的电池就相当于少一个整片加一个1/5小片，至少损失6W，对组件来说，相当于降一个档位。为了避免牺牲电池片的面积，利用铜箔导电胶带实现分串，如图8-31（c）所示，铜箔导电胶质软且很薄，将其粘在电池片背面既实现电连接又不会引入应力。按照图8-31（a）、（b）和（c）的3种版型分别制备出对应的组件B，组件C和组件A。三类组件之间的区别列在表8-10中。

表8-10　三类叠瓦组件设计之间的差别

组件类型	电路连接	旁路二极管数目	分串方法	电池串中电池数
A	串并（s-p）	0	无	55
B	串并串（s-p-s）	2	铜焊条	54
C	串并串（s-p-s）	2	铜箔胶带	55

8.5.1.3　二极管工作

组件的I-V曲线依次由遮挡电池、未遮挡电池、旁路二极管、遮挡串、未遮挡串、遮挡并联块和未遮挡并联块决定的。如组件A中的并联块1中的一个一串中5个被完全电池遮挡，图8-32将组件A中各组成元素的I-V图都显示出来：（1）具有5个遮挡的1/5电池小片（5sc）和23个未遮挡的1/5电池小片（23c）的串联串（1ss）；（2）具有一个遮挡电池串（1ss）和5个未遮挡电池串（28S-5P）的并联块b1；（3）具有6个正常电池串的并联块b2（27S-6P）。并联块b1中每个电池串由28个电池串联，并联块b2中每个电池串由28个电池串联。5sc的I-V特性（$V_{5\text{-sc}}$，$I_{5\text{-sc}}$），23c的I-V特性（$V_{23\text{-c}}$，$I_{23\text{-c}}$），28S-5P的I-V特性（$V_{5\text{-s}}$，$I_{5\text{-s}}$）及b2的I-V特性（I_{b2}，V_{b2}）均可由关系式（8-28）求出。计算值基于由组件A的实测I-V曲线求得的单个1/5电池的电性参数，如表8-11所示。

而遮挡串（1ss）的电流$I_{1\text{-ss}}$和电压$V_{1\text{-ss}}$可以通过以下公式计算：

$$I_{1\text{-ss}} = I_{23\text{-c}} = I_{5\text{-sc}}, \qquad V_{1\text{-ss}} = V_{23\text{-c}} + V_{5\text{-sc}} \tag{8-30}$$

遮挡并联区（b1）的电流I_{b1}和电压V_{b1}可以通过以下公式计算：

$$I_{b1} = I_{1\text{-ss}} + I_{5\text{-s}}, \qquad V_{b1} = V_{1\text{-ss}} = V_{5\text{-s}} \tag{8-31}$$

最终，对于整个组件A，其电流I_m和电压V_m为：

$$I_m = I_{b1} = I_{b2}, \qquad V_m = V_{b1} + V_{b2} \tag{8-32}$$

如上所述，具有串并串连接结构的组件可以通过图8-33的计算流程求出组

件的 *I-V* 特性。同时通过图中的逆过程，已知组件的电流电压（V_m，I_m）也可以计算出遮挡电池的电性能（V_{sc}，I_{sc}）。

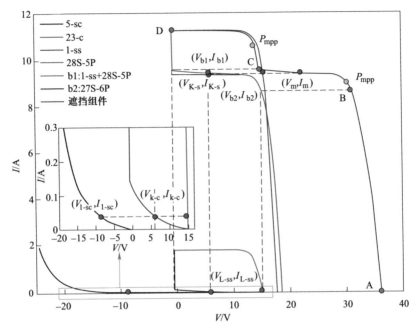

图 8-32　有 5 个 1/5 小片完全遮挡的组件 A 的模拟 *I-V* 曲线图

c—电池（未被遮挡）；sc—被遮挡电池；s—未被遮挡的电池子串；ss—被遮挡的电池子串；b1—并联块 1；
b2—并联块 2；m—组件；NS-MP—M 个并联连接的电池子串，每个电池子串由 N 个电池串联而成；
$l=N_{SR}$—被遮挡的电池排数；k—排数，$l+k=28$；$L=N_{SC}$—被遮挡的电池列数；K—列数，$L+K=6$

表 8-11　1/5 电池片的模拟参数值

参数	I_{ph0}/A	I_0/A	R_s/Ω	R_{sh}/Ω	n	V_{br}/V	α	m
数值	1.8769	2.84×10^{-9}	0.01745	141.82	1.26	−30	0.9	2.5

　　图 8-32 中蓝色点将曲线划分为 3 个部分，从 A 到 B，未遮挡电池减小输出电流去匹配遮挡电池，未遮挡电池正偏。从 B 到 C，遮挡电池工作在反偏区以增加自身的输出电流以匹配未遮挡电池的电流。从 C 到 D，二极管发挥作用，正向导通，为负载电流提供传输路径，因此流过遮挡电池的电流降低，受到保护。所以只有当组件的工作电压处在 C-D 之间，二极管才会发挥其减少遮挡电池消耗功率，缓解热斑损失的作用[39]。但是，对于减少最大功率输出损失，只有当 C-D 区的局部最大功率点 P_{mpp} 比 B-C 区的大，二极管才会发挥作用。叠瓦组件的电流、电压计算流程图如图 8-33 所示。

$$f(I_{1\text{-sc}}V_{1\text{-sc}},\ A_s)=0\longrightarrow(V_{1\text{-sc}},\ I_{1\text{-sc}})\Big\}$$
$$f(I_{k\text{-c}},\ V_{k\text{-c}})=0\longrightarrow(V_{k\text{-c}},\ I_{k\text{-c}})\Big\}(V_{L\text{-ss}},\ I_{L\text{-ss}})\Big\}(V_{b1},\ I_{b1})\Big\}$$
$$f(I_{K\text{-s}},\ V_{K\text{-s}})=0\longrightarrow(V_{K\text{-s}},\ I_{K\text{-s}})\Big\}\qquad\qquad\qquad\qquad\Big\}(V_m,\ I_m)$$
$$f(I_{b2},\ V_{b2})=0\longrightarrow(V_{b2},\ I_{b2})\Big\}$$

图 8-33　叠瓦组件的电流、电压计算流程图

8.5.1.4　二极管失效

对组件 A 单独进行遮挡测试，没有与其他组件连接，所以，当遮挡发生时，无其他负载电流对其产生影响，只能是由于自身两个并联块的电流失配导致遮挡部分反偏，使二极管发挥作用。如果保持遮挡列数 N_{SC} 相同且遮挡的行数 N_{SR} 超过 28，则两个并联块可输出的电流相同，遮挡电池始终正偏，旁路二极管始终反偏，失去旁路作用。如图 8-34 所示，一个长列中有 32 个电池完全遮挡，假设并联块 b1 中遮挡的 5 片 1/5 电池小片处于反偏状态，则并联块 b1 流过的电流 I_{b1} 将会大于并联块 b2 的电流 I_{b2}。但若要使遮挡电池反偏，并联块 b2 的电流 I_{b2} 必须大于并联块 b1 产生的电流 I_{b1}，所以该假设不成立。同样，并联块 2 中的遮挡电池处于反偏状态也是不成立的，并联块 1 中可提供的最大电流也不高于并联块 2 的，所以二极管失效。但是，若组件与其他正常组件连接在一起，则会由于外

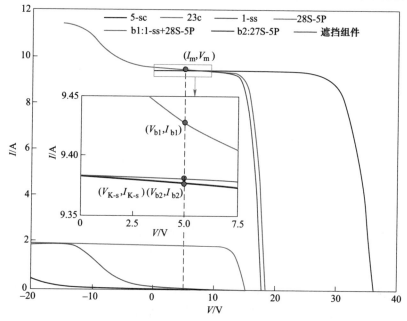

图 8-34　组件 A 的模拟 *I-V* 曲线图

(并联块 b1 中 5 个 1/5 小片加上并联块 b2 中的一长串完全遮挡)

加的负载电流大于遮挡区域的电流，迫使遮挡电池反偏，从而旁路二极管依旧可以发挥作用。

8.5.1.5　有无二极管对比

组件桥接旁路二极管一定可以限制遮挡电池的功率消耗，从而缓解热斑损害，但不一定能减小功率输出损失。

如图 8-35 所示，一个遮挡串中串联 5 个完全遮挡的电池和 23 个正常的电池，有无二极管对遮挡串的 *I-V* 曲线影响很大。有二极管时，当整个遮挡串的反偏电压达到−0.5V，即达到旁路二极管的转变电压，旁路二极管开启，多余的负载电流从旁路二极管流过，遮挡电池的电压限制在−0.5V，最大消耗功率点在 A 点为 2.229W。无二极管时，遮挡串的电流不断增加，从而遮挡电池的反偏电压也在不断增加，达到未遮挡电池的短路电流时，反偏电压为−24.29V，最大消耗功率点在 B 点为 45.592W。无旁路二极管的叠瓦组件消耗的功率要远高于有旁路二极管的叠瓦组件，尤其是当组件工作在短路电流处，之间的消耗功率差倍率约有 20 倍。因此，对叠瓦组件进行分串并引入旁路二极管能够减小热斑影响。

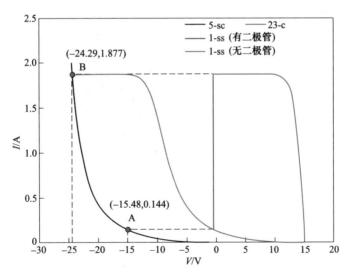

图 8-35　有无二极管的叠瓦组件遮挡串的模拟 *I-V* 曲线图
（5 个遮挡 1/5 电池小片和 23 个无遮挡的 1/5 电池小片）
c—电池；sc—遮挡电池；ss—遮挡串

8.5.2　阴影遮挡组件性能损失结果分析

8.5.2.1　遮挡分类

不同的遮挡方向及遮挡面积对组件的电性能产生的影响不同，实际遮挡可发生在单个电池片上，也可能发生在整板组件上，分别将遮挡分为 3 种情况。

如图 8-36 所示：（a）类型Ⅰ：遮挡发生在 1/5 小片（1/5-cell）上，（b）类型Ⅱ：遮挡发生在整片（full-cell）上，（c）类型Ⅲ：遮挡发生在组件上（module）。沿着垂直和水平方向不断增加遮挡面积。对于遮挡类型 1 和 2，遮挡面积增加是按照原面积的 10% 递进的，对于遮挡类型 3，遮挡面积增加是以一个 1/5 小片为单位递进的。遮挡行数 N_{SR} 与列数 N_{SC} 的重合区域即为遮挡面积，记为 $N_{SR}\text{-}N_{SC}$。

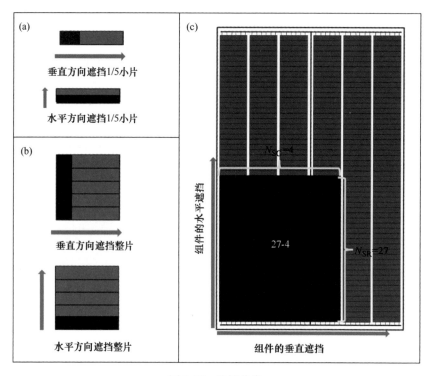

图 8-36 遮挡分类

（a）遮 1/5 小片；（b）遮整片；（c）遮组件

（红色箭头代表遮挡面积增加方向）

8.5.2.2 遮 1/5 小片

这里着重讨论具有最优化的版型设计的组件 A 的遮挡情况。图 8-37 为类型Ⅰ组件 A 的测试曲线图。遮组件 A 边缘的一个 1/5 电池片，则沿垂直方向不同遮挡比例下所测得的 I-V 曲线图和计算得的 P-V 曲线图分别显示在图 8-37（a）和（b）中，而沿水平方向不同比例下的 I-V 和 P-V 曲线图分别显示在图 8-37（c）和（d）中，从曲线图上计算出的最大功率 P_{mpp}、最大功率点的电流 I_{mpp} 和电压 V_{mpp} 及最大功率损失率 $P_{mpploss}$ 的具体值列在表 8-12 中。

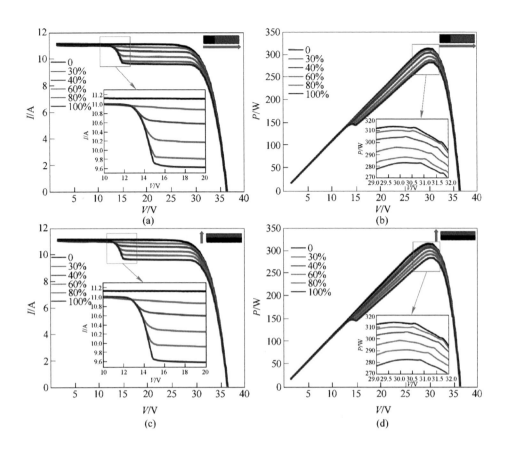

图 8-37 类型 Ⅰ：组件 A 的测试曲线图

（a）I-V 和（b）P-V 曲线随着遮挡比例沿着垂直方向增加的变化；

（c）I-V 和（d）P-V 曲线随着遮挡比例沿着水平方向增加的变化

表 8-12　1/5 电池片不同遮挡下组件的电性能

遮挡比例		30%	40%	60%	80%	100%
垂直遮挡	I_{mpp}/A	10.39	10.17	9.79	9.50	9.33
	V_{mpp}/V	29.89	29.95	30.19	30.27	30.34
	$P_{mpploss}$/%	1.12	3.03	5.92	8.43	9.92
水平遮挡	I_{mpp}/A	10.38	10.12	9.84	9.62	9.31
	V_{mpp}/V	29.88	30.19	30.27	30.21	30.35
	$P_{mpploss}$/%	1.25	2.76	5.11	7.43	10.01

　　从曲线和表格里的参数中可以看出，在遮挡 1/5 电池情况下，遮挡方向对于组件的电性能几乎无影响，但是遮挡面积对组件性能影响明显。随着遮挡比例的

增加，曲线下降，输出的电流和功率也几乎是线性下降。当遮挡比例达到 40% 时，*I-V* 曲线上出现台阶，*P-V* 曲线上出现两个极大值点。这表明遮挡 1/5 电池的 30%~40% 会出现旁路二极管开启点，减小的电流使遮挡电池片的反偏电压达到旁路二极管的开启电压。并在此之后，继续增加遮挡比例，遮挡电池的反偏电压得到限制，因而消耗功率也得到控制，限制热斑影响。此外旁路二极管提供电流通路，使低电压处的电流得以增加，从而出现两个功率极大值点。但总的最大功率还是发生在高电压处的极大值点，所以在减小输出功率损失上，二极管并未发挥作用。1/5 小片完全遮挡导致约 10% 的最大功率输出损失。

8.5.2.3　遮整片

图 8-38 为类型 Ⅱ 组件 A 的测试曲线图。遮组件 A 边缘的 5 个 1/5 电池片都遮挡即遮整片，则沿垂直方向不同遮挡比例下所测得的 *I-V* 曲线图和计算得的 *P-V* 曲线图分别显示在图 8-38（a）和（b）中，而沿水平方向不同比例下的 *I-V* 和

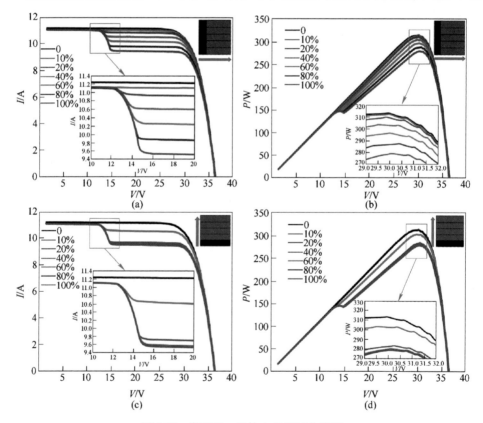

图 8-38　类型 Ⅱ：组件 A 的测试曲线图
（a）*I-V* 和（b）*P-V* 曲线随着遮挡比例沿着垂直方向增加的变化；
（c）*I-V* 和（d）*P-V* 曲线随着遮挡比例沿着水平方向增加的变化

P-V 曲线图分别显示在图 8-38（c）和（d）中，从曲线图上计算出的最大功率 P_{mpp}、最大功率点的电流 I_{mpp} 和电压 V_{mpp} 及最大功率损失率 $P_{mpploss}$ 的具体值列在表 8-13 中。

表 8-13　整片电池片不同遮挡下组件的电性能

遮挡比例		10%	20%	40%	60%	80%	100%
垂直遮挡	I_{mpp}/A	10. 19	9. 40	9. 28	9. 26	9. 23	9. 24
	V_{mpp}/V	29. 80	30. 13	30. 19	30. 18	30. 19	30. 18
	$P_{mpploss}$/%	0. 30	1. 21	3. 13	5. 51	8. 34	11. 16
水平遮挡	I_{mpp}/A	10. 56	10. 43	10. 19	9. 89	9. 55	9. 22
	V_{mpp}/V	29. 58	29. 69	29. 80	29. 93	30. 06	30. 20
	$P_{mpploss}$/%	3. 19	9. 69	10. 67	10. 84	11. 12	11. 03

图 8-38（a）与（c）或（b）与（d）之间的差别表明当遮整片时，遮挡方向会影响组件的输出性能。对于沿垂直方向增加遮挡比例，曲线几乎是线性下降，但对于沿水平方向增加增挡比例，遮挡比例超过 20% 后，曲线的衰减很小，甚至保持不变。一旦遮挡比例超过 20%，相当于一个 1/5 小片，沿水平方向增加遮挡面积，遮挡串的电流几乎不再改变，而沿垂直方向增加遮挡面积，遮挡串的电流线性减小。所以沿垂直方向增加遮挡面积，对组件的电性能影响严重，而沿水平方向增加遮挡面积的影响很小。

垂直遮整个电池片与垂直遮 1/5 小片有着相似点的结果，因为它们对遮挡串的电流的影响是相似的，但依旧存在微小差别，即旁路二极管开始开启从而预防热斑影响的遮挡比例点。旁路二极管开始开启的遮挡比例由遮 1/5 小片的 30%~40% 降至遮整片的 10%~20%。这可能是由于虽然遮挡比例相同但遮挡面积却增加，而并联电阻会随着遮挡面积的增加而增加，所以遮挡电池的反偏电压（$V = IR$）也增加，从而降低使旁路二极管开启的遮挡比例。此外，受遮挡的电池片数增加，而未遮挡的电池片数降低，在同样的电流下，未遮挡电池的电压降低，也会导致反偏电压增加（$V_{ss} = V_{未遮挡} + V_{rev}$）。

完全遮挡整片比遮挡 1/5 小片的遮挡面积增加 4 倍，但是输出功率只增加 1% 多一点，完全遮整片最大功率损失 $P_{mpploss}$ 约为 11%。此外，对于降低组件最大输出功率损失，二极管依旧未发挥作用，总最大功率点在高电压区，不在旁路二极管作用区域。

8.5.2.4　遮挡整板组件

图 8-39 为类型Ⅲ遮挡整板组件 A 的 I-V 测试曲线变化图。遮挡发生在整个组件上，沿垂直和水平两个方向上增加遮挡的电池片数，改变遮挡列数 N_{SC} 和行数 N_{SR}。沿垂直方向增加遮挡电池片数的 I-V 和 P-V 曲线的变化图分别显示在图 8-39

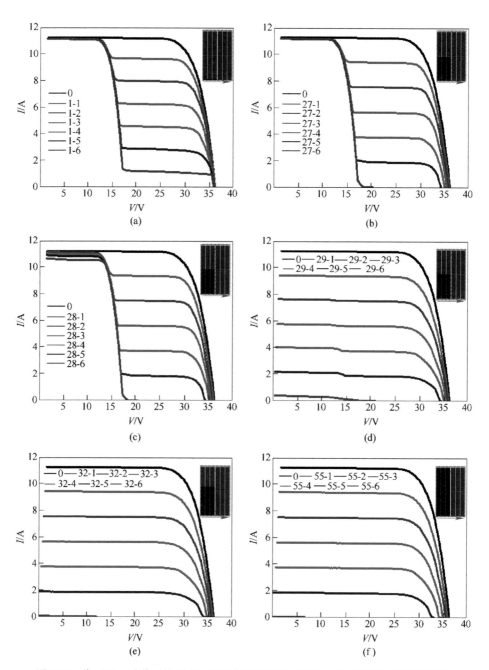

图 8-39 类型 Ⅲ：随着遮挡列 N_{SC} 沿垂直方向增加，组件 A 的 I-V 测试曲线变化图

N_{SR}：(a) 1；(b) 27；(c) 28；(d) 29；(e) 32；(f) 55

和图 8-40 中，其中图 8-39 或图 8-40 中的（c）和（f）分别表明二极管作用时和

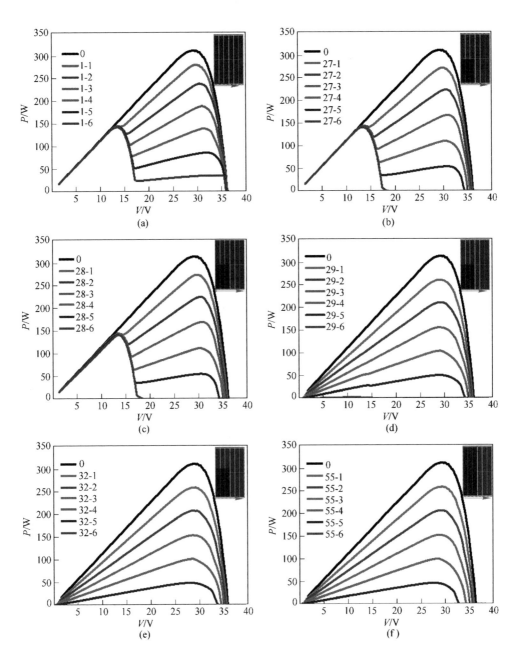

图 8-40 类型 Ⅲ：随着遮挡列 N_{SC} 沿垂直方向增加，组件 A 的 P-V 测试曲线变化图

N_{SR}：（a）1；（b）27；（c）28；（d）29；（e）32；（f）55

无二极管作用时的列遮挡案例；沿水平方向增加遮挡电池片数的 I-V 和 P-V 曲线的变化图分别显示在图 8-41 中的上部分和下部分，其中图 8-41 中的（c）和（f）

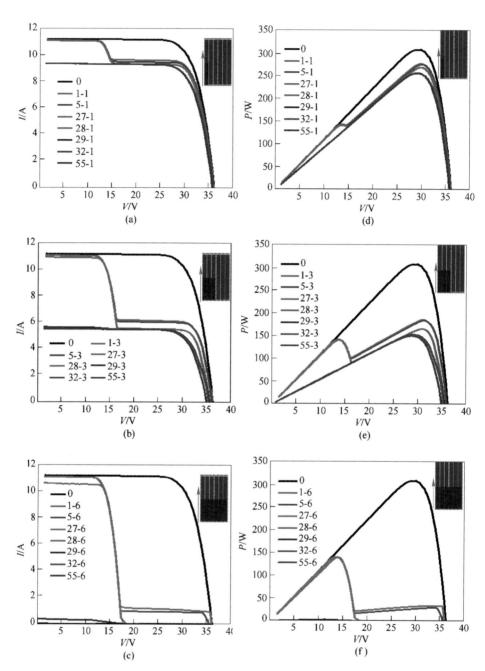

图 8-41 类型Ⅲ：随着遮挡行 N_{SR} 沿水平方向增加，组件 A 的 $I\text{-}V$ 测试曲线变化图 （a~c）和 $P\text{-}V$ 测试曲线变化图 （d~f）

N_{SC}：（a）（d）1；（b）（e）3；（c）（f）6

分别表明行遮挡状况下 I-V 曲线和 P-V 曲线随遮挡行数增加的变化。

从图 8-39 和图 8-40 中可以看出，随着遮挡面积沿垂直方向增加，即 N_{SC} 从 1 增加到 6，曲线快速下降；而从图 8-41 可知，沿水平方向增加遮挡面积，即 N_{SR} 从 1 增加到 55，曲线的变化很小，只有微弱的曲线下降。沿垂直方向遮挡会使 N_{SC} 增加，从而总的串电流之和即并联块的电流减小。沿水平方向遮挡会使 N_{SR} 增加，而增加横排上的电池片数，对遮挡的列即电池串的电流影响很小，因为被遮挡的串联电池串的电流取决于遮挡面积最大的电池的电流，而遮挡面积最大的电池电流最小。所以，沿垂直方向增加遮挡面积对组件的性能影响要远大于沿水平方向增加遮挡面积。对于这两个方向的遮挡，N_{SR} 为 29 时是一个明显的突变点。当 N_{SR} 小于 29，旁路二极管可以起到将遮挡串旁路，从而减小热斑损耗的作用，否则旁路二极管失去作用。

图 8-42 显示从测试曲线上获得的短路电流 I_{sc}、开路电压 V_{oc} 和最大功率 P_{mpp} 的颜色分布图，图上每个点代表遮挡面积为 N_{SC}-N_{SR} 对应的具体值，图中矩形框则表明 4 类重要的遮挡情况：绿色框标志 1 对应着无遮挡状况，红色框标志 2 对

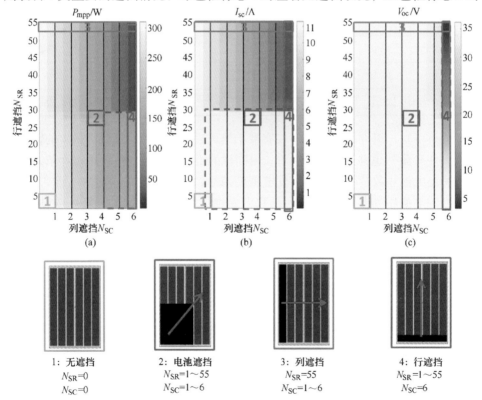

图 8-42 组件 A 的电性能随遮挡变化对应的二维颜色分布图

（红色箭头代表着遮挡方向）

应着电池片遮挡，遮挡电池片数沿垂直或者水平方向增加，蓝色框标志 3 对应着列遮挡，遮挡列数沿垂直方向增加，紫色框标志 4 对应着行遮挡，遮挡行数沿水平方向增加。从标志 3 列遮挡的颜色变化可看出，随着遮挡面积增加，P_{mpp} 和 I_{sc} 衰减严重，而 V_{oc} 几乎保持不变。相反的是，对于标志 4 行遮挡，随着遮挡面积的增加，P_{mpp} 和 I_{sc} 两者的变化很小但 V_{oc} 变化却很明显。值得注意的是，若沿着垂直方向增加遮挡电池片数，则标志 2 电池遮挡与标志 3 列遮挡有着相似的变化趋势，若是沿着水平方向增加遮挡电池片数，则标志 2 电池遮挡与标志 4 列遮挡有着相似的变化规律。

8.5.3　叠瓦组件电路结构改善

对比 3 板具备不同电路结构的组件：组件 A（用铜箔导电胶进行分串并入两个旁路二极管）、组件 B（无分串也无旁路二极管）和组件 C（用铜焊带进行分串并入两个旁路二极管），测试的具体的电性能参数列在表 8-14 中。

表 8-14　各组件的初始性能参数

参数	V_{oc}/V	I_{sc}/A	P_{mpp}/W	V_{mpp}/V	I_{mpp}/A	$FF/\%$
组件 A	36.19	11.26	310.28	29.20	10.63	76.15
组件 B	36.19	11.19	307.82	29.18	10.55	76.01
组件 C	35.61	11.20	300.21	28.40	10.57	75.27

分析可知，组件 A 的设计不仅有减小热斑影响的功能，还具有最大的输出功率。组件 C 虽然也并入旁路二极管，但同样的组件面积下，传统用铜焊条的分串方式使得电池片数量明显减少，发电密度减小，输出的最大功率少了近 3.36%，一长串的电池片数由 55 变为 54，所以开路电压也少了 1.61%。此外，利用铜箔导电胶带实现分串的方式（SSA-CFT）可减少串阻，使得短路电流 I_{sc} 和填充因子 FF 均有所提高。

组件 A 和组件 B 具有同样的电池片数，初始输出最大功率相差不大。但是组件 B 无旁路二极管，则在遮挡情况下，将会产生严重的遮挡损失。表 8-15 和表 8-16 分别给出组件 A 和组件 B 在不同的遮挡面积（N_{SR}-N_{SC}）下的 P_{mpp}、I_{sc} 和 V_{oc} 从测试曲线上得到的具体值，且它们之间的差别用红色虚线框在图 8-42 中标注出。很明显，对于二极管可开启的遮挡状况下，当 $N_{SC} \geq 4$ 并且 $N_{SR} \leq 28$ 时，组件 A 的最大输出功率 P_{mpp} 保持 142W 左右，相当于正常值的 54%；当 $N_{SC} \geq 1$ 并且 $N_{SR} \leq 28$，低电压处的短路电流 I_{sc} 保持不变，旁路二极管为负载电流提供新的传输路径，所以限制消耗功率从而预防热斑损害。而组件 B 的输出功率和短路电流则随着遮挡面积的增加一直在减小，与组件 A 无旁路二极管作用的遮挡情况下相似。综合来看，组件 A 的结构设计是最优的。

表 8-15 遮挡组件 A（有旁路）的计算值

	P_{mpp}/W					
N_{SR} \ N_{SC}	1	2	3	4	5	6
1	282. 63	244. 09	197. 08	150. 14	143. 54	143. 13
5	278. 05	235. 39	185. 90	142. 74	142. 53	141. 65
27	271. 28	223. 07	167. 46	141. 11	141. 18	141. 19
28	270. 65	222. 02	167. 66	140. 87	140. 03	140. 37
29	258. 52	210. 67	154. 71	103. 52	50. 69	3. 29
32	258. 46	209. 00	153. 26	101. 13	48. 29	0. 05
55	257. 71	205. 07	151. 65	99. 02	46. 17	0. 01

	I_{sc}/A					
N_{SR} \ N_{SC}	1	2	3	4	5	6
1	11. 24	11. 24	11. 23	11. 22	11. 21	11. 22
5	11. 30	11. 29	11. 29	11. 28	11. 29	11. 28
27	11. 28	11. 27	11. 27	11. 24	11. 28	11. 27
28	11. 18	11. 17	11. 05	11. 08	10. 94	10. 69
29	9. 42	7. 65	5. 76	4. 02	2. 17	0. 38
32	9. 41	7. 53	5. 63	3. 76	1. 87	0. 04
55	9. 42	7. 51	5. 60	3. 72	1. 85	0. 01

	V_{oc}/V					
N_{SR} \ N_{SC}	1	2	3	4	5	6
1	36. 20	36. 22	36. 18	36. 16	36. 16	36. 16
5	36. 16	36. 07	36. 01	35. 93	35. 85	35. 68
27	36. 04	35. 81	35. 56	35. 10	34. 49	19. 41
28	36. 03	35. 73	35. 49	35. 19	34. 44	19. 48
29	36. 00	35. 79	35. 50	35. 10	34. 43	19. 58
32	36. 01	35. 73	35. 40	34. 88	34. 17	8. 29
55	35. 89	35. 49	34. 95	34. 20	32. 86	4. 40

表 8-16 遮挡组件 B（无旁路二极管）的计算值

P_{mpp}/W

N_{SR}＼N_{SC}	1	2	3	4	5	6
1	277.45	233.97	186.49	138.11	92.15	66.68
5	275.24	231.81	183.87	133.84	79.53	29.66
27	269.88	220.78	166.46	111.72	54.79	0.00
28	257.54	206.89	153.97	102.06	51.86	0.00
29	256.22	205.61	152.83	100.95	51.33	0.00
32	255.24	206.56	152.23	100.39	50.06	0.00
55	254.45	202.98	149.90	98.25	45.71	0.00

I_{sc}/A

N_{SR}＼N_{SC}	1	2	3	4	5	6
1	10.74	10.88	9.50	8.03	7.88	6.68
5	9.58	7.86	6.13	4.41	2.68	1.03
27	9.41	7.53	5.65	3.76	1.91	0.01
28	9.40	7.53	5.65	3.75	1.89	0.01
29	9.35	7.51	5.64	3.75	1.89	0.01
32	9.31	7.52	5.62	3.75	1.85	0.01
55	9.30	7.43	5.58	3.66	1.82	0.00

V_{oc}/V

N_{SR}＼N_{SC}	1	2	3	4	5	6
1	36.17	36.15	36.06	36.05	36.11	36.11
5	36.05	36.09	35.98	35.98	35.88	35.71
27	35.93	35.73	35.46	35.09	34.58	4.48
28	35.98	35.71	35.45	35.04	34.38	4.50
29	35.89	35.68	35.38	34.94	34.28	4.51
32	35.89	35.65	35.30	34.91	34.07	4.10
55	35.78	35.45	34.85	34.10	32.79	3.07

在组件 A 的结构基础上再进行改善，通过铜箔导电胶可以在组件中连接进更多的旁路二极管，而增加旁路二极管数目可以进一步减小遮挡损失。随着旁路二极管数的增加，则每个旁路二极管所保护的电池片数（N）就会减少。旁路二极管与电池串是并联连接的，所以两者的工作电压相同。

$$V_{bd} = l \times V_{sc} + k \times V_c, \qquad N = l + k \tag{8-33}$$

同样的遮挡状况下，遮挡电池数 l 的值是固定的，则受一个旁路二极管保护的电池串中剩余的未遮挡电池数 k 随着 N 的减小而减小，从而导致遮挡电池的电压减小 V_{sc}。如图 8-43 所示，组件并联的旁路二极管从 2 增加到 3 个，最大消耗功率的反偏电压由 $-15.48V$ 降到 $-9.24V$，电流也由 0.144A 降到 0.044A，遮挡电池的消耗功率由 2.23W 降到 0.407W。所以，增加并联的旁路二极管数目可以进一步降低热斑损害影响。

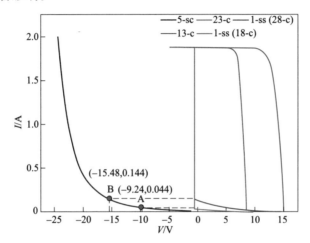

图 8-43　具有 2 个与 3 个旁路二极管的组件中的具有 5 个 1/5
电池完全遮挡的串联子串的 *I-V* 曲线的对比图

此外，如图 8-44 所示，组件的最大输出功率也会增加，尤其是在旁路二极

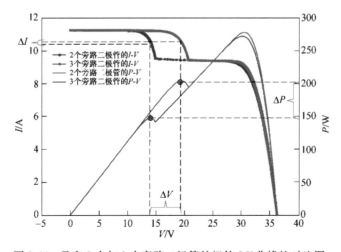

图 8-44　具有 2 个与 3 个旁路二极管的组件 *I-V* 曲线的对比图，
组件中有个子串有 5 个 1/5 电池完全遮挡

管作用区的局部最大功率有明显的提高，局部最大功率输出的具体值列在表 8-17 中。从具有 2 个和 3 个旁路二极管的组件的电流，电压及功率的差值可看出低电压区局部最大功率增加 57W 主要是与电压的提高有关。增加旁路二极管数，可以使相应的电压增大，组件被划分成更多小块，从而被旁路掉的电池减少，从而保留的电压及功率增加。

表 8-17 有 2 个与 3 个旁路二极管遮挡组件的局部最大功率的计算值

旁路二极管数量	全电池遮挡	I_{mpp}/A	V_{mpp}/A	P_{mpp}/W
2	低电压	9.08	30.01	272.46
	高电压	10.54	14.00	147.61
3	低电压	9.15	30.40	278.23
	高电压	10.53	19.40	204.23

对于有 3 个旁路二极管的叠瓦组件，两个功率极值点的电压差是（30.4-19.4）/30.4=0.36。若电流差超过 0.36，也就是 $N_{SR}>2$，则低电压处的最大功率将高于高电压处的最大功率，旁路二极管可发挥减小总最大输出功率的损失。所以增加旁路二极管数，可以扩大旁路二极管发挥作用的遮挡范围。

参 考 文 献

[1] Jordan D C, Silverman T J, Wohlgemuth J H, et al. Photovoltaic failure and degradation modes [J]. Progress in Photovoltaics, 2017, 25 (4): 318-326.

[2] Bingol O, Ozkaya B. Analysis and comparison of different PV array configurations under partial shading conditions [J]. Solar Energy, 2018, 160: 336-343.

[3] Pendem S R, Mikkili S. Modeling, simulation and performance analysis of solar PV array configurations (Series, Series-Parallel and Honey-Comb) to extract maximum power under Partial Shading Conditions [J]. Energy Reports, 2018, 4: 274-287.

[4] Bayrak F, Ertürk G, Oztop H F. Effects of partial shading on energy and exergy efficiencies for photovoltaic panels [J]. Journal of Cleaner Production, 2017, 164: 58-69.

[5] Sinapis K, Tzikas C, Litjens G, et al. A comprehensive study on partial shading response of c-Si modules and yield modeling of string inverter and module level power electronics [J]. Solar Energy, 2016, 135: 731-741.

[6] Ahsan S, Niazi K A K, Khan H A, et al. Hotspots and performance evaluation of crystalline-silicon and thin-film photovoltaic modules [J]. Microelectronics Reliability, 2018, 88-90: 1014-1018.

[7] Dongaonkar S, Deline C, Alam M A. Performance and reliability implications of two-dimensional shading in monolithic thin-film photovoltaic modules [J]. IEEE Journal of Photovoltaics, 2013,

3（4）：1367-1375.

[8] Dhimish M, Holmes V, Mather P, et al. Novel hot spot mitigation technique to enhance photovoltaic solar panels output power performance [J]. Solar Energy Materials and Solar Cells, 2018, 179: 72-79.

[9] Rajput P, Tiwari G N, Sastry O S. Thermal modelling and experimental validation of hot spot in crystalline silicon photovoltaic modules for real outdoor condition [J]. Solar Energy, 2016, 139: 569-580.

[10] Rajput P, Shyam, Tomar V, et al. A thermal model for N series connected glass/cell/polymer sheet and glass/cell/glass crystalline silicon photovoltaic modules with hot solar cells connected in series and its thermal losses in real outdoor condition [J]. Renewable Energy, 2018, 126: 370-386.

[11] Rossi D, Omana M, Giaffreda D, et al. Modeling and detection of hotspot in shaded photovoltaic cells [J]. IEEE Transactions on Very Large Scale Integration (Vlsi) Systems, 2015, 23（6）：1031-1039.

[12] Bressan M, Gutierrez A, Garcia Gutierrez L, et al. Development of a real-time hot-spot prevention using an emulator of partially shaded PV systems [J]. Renewable Energy, 2018, 127: 334-343.

[13] Guo S, Singh J P, Peters I M, et al. A quantitative analysis of photovoltaic modules using halved cells [J]. International Journal of Photoenergy, 2013: 1-8.

[14] Thomson A, Ernst M, Haedrich I, et al. Impact of PV module configuration on energy yield under realistic conditions [J]. Optical and Quantum Electronics, 2017, 49: 15.

[15] Muller J, Hinken D, Blankemeyer S, et al. Resistive power loss analysis of PV modules made from halved 15.6cm×15.6cm silicon perc solar cells with efficiencies up to 20.0% [J]. IEEE Journal of Photovoltaics, 2015（5）：189-194.

[16] Haedrich I, Eitner U, Wiese M, et al. Unified methodology for determining CTM ratios: Systematic prediction of module power [J]. Solar Energy Materials & Solar Cells, 2014, 131: 14-23.

[17] McIntosh K R, Swanson R M, Cotter J E. A simple ray tracer to compute the optical concentration of photovoltaic modules [J]. Progress in Photovoltaics, 2006, 14（2）：167-177.

[18] Jordan D C, Silverman T J, Wohlgemuth J H, et al. Photovoltaic failure and degradation modes [J]. Progress in Photovoltaics Research & Applications, 2017, 25（4）：318-326.

[19] Ziar H, Mansourpour S, Afjei, et al. Bypass diode characteristic effect on the behavior of solar PV array at shadow condition [C] // 3rd Power Electronics and Drive Systems Technology (PEDSTC). IEEE, 2012: 6183331.

[20] 刘邦银, 段善旭, 康勇. 局部阴影条件下光伏模组特性的建模与分析 [J]. 太阳能学报, 2008: 68-72.

[21] Ziar H, Nouri M, Asaei B, et al. Analysis of overcurrent occurrence in photovoltaic modules with overlapped by-pass diodes at partial shading [J]. IEEE Journal of Photovoltaics,

2014 (4): 713-721.

[22] 程泽, 宋成, 刘力. 遮挡下光伏组件中旁路二极管的研究 [J]. 电力电子技术, 2017, 51 (4): 56-59.

[23] Wu C, Zhou D, Li Z, et al. Hot spot detection and fuzzy optimization control method of PV module [J]. 中国电机工程学报, 2013, 33 (36): 50-61.

[24] Picault D, Raison B, Bacha S, et al. Forecasting photovoltaic array power production subject to mismatch losses [J]. Solar Energy, 2010, 84 (7): 1301-1309.

[25] 姜猛, 张臻, 韩卫华, 等. 功率优化器对太阳能组件发电性能的研究 [J]. 太阳能学报, 2012, 33 (9): 1485-1489.

[26] 蔡晓宇, 史旺旺. 串联型集成光伏组件光伏系统的运行电压优化 [J]. 可再生能源, 2016, 34 (4): 494-499.

[27] 吴振锋, 李晓刚, 陈思铭, 等. 电源优化器在光伏发电系统中的应用分析 [J]. 新能源进展. 2014, 2 (3): 211-215.

[28] Román E, Martinez V, Jimeno J C, et al. Experimental results of controlled PV module for building integrated PV systems [J]. Solar Energy, 2008, 82 (5): 471-480.

[29] Bratcu A I, Munteanu I, Bacha S, et al. Power optimization strategy for cascaded DC-DC converter architectures of photovoltaic modules [C] //IEEE International Conference on Industrial Technology. 2009, 1: 1-8.

[30] 谭芹凤. 基于电压自适应的光伏功率优化器研究 [D]. 长沙: 中南大学: 2014.

[31] Chan D, Phang J. Analytical methods for the extraction of solar-cell single- and double-diode model parameters from I-V characteristics [J]. IEEE Transactions on Electron Devices, 1987, 34: 286-293.

[32] Varshney S K, Khan Z A, Husain M A, et al. A comparative study and investigation of different diode models incorporating the partial shading effects [C] // 2016 International Conference on Electrical. IEEE, 2016, 1: 7755281.

[33] Kawamura H, Naka K, Yonekura N, et al. Simulation of I-V characteristic of a PV module with shaded PV cells [J]. Solar Energy Materials & Solar Cells, 2003, 75: 613-621.

[34] Tian H, Mancilla-David F, Ellis K, et al. A cell-to-module-to-array detailed model for photovoltaic panels [J]. Solar Energy, 2012, 86: 2695-2706.

[35] Varshney S K, Khan Z A, Husain M A, et al. A comparative study and investigation of different diode models incorporating the partial shading effects [M]. New York: IEEE, 2016.

[36] Bishop J W. Computer-simulation of the effects of electrical mismatches in photovoltaic cell interconnection circuits [J]. Solar Cells, 1988, 25 (1): 73-89.

[37] Kawamura H, Naka K, Yonekura N, et al. Simulation of I-V characteristics of a PV module with shaded PV cells [J]. Solar Energy Materials and Solar Cells, 2003, 75 (3): 613-621.

[38] Tian H M, Mancilla-David F, Ellis K, et al. A cell-to-module-to-array detailed model for photovoltaic panels [J]. Solar Energy, 2012, 86 (9): 2695-2706.

[39] Geisemeyer I, Fertig F, Warta W, et al. Prediction of silicon PV module temperature for hot spots and worst case partial shading situations using spatially resolved lock-in thermography [J]. Solar Energy Materials and Solar Cells, 2014, 120: 259-269.